평화학이란 무엇인가

계보와 쟁점

서울대학교 통일평화연구원 평화학총서 2

평화학이란 무엇인가

계보와 쟁점

초판 1쇄 발행 2022년 12월 30일

지은이 김범수 외

펴낸곳 서울대학교출판문화원
주소 08826 서울 관악구 관악로 1
도서주문 02-889-4424, 02-880-7995
홈페이지 www.snupress.com
페이스북 @snupress1947
인스타그램 @snupress
이메일 snubook@snu.ac.kr
출판등록 제15-3호

ISBN 978-89-521-3170-6 94340
978-89-521-3027-3 (세트)

평화학이란 무엇인가

계보와 쟁점

김범수 외 지음

서울대학교 통일평화연구원 평화학총서 2

서울대학교출판문화원

머리말

평화학이란 국가 간 전쟁과 폭력의 종식뿐 아니라 인권, 부의 분배, 공중보건, 교육 등 다양한 분야에서 불평등 문제를 해결하고, 사회 구조와 제도에 내재된 억압과 차별을 철폐해 보다 정의로운 사회를 구현함과 동시에 전 지구적 차원에서 인류가 직면한 기후위기와 환경 문제, 인구 문제, 빈곤 퇴치와 자원 고갈 문제 등을 해결해 지속 가능한 발전을 이루는 것을 목표로 한다.

분과 학문으로 체계를 갖추기 시작한 것은 현대 평화학의 '창시자'로 불리는 요한 갈퉁이 1959년 노르웨이 오슬로에 평화연구소를 설립하고 본격적인 연구를 시작하면서지만 그 기원은 고대 그리스나 중국의 춘추전국시대까지 거슬러 올라갈 수 있다. 이 책은 이처럼 다양한 분야를 포괄하고 오랜 역사와 실천적·다학제적 성격을 갖는 평화학이 근대 이후 어떠한 경로를 거쳐 발전해 왔는지 사상사적 맥락과 이론적 맥락에서 살펴보고 해양분쟁·기후위기·국제개발 등의 사례를 중심으로 주요 쟁점을 살펴보는 입문서 성격의 책이다.

한국전쟁 이후 지난 70여 년간 남북한 군사적 갈등과 긴장이 지속되는 상황에서 우리 사회는 평화를 주로 국가 간에 발생하는 군사적 갈등과 전쟁을 종식하는 것으로, 특히 남북한 사이 전쟁을 억지하고 군사적 긴장을 해소하는 것으로 이해해 왔다. 그러나 평화는 이처럼 소극적인 차원에서 좁은 의미로만 정의될 수 없다. 실제로 지난 몇 년간의 통계는 전 세계적 차원에서 개인 간에 발생하는 갈등과 폭력으로 사망하는 사람(매년 약 40-50만 명)이 국가 간에 발생하는 갈등과 전쟁으로 사망하는 사람보다 3-4배 이상 많다는 사실을 보여 준다. 또한 전 세계적 차원에서 나타나는 기후위기와 자연재해, 빈곤과 기아, 질병, 자본주의 사회의 구조적 억압과 차별 등으로 매년 수백만 명이 사망하고 수억 명이 고통받고 있다. 이러한 상황에서 평화를 국가 간에 발생하는 군사적 갈등과 전쟁의 종식으로만 이해하는 것은 평화를 너무 좁게 해석하는 것으로, 보다 적극적인 관점이 필요하다.

이 책은 기존 한국 사회의 평화 인식을 보다 적극적인 방향으로 확대하고자 하는 의도에서 기획되었다. 구체적으로 제1부 '평화학의 계보'에서는 사상사적 맥락에서 근대 이후 평화학의 진화와 발전, 현대 평화학의 복합화 과정을 살펴봄으로써 국가 간 갈등과 전쟁의 종식 문제에 초점을 맞춘 근대 평화론이 다양한 분야를 포괄하는 평화학으로 발전하는 과정을 추적해 보여 주고자 한다. 다음으로 제2부 '전쟁, 안보 그리고 평화'에서는 국제정치학 주요 이론인 현실주의, 자유주의, 구성주의의 관점에서 전쟁 방지와 안보 실현 방안을 살펴본 후 평화학의 전통적 주제 가운데 하나인 해양분쟁 사례를 중심으로 동북아시아 평화 실현 방안을 살펴보고자 한다. 마지막으로 제3부 '평화학의 새로운 쟁점'에서는 기후위기와 국제개발 등 최근 부상하는 주제에 초점을 맞춰 현대 평화학의 쟁점을 살펴보고자 한다.

물론 이 책이 현대 평화학의 모든 주제를 살펴보는 것은 아니다. 지난 2015년 제70차 유엔총회에서 '지속가능발전목표'를 인류 공동의 목표로 채택한 이후 빈곤, 기아, 건강·보건, 교육, 성 평등, 깨끗한 식수와 위생, 청정에너지, 일자리와 경제성장, 산업·혁신·인프라, 사회 불평등, 지속 가능한 도시와 공동체, 책임 있는 소비와 생산, 기후행동, 환경과 생명보호, 정의 구현 등의 문제가 21세기 평화학의 주요 주제로 부상하고 있다. 이 책은 이 모든 주제를 다 살펴보지 못하고 평화학의 전통적 주제인 전쟁, 안보, 국가 간 분쟁 사례와 최근 그 중요성이 새롭게 부각되고 있는 기후위기와 개발도상국 발전 문제 등에 초점을 맞춰 평화의 문제를 다룬다. 이외의 주제와 서구 이외 지역에서 평화학의 발전에 대해서는 후속편에서 살펴볼 계획임을 밝혀 둔다. 아무쪼록 이 책의 논의가 평화학에 대한 독자의 이해를 증진하고 평화학 논의의 지평을 확대하는 데 기여할 수 있기를 기대한다.

마지막으로 책을 출간하는 데 도움을 주신 분들에게 감사를 표하고자 한다. 우선 책을 기획할 당시 서울대학교 통일평화연구원 원장으로 계시며 저자들의 연구를 '서울대학교 통일·평화기반구축사업' 기획 연구로 선정하여 지원해 주신 서울대학교 정치외교학부 임경훈 교수님과 현재 원장을 맡고 계신 서울대학교 경제학부 김병연 교수님께 감사드린다. 조교를 맡아 행정 일을 깔끔하게 처리해 준 전소연 님, 편집과 디자인을 맡아 주신 서울대학교 출판문화원에 감사드린다. 그리고 무엇보다 훌륭한 연구를 수행하고 좋은 원고를 써주신 집필진에게 다시 한 번 감사의 인사를 전한다.

2022년 12월

관악산 연구실에서

집필진을 대신하여 김범수 드림

차례

그림 차례

표 차례

서론

1 평화학의 개념과 쟁점

김범수

1. 평화학이란 무엇인가?

전쟁을 예방하고 평화를 실현하고자 하는 인류의 오랜 바람에도, 전쟁은 지금 이 순간 지구 어디에선가 계속되고 있다. 아프가니스탄, 에티오피아, 미얀마, 예멘, 우크라이나 등지에서 발생한 전쟁은 적게는 수만 명에서 많게는 200만 명에 이르는 사망자를 남긴 채 길게는 수십 년째 이어지고 있다. 위키피디아(Wikipedia, 2022)에 따르면, 내전과 국제전을 포함해 2021년 이후 최소 1명 이상 사망자가 발생했고 2022년에 진행 중인 전쟁이 약 60건에 이른다. 시기를 20세기 이후로 확대할 경우 수백 건이 넘는 전쟁으로 수천만 명 이상의 사망자가 발생했다.

국가 또는 무력 집단 사이의 전쟁뿐 아니라 개인과 개인 사이의 폭력으로도 매년 수십만 명이 사망하고 있다. 실례로 전 세계 빈곤과 기아, 질병, 기후변화 등에 관한 통계 자료를 주제별로 수집해 제공하는 사이트 〈아워월드인데이터(Our World in Data)〉에 로저와 리치(Max Roser and

Hannah Ritchie, 2013)가 올린 자료에 따르면, 2019년 한 해 동안 전쟁과 집단 학살을 제외하고 '개인 사이에 발생하는 폭력(interpersonal violence)'으로 사망한 사람이 약 41만 5,000명, 즉 하루 평균 약 1,150명이다. 이는 2019년 전쟁과 테러로 사망한 사람을 모두 합한 수의 약 3배에 이르는 수다. 개인 사이에 발생하는 폭력이 국가나 무력 집단에 의한 폭력만큼, 또는 그보다 더 인류에 위협적일 수 있음을 시사한다. 또한 유엔 경제사회부(UN Department of Economic and Social Affairs, 2021)가 2020년 발표한 자료에 따르면, 전 세계 여성의 약 1/3이 주변 친지들로부터 물리적·성적 폭력을 당한 경험이 있으며, 이 가운데 약 18%는 조사 시점을 기준으로 이전 1년 사이에 그러한 폭력을 경험한 것으로 나타났다. 심한 경우 이러한 폭력은 죽음으로 이어져, 매일 약 137명, 즉 1년에 약 5만 명의 여성이 자신의 가족에게 살해당하고 있다.

물리적·직접적 폭력 외에 빈곤과 기아, 질병도 인류에 커다란 위협이 되고 있다. 유엔식량농업기구(Food and Agriculture Organization of the United Nations)와 유니세프(UNICEF) 등 유엔 산하 기관들이 2022년 발간한 자료에 따르면, 2021년 기준 전 세계 인구의 약 9.8%에 해당하는 7억 6,800만 명이 생활에 필요한 "최소한의 필수 에너지"를 섭취하지 못하는 "영양실조(undernourished)" 상태에 있는 것으로 추산되고 있으며, 약 11.7%에 해당하는 9억 2,370만 명이 "심각한 식량불안(food insecurity)"에 직면해 있다. 비슷한 맥락에서 〈아워월드인데이터〉에 하셀과 로저(Joe Hasell and Max Roser, 2013)가 올린 자료에 따르면, 2018년 기준 식량 부족으로 "긴급식량구호(emergency food assistance)"를 필요로 하는 사람의 수가 전 세계 인구의 약 1%에 해당하는 7,600만 명이다. 또한 유니세프(2021) 자료에 따르면, 2020년 기준 1년 동안 약 500만 명(매일 약 1만

3,800명)의 5세 이하 어린이가 폐렴, 말라리아 등 질병으로 사망했으며, 그 비중은 특히 사하라사막 남부 가난한 나라에서 높게 나타나고 있다.

한편 기후변화에 따른 자연재해와 생태 환경 변화는 인류는 물론이고 지구 생명체 전체에 심각한 위협이 되고 있다. 유엔에서 난민 업무를 관장하는 유엔난민고등판무관실(United Nations High Commissioner for Refugees, UNHCR, 2021)이 2021년 발표한 자료에 따르면, 기후변화에 따른 가뭄과 홍수, 해수면 상승으로 인한 재난 등으로 지난 10여 년간 매년 평균 2,000만 명 이상이 난민과 유사한 '이재민(displaced people)'이 되어 '떠돌이' 생활을 이어가고 있으며, 기후변화를 막기 위한 확실하고 대범한 노력이 없을 경우 2050년 이 수는 2억 명으로 늘어날 것으로 예측되고 있다. 더 나아가 이러한 비자발적 이주로 인한 사회경제적 혼란과 지역 분쟁·갈등으로 매년 수십억 명 이상이 직간접적 피해를 입을 것으로 예측되고 있다. 여기에 더해 현대 사회에 만연한 구조적 억압과 폭력, 차별, 착취 때문에 미국 사회의 흑인과 히스패닉, 주요 선진국의 무슬림 이민자, 난민, 장애인, 게이, 레즈비언 등 수많은 소수자가 고통받고 있다.

평화학(peace studies)은 이처럼 인류가 직면한 다양한 문제, 즉 전쟁과 폭력, 경제적 불평등과 빈곤, 질병, 기후변화, 구조적 억압과 차별, 착취 등의 원인을 진단하고 해결책을 제시함으로써 평화를 실현하고자 하는 실천적·다학제적 성격의 학문으로, 요한 갈퉁(Johan Galtung)이 오슬로에 평화연구소(Peace Research Institute Oslo, PRIO)를 설립하면서 분과학문으로 체계를 갖추기 시작했다. 제4장에서 살펴보는 바와 같이 갈퉁은 평화의 대척점에 폭력을 상정했다. 그 뒤 폭력을 물리력의 직접적 행사를 의미하는 "직접적 폭력(direct violence)"과 빈곤, 의식주와 같은 기본 필수품의 결여, 인권의 박탈, 억압, 소외 등 사회 구조와 제도에 내재된

"구조적 폭력(structural violence)", 종교, 이데올로기, 언어, 예술 등 상징 영역에서 직접적 폭력과 구조적 폭력을 정당화하는 "문화적 폭력(cultural violence)"으로 구분했다. 갈퉁은 이러한 구분을 바탕으로 평화를 직접적 폭력이 부재한 상태를 의미하는 "소극적 평화(negative peace)"와 폭력을 유발하는 근본 원인이 사라지고 사회정의가 실현된 상태, 즉 직접적 폭력뿐만 아니라 구조적 폭력과 문화적 폭력 등 간접적 폭력 또한 사라진 상태를 의미하는 "적극적 평화(positive peace)"로 나눠 설명한다(Galtung, 1969; 1990). 갈퉁의 영향 아래 현대 평화학은 전통적 의미에서 국가 간 전쟁과 폭력, 갈등 문제를 해결하고 평화(즉 소극적 평화)를 실현하는 문제뿐 아니라 인권, 부의 분배, 공중 보건, 교육 등 다양한 분야에서 불평등 문제를 해결하고, 사회 구조와 제도에 내재된 억압과 차별을 철폐해 보다 정의로운 사회를 구현(즉 적극적 평화를 실현)하는 것을 목표로 한다. 또한 전 지구적 차원에서 인류가 직면한 기후위기와 환경 문제, 인구 문제, 빈곤 퇴치와 자원 고갈 등 다양한 문제를 해결하고 지속가능발전을 실현하는 것을 목표로 한다. 이처럼 다양한 분야를 포괄하는 평화학이 근대 이후 19세기와 20세기, 더 나아가 냉전기와 탈냉전기를 거치며 어떠한 경로를 거쳐 발전해 왔는지 사상사적 맥락과 이론적 맥락에서 살펴보고 주요 쟁점을 알아보고자 한다.

2. 근대와 현대의 평화론

제1부에서는 사상사적 맥락에서 근대 이후 평화학의 진화와 발전, 복합화 과정에 대해 살펴본다. 우선 제2장 「근대 평화론: 홉스에서 칸트까

지」에서 김범수는 근대국제체제의 무정부성(anarchy)을 극복하고 국제관계에서 평화를 실현하고자 고민한 사무엘 폰 푸펜도르프(Samuel von Pufendorf), 아베 드 생-피에르(Charles Irénée Castel, abbé de Saint-Pierre), 이마누엘 칸트(Immauel Kant)의 평화론을 살펴본다. 16-17세기 유럽에서 처음 등장한 근대국제체제는 국내적으로는 주권 국가의 강제력으로 뒷받침되는 평화를, 국제적으로는 국가 상위 권력체가 부재한 상황에서 전쟁을 당연시하는, 안과 밖을 구분하는 이원론적 정치 질서를 특징으로 한다. 토머스 홉스(Thomas Hobbes)는 『리바이어던(*Leviathan*)』에서 이러한 근대국제체제를 정당화하며 국제관계를 무정부상태이자 전쟁상태로 규정한다. 근대 이후 등장한 평화론은 이러한 홉스 패러다임에 근거한 근대국제체제의 한계를 뛰어넘어 국제관계에 평화를 실현하고자 다양한 방안을 제시한다.

제2장은 홉스 이후 등장한 근대 평화론 가운데 ① 국제관계에서 국가 또한 자연상태에서의 개인들과 마찬가지로 이성과 자연법에 따라 행동해야 한다고 강조하는 푸펜도르프의 평화론과 ② 일종의 '국가들의 국가'로 법적 강제력을 갖춘 '국가연합(union of the states)'을 수립하고 '연합'의 강제력을 통해 평화를 실현해야 한다고 강조하는 생-피에르의 평화론 ③ 마지막으로 가입과 탈퇴가 자유로운, 느슨하게 조직된 '국제연방(Völkerbund; federation of nations)'을 수립해 강제력이 아니라 개별 국가의 자발성에 근거해 국제관계에서 법적 질서를 유지함으로써 평화를 실현해야 한다고 주장하는 칸트의 평화론을 근대 사상사적 맥락에서 살펴보고 현대적 함의와 한계를 논한다.

다음으로 제3장 「현대 평화주의 사상: 역사적 전개와 미래 전망」에서 박성우는 평화주의를 어떤 경우에도 폭력 사용을 거부하는 '순수한 형태의 비폭력적 평화주의'와 제한된 조건과 범위 안에서 폭력 사용을 허용하는 '상대적 평화주의'로 구분한 후, 레프 톨스토이(Leo Tolstoy), 카를 리프크네히트(Karl Liebknecht), 버트런드 러셀(Bertrand A. W. Russell) 등의 논의를 중심으로 '무저항주의적 평화주의(non-resistant pacifism)', '사회주의적 평화주의(socialist pacifism)', '정치적 상대적 평화주의(political relative pacifism)' 등 다양한 평화주의에 대해 살펴본다. 이어 박성우는 평화 달성이라는 대의를 위해 폭력 사용을 임시적 수단으로 허용하는 '임시상황적 평화주의'에 대해 살펴보고 평화주의가 정전론(just war theory)과 어떤 차별성과 유사성을 갖고 있는지 논의한다. 이러한 논의를 바탕으로 박성우는 결론에서 현대 평화주의의 한계를 극복하기 위해 이상과 현실의 양분법적 사고를 지양해야 한다는 점을 강조하고 임시상황적 평화주의를 미래의 대안적 평화주의로 제시한다.

제4장 「현대 평화학의 복합화: 계보와 발전 경로」에서 김성철은 칸트, 톨스토이, 카를 마르크스(Karl Marx)를 현대 평화학의 사상적 원류로 보고 이들로부터 평화학이 어떻게 발전해 왔는지 살펴본다. 김성철에 따르면, 칸트, 톨스토이, 마르크스는 각각 현대 평화학의 국가중심(state-centered) 접근, 인간중심(human-centered) 접근, 구조비판(structure-critical) 접근을 대표한다. 국가중심 접근은 칸트의 '영원한 평화론'에 근거한 것으로 국가를 평화학의 중심에 두고 국가들 사이 전쟁 방지와 국제 평화와 안보에 초점을 맞춰 국가 간 연대 또는 공동체를 분석한다. 냉전기 케네스 볼딩(Kenneth E. Boulding), 카를 도이치(Karl Deutsch) 등의 평화론이 이러한 국가중심 접근을 대표하며 냉전 종식 후에도 여전히 평화학의 주요 흐름으로 남아 있다. 다음으로 인간중심 접근은 톨스토이의 후기 저작에 드러난 비폭력주의에 기원을 두는 접근법으로, 국가가 아닌 개인들의

안전과 평화 구현을 목표로 한다. 이러한 인간중심 접근은 냉전기 갈퉁의 평화론으로 이어졌으며 냉전 종식 이후에는 인간안보(human security) 개념과 자국민 보호를 국가의 책임으로 간주하는 '보호책임(responsibility to protect, R2P)' 개념으로 이어졌다. 마지막으로 구조비판 접근은 마르크스의 자본주의 비판에 연원을 둔 것으로, 사회의 갈등 구조와 변화에 초점을 맞춘다. 냉전 시기 이러한 접근은 인권, 핵, 생태 등 다양한 문제에 주목했고 냉전 종식 후에는 생태사회주의(ecosocialism)로 이어졌다. 김성철에 따르면, 위 3가지 접근은 냉전기에는 각각 분업화된 채 전개되었지만 냉전 종식 후에는 점차 복합성을 띠는 방향으로, 즉 각각의 독립성을 유지하면서도 서로의 경계를 넘어 중첩되고 결합하는 방향으로 발전해 왔다. 김성철은 이를 평화학의 복합화로 설명한다.

3. 평화학의 쟁점

제2부는 전쟁, 안보, 해양분쟁과 같은 평화학의 전통적 주제에 초점을 맞춰 평화의 문제를 살펴본다. 제5장 「전쟁과 평화: 국제정치 전쟁 이론과 동북아시아 평화」에서 신성호는 카를 폰 클라우제비츠(Carl von Clauzewitz)의 논의를 중심으로 전쟁의 정치성에 대해 살펴본 후 국제정치학 주요 이론인 현실주의, 자유주의, 구성주의가 전쟁의 원인을 어떻게 파악하는지, 전쟁을 방지하기 위해 어떠한 방안을 제시하는지 살펴본다.

신성호에 따르면, 개별 국가의 국내 정치 형태와 제도를 전쟁의 가장 중요한 원인으로 간주하는 자유주의는 동북아시아 지역에서 평화를 위협하는 요소로 북한의 독재체제와 중국의 권위주의체제 등 비민주적 정치제도의 중요성을 강조한다. 이러한 자유주의 관점에서 볼 때 장기적으로 국제관계에서 평화를 실현하기 위해서는 무엇보다도 민주주의의 확산이 중요하다. 반면 전쟁의 원인으로 국가들 사이의 군사력과 힘의 배분을 중시하는 현실주의는 동북아시아 지역에서 평화를 위협하는 요소로 개별 국가의 국내 정치 제도나 체제의 특성보다 북한의 핵 개발과 중국의 부상에 따른 세력 전이, 그로 인한 힘의 불균형에 주목한다. 이러한 현실주의의 관점에서 볼 때 국제관계에서 전쟁을 방지하기 위해서는 무엇보다도 자위력 강화를 통한 "힘의 균형(balance of power)" 회복이 중요하다. 그러나 북한의 핵 개발에 대응하기 위한 한국의 자위력 강화와 중국 위협에 대응한 사드(Terminal High Altitude Area Defense, THAAD) 배치가 북한과 중국의 반발을 초래한 것과 같이 자위력 강화가 상호 간 위협의식을 강화하는 '안보딜레마(security dilemma)'를 초래할 수 있다고 신성호는 지적한다.

마지막으로 구성주의는 전쟁의 원인으로 국가나 국제체제에 작동하는 힘의 구조나 제도보다 국가를 실질적으로 구성하는 인간의 사고와 관념에 주목한다. 즉 국가들이 서로를 "적"으로 인식하느냐 아니면 "친구"로 인식하느냐에 따라 전쟁이 발발할 수도 있고 평화가 실현될 수도 있다고 가정한다. 이러한 구성주의의 관점에서 볼 때 국제관계에서 평화를 실현하기 위해서는 무엇보다 국가들이 서로를 친구로 간주하는 인식의 전환이 필요하다. 신성호는 결론에서 이러한 고찰을 바탕으로 동북아시아 지역에서 전쟁 발발을 방지하기 위한 방안을 제시한다.

제6장 「안보와 평화: 국제정치 안보 이론과 동북아시아 평화」에서 전재성은 "전쟁이 없는 안전한 상태"를 의미하는 안보 실현 방안을 연구하는 안보 연구와 보다 적극적인 평화 실현 방안을 연구하는 평화 연구

가 각각 어떠한 내용을 담고 있는지 검토한 후 국제정치학 주요 이론인 현실주의, 자유주의, 구성주의가 바라보는 안보 실현 방안과 평화 실현 가능성에 대해 살펴본다.

전재성에 따르면, 국가들 사이 갈등과 무력 사용을 불가피한 것으로 간주하는 현실주의는 안보 실현 방안으로 "힘"의 중요성을 강조한다. 즉 한 국가가 다른 국가들에 비해 압도적인 힘을 가지고 있을 때 안보를 실현할 수 있고 국제질서도 안정될 수 있다고 가정한다. 그러나 이러한 현실주의의 관점에서 볼 때 "지속 가능한 평화"는 실현 불가능하며 전쟁이 부재한 안보의 실현이 국제정치의 현실적인 목표가 된다. 한편 국제관계에서 국제기구와 국제법, 국제규범 등 제도의 역할을 강조하는 자유주의는 국제연합(United Nations, UN)과 같은 제도를 통해 개별 국가의 안보뿐 아니라 집단안보를 실현할 수 있다고 가정하며, 민주주의와 경제적 상호의존이 전쟁을 억제함으로써 지속 가능한 안보와 평화 실현이 가능하다고 가정한다. 이러한 자유주의의 관점에서 볼 때 국가들 사이의 평화는, 특히 경제적 상호 의존 관계에 있는 민주주의 국가들 사이의 평화는 세계국가가 없는 무정부상태에서도 실현 가능하다.

다음으로 국제관계에서 국가들의 정체성과 규범적 지향성을 중시하는 구성주의는 구조의 측면에서 동일한 무정부상태라 하더라도 이러한 구조를 규정하는 문화가 서로를 "적"으로 규정하는 문화인지 아니면 "경쟁자" 또는 "친구"로 규정하는 문화인지에 따라 안보와 평화의 실현 가능성이 달라진다고 가정한다. 즉 협력과 안정이 규범으로 자리 잡고 있을 때 안보와 평화는 실현 가능하지만 반대로 적대와 경쟁이 규범으로 자리 잡고 있을 때는 실현 불가능하다고 가정한다. 전재성은 이처럼 국제정치학 주요 이론에서 제시하는 안보 실현 방안에 대해 살펴본 후 결론에서 우리나라 안보와 동북아시아 평화 실현을 위한 방안을 제시한다.

이어서 제7장 「해양분쟁과 평화: 동아시아 해양분쟁 사례를 중심으로」에서 구민교는 동아시아 역내에서 해양분쟁의 창발 과정과 미중 간 해양력 경쟁이 주변국으로 확산되는 경향을 분석하고 해양분쟁의 평화적 해결을 위한 방안을 제시한다. 구민교에 따르면, 최근 중국의 해양굴기와 미국의 억지 전략이 맞부딪히면서 남중국해와 동중국해는 물론 인도양 지역에서 미중 간 신(新)해양패권 경쟁이 격화되고 있다. 중국은 일대일로(一帶一路) 구상(Belt and Road Initiative, BRI)을 통해 동아시아를 넘어 인도양 지역까지 세력을 확대하고자 시도하는 반면 미국은 중국의 세력 확대를 무력화하기 위해 '항행의 자유(freedom of navigation)' 작전과 더불어 치열한 '법률전(legal warfare 또는 lawfare)'을 벌이고 있다. 이러한 상황에서 미국, 중국은 물론이고 한국, 일본, 인도, 아세안 등 역내 주요 국가들이 해양 영향력 확대를 위해 '점-선-면 해양 경쟁'에 나서고 있다. 즉 점에 해당하는 도서 지역 영유권을 확보하기 위한 경쟁과 선에 해당하는 경계선 획정을 둘러싼 경쟁, 태평양-동중국해-남중국해-인도양을 아우르는 전 해역에서 '면'을 확보하기 위한 경쟁에 나서고 있다. 그리고 '점-선-면 해양 경쟁'은 항공모함 확보 경쟁으로 이어지고 있다.

구민교는 최근 다차원적으로 전개되고 있는 해양 경쟁을 평화적으로 해결하기 위한 방안으로 군사력을 통한 해결, 국제중재를 통한 해결, 양자외교를 통한 해결의 한계를 지적하고 대안으로 관련 주변국이 참여하는 역내 다자주의, 즉 (최소한 정치적으로) 구속력 있는 다자간 역내 레짐 수립을 해결 방안으로 제시한다. 이상의 논의를 바탕으로 구민교는 결론에서 동아시아 해양분쟁 문제 해결을 위해 우리나라가 보다 적극적으로 다자외교에 나서야 한다는 점과 다자외교 의제 설정 단계에서 패권국가가 아닌 규범의 담지자, 가치국가(value state)를 지향해야 한다고 강조한다.

평화학의 전통적 주제에 초점을 맞춘 제2부와 달리 제3부는 국내외에서 평화학의 새로운 쟁점으로 부상하는 이슈들을 중심으로 평화의 문제를 살펴본다. 제8장 「환경과 평화: 지속가능발전과 기후변화를 중심으로」에서 홍종호와 윤순진은 최근 평화학의 핵심 과제로 부상한 기후변화 문제에 초점을 맞춰 평화의 문제를 살펴본다. 홍종호와 윤순진에 따르면, 기후변화는 21세기 인류 생존을 위협하는 가장 강력한 위험 요소로, 지금 당장 적극적이고 전향적인 조치를 취하지 않는다면 인류를 포함해 지구에서 살아가는 생물종의 생존 자체를 위협하는 생태 재난이 발생할 수 있다. 기후변화는 또한 홍수, 가뭄, 폭염, 한파 등 극단적 기상 현상을 초래하고 감염병 발생과 확산에 기여함으로써 그 자체로 국가 간, 국내 구성원 간 심각한 갈등을 야기하고 있다. 더 나아가 기후변화 대응에 필요한 탄소중립(carbon net-zero 또는 carbon neutrality)을 실현하는 과정에서도 온실가스(greenhouse gases) 감축 의무 분담 비율을 두고 여러 갈등을 야기함으로써 평화를 깨뜨릴 수 있다. 이처럼 21세기 들어 인류 전체의 위협으로 부상한 기후변화는 공간적으로 특정 지역이나 국가를 벗어나 전 지구에 영향을 미친다는 점, 시간적으로 현재뿐만 아니라 미래에도 영향을 미친다는 점에서 이제까지 경험한 어떤 환경 이슈와 비교할 수 없는 거대한 문제다. 홍종호와 윤순진은 이러한 기후변화에 효과적으로 대응하고 '지속가능발전'을 실현하는 것이 평화를 가능하게 하는 전제 조건임을 강조한다.

마지막으로 제9장 「국제개발과 평화구축: 평화의 지속 가능한 발전」에서 김태균은 인도적 지원(humanitarian assistance)과 개발협력(development cooperation)으로 구성되는 국제개발(international development)과 평화구축

(peacebuilding) 간 연계에 대해 살펴본다. 김태균에 따르면, 평화구축 개념은 분쟁과 갈등을 예방하고 분쟁 발생 시 분쟁을 중재하고 평화를 강제하며, 분쟁 종료 후 국가 재건과 사회안정 등 거버넌스 공고화까지 연결되는 역동적이면서도 포괄적인 영역으로 구성되어 있다. 김태균은 분쟁 전 예방 노력부터 분쟁 후 사회 발전에 이르기까지 전 과정을 포함하는 평화구축 과정에서 초기 단계에 해당하는 분쟁 해결 단계에서는 국제개발의 인도적 지원이, 중장기 단계에 해당하는 분쟁 이후 단계에서는 사회·경제 인프라 구축 등 개발협력 프로젝트가 중요하다고 강조한 후, 국제개발이 평화구축으로 이어진 성공 사례로 지역 커뮤니티 주도 사회기금 조성사업으로 성공을 거둔 예멘, 정부의 공공 재정 관리를 통해 성공을 거둔 시에라리온, 시민사회와 정부의 파트너십을 통해 성공을 거둔 소말리아의 사례를 살펴본다.

예멘 사례는 2011년 '아랍의 봄(Arab Spring)'의 영향으로 정치적 소요가 발생하고 경제 시스템이 마비되는 등 사실상 내전과 같은 분쟁상태로 접어들었으나 지역 커뮤니티가 주도하는 개발협력 사업이 일정 정도 성과를 거두면서 지역 커뮤니티의 자생력과 지역사회 취약계층 주민의 복원력을 강화하는 데 기여할 수 있었다. 다음으로 시에라리온 사례는 내전이 종식된 후 국가 재건 과정에서 정부가 보건, 사회안전망, 복지 서비스 등 사회 부문 정부 지출을 늘리고 공공정책을 주도함으로써 평화구축에 성공할 수 있었다. 마지막으로 소말리아 사례는 시민사회와 정부 간 협력적 파트너십을 바탕으로 정부가 '시민사회의 배태성(embeddedness)'을 전략적으로 활용함으로써 시너지 효과를 창출하고 평화구축에 성공할 수 있었다. 김태균은 결론 부분에서 이러한 논의를 북한 사례에 적용해 인도적 지원-개발-평화의 '트리플 넥서스(triple nexus)'를 통한 한반도 평화구축 방안에 대해 살펴보고 평화구축과 지속가능발전을 위한 수단이자 목적으로서 국제개발의 중요성을 다시 한번 강조한다.

4. 현대 평화학의 과제

현대 평화학의 목표는 갈퉁의 영향 아래 전통적 의미에서 단순히 국가들 사이 전쟁과 폭력, 갈등 문제를 해결하고 평화를 실현하는 것을 넘어선다. 특히 최근에는 넓은 의미에서 사회 불평등 문제를 해결하고, 사회구조와 제도에 내재된 억압과 차별을 철폐하고 인권을 보호함으로써 보다 정의로운 사회를 구현하며, 전 지구적 차원에서 인류가 직면한 기후위기와 환경 문제, 인구 문제, 빈곤 퇴치와 자원 고갈 등 다양한 문제를 해결하고 지속가능발전을 실현하는 것을 목표로 한다. 이러한 점에서 현대 평화학의 가장 중요한 실천적 과제는 2015년 제70차 유엔총회에서 인류 공동의 목표로 채택한 지속가능발전목표(Sustainable Development Goals, SDGs)의 실현이다. 유엔은 가난과 기아의 근절, 보편적 초등 교육 실현, 양성 평등 실현과 여성의 권리 향상, 아동 사망률 감소, 모성 보건 증진, 에이즈·말라리아 및 기타 질병과의 전쟁, 환경의 지속 가능성 보장, 개발을 위한 전 지구적 파트너십 구축 등 개발도상국 발전에 초점을 맞춘 새천년개발목표(Millenium Development Goals, MDGs)의 이행 기간이 2015년 만료됨에 따라 이를 대체할 새로운 목표로 '단 한 사람도 뒤처지게 놓아두지 말라(Leave no one behind)'를 슬로건으로 인간(people), 지구(planet), 번영(prosperity), 평화(peace), 파트너십(partnership)이라는 5개 영역(5P)에서 17개 목표를 내용으로 하는 SDGs를 채택했다.

그림 1. 유엔 지속가능발전목표

구체적으로 SDGs는 2030년까지 인류가 공동으로 실현해야 할 목표로 '인간'과 관련된 영역에서 빈곤 종식, 기아 종식, 건강 증진과 복지, 양질의 교육, 성 평등을 목표로 제시하고 있으며, '지구'와 관련된 영역에서 깨끗한 물과 위생, 책임 있는 소비와 생산, 기후행동, 수생 생명 보호, 육상 생명 보호를, '번영'과 관련된 영역에서 적정한 가격의 청정에너지, 양질의 일자리와 경제성장, 산업·혁신·인프라, 불평등 완화, 지속 가능한 도시와 공동체를, '평화'와 '파트너십' 관련 영역에서 각각 정의·평화·강력한 제도와 목표 실현을 위한 파트너십을 제시하고 있다.

이외에 최근 세계화에 따른 이민과 인구 이동의 증가로 대부분의 선진 국가에서 종교 갈등, 인종 갈등, 종족 갈등(ethnic conflicts), 문화 갈등 등 '정체성'을 둘러싼 갈등이 과거보다 더욱 복잡화된 양상으로 전개되고 세대 갈등, 젠더 갈등, 이념 갈등, 계층 갈등 등 다양한 사회 갈등이 격화됨에 따라 이를 해결하기 위한 연구 또한 21세기 평화학의 주요 과제로 부상하고 있다. 또한 탈냉전 이후 전 지구적 차원에서 소위 '문명의 충돌(clash of civilization)' 현상과 함께 '지하드(Jihad)', '테러와의 전쟁(war on terrorism)'이 일상화됨에 따라(Huntington, 1996), '서구중심주의'를 벗어나 비서구권의 평화 개념을 탐색하는 문제 또한 21세기 평화학의 주요 과제로 부상하고 있다.[1]

이처럼 현대 평화학의 대상 범위가 전통적인 국가 간 전쟁과 폭력 문제 해결에서 SDGs 실현과 사회 갈등 해결, 사회 제도 개혁, 인권 보호, 전 지구적 문제 해결 등으로 확대됨에 따라 평화학과 관련된 분과 학문의 범위도 정치학과 국제정치학을 벗어나 철학, 경제학, 사회학, 법학, 인류학, 역사학, 종교학, 심리학은 물론 인권학, 환경학, 여성학, 공중보건학, 국제개발협력학 등 여러 분과 학문을 포괄하는 다학제적 성격을 갖게 되었다. 현대 평화학은 또한 이러한 문제를 단순히 연구하는 것에 그치지 않고 SDGs 사례에서 나타나는 바와 같이 실현 방안을 모색하고 실제로 실현하는 것을 목표로 한다는 점에서 실천적 학문으로서의 성격도 갖게 되었다. 그러나 다른 한편으로 현대 평화학의 범위가 사회 구조와 제도 개혁, 인권 보호, 기후변화, 환경 문제 해결, 불평등 문제 해결과 정의 실현 등 사실상 인류가 직면한 모든 문제를 해결하는 것으로 확대됨에 따라 학문으로서의 체계를 잃고 지나치게 규범적인 성격을 갖게 되었다는 비판도 제기된다. 현대 평화학이 실천적 관점과 다학제적 학문으로서의 성격을 유지하면서도 학문으로서의 체계를 더욱 발전시켜 나갈 수 있

1 이와 관련한 보다 상세한 논의는 제4장 「현대 평화학의 발전과 복합화」 참고.

기를 기대해 본다. 그리고 이 책이 평화에 대한 한국 사회의 인식을 증대하고 평화학의 지평을 확대하는 데 조금이라도 기여할 수 있기를 기대해 본다.

참고문헌

Galtung, Johan. 1969. "Violence, Peace and Peace Research." *Journal of Peace Research* 6(3): 167-191.

Galtung, Johan. 1990. "Cultural Violence." *Journal of Peace Research* 27(3): 291-305.

Food and Agriculture Organization of the United Nations·International Fund for Agricultural Development·UNICEF·World Food Programme·World Health Organization. 2021. *The State of Food Security and Nutrition in the World*, https://data.unicef.org/resources/sofi-2021/.

Joe Hasell and Max Roser. 2013. "Famines." published online at OurWorldinData.org, https://ourworldindata.org/famines.

Huntington, Samuel. 1996. *The Clash of Civilizations and the Remaking of World Order* (New York: Simon & Schuster).

Roser, Max and Hannah Ritchie. 2013 (revised in 2019). "Homicides." published online at OurWorldInData.org, https://ourworldindata.org/homicides.

UNHCR. 2021. "Displaced on the Frontlines of the Climate Emergency." https://storymaps.arcgis.com/stories/065d18218b654c798ae9f360a626d903.

UNICEF. 2021. "Under-five Mortality." https://data.unicef.org/topic/child-survival/under-five-mortality/.

United Nations Department of Economic and Social Affairs. 2021. "Violence Against Women and the Girl Child." https://worlds-women-2020-data-undesa.hub.arcgis.com/pages/violence-against-women-and-the-girl-child.

Wikipedia. 2022. "List of Ongoing Armed Conflicts." https://en.wikipedia.org/wiki/List_of_ongoing_armed_conflicts.

제1부

평화학의 계보

2 근대 평화론

홉스에서 칸트까지

김범수

1. 들어가며

오늘날 우리가 일상생활에서 경험하는 세계질서의 토대가 되는 주권 국가 중심의 근대국제체제는 16-17세기 유럽에서 처음 등장한 국제체제로, 특정 영토 안에서 배타적·절대적·독점적 주권을 주장하는 정치체들 사이의 경쟁을 특징으로 한다. 이러한 국제체제가 정확히 언제 유럽에 정착하게 되었는지에 대해서는 다양한 의견이 제시되고 있으나, 신성로마제국(the Holy Roman Empire)의 가톨릭 세력과 신교도 세력 사이에 발생한 '30년 전쟁(the Thirty Years' War)'을 종식시킨 1648년 '베스트팔렌(Westfalen) 평화조약'이 근대적 주권 원칙을 확립하고 국제관계를 전근대에서 근대적 체제로 전환하는 데 중요한 역할을 수행했다는 점에 대해서는 대체적으로 학자들의 의견이 일치한다. 특히 이 조약은 신성로마제국에 속한 개별 제후국 통치자들에게 자국의 종교를 결정할 수 있는 권리를 부여한 1555년의 '아우크스부르크 평화협정(the Peace of Augsburg)' 원칙을 재확인하고 '영토권(ius territoriale; Landeshoheit)'과 필요할 경우 "다른 제후국이나 제국 밖의 국가와 동맹을 체결할 권리를 부여"함으로써 개별 국가의 배타적·절대적·독점적 주권에 기반을 둔 근대국제체제의 서막을 여는 데 기여했다(김준석, 2018: 199).

'베스트팔렌 체제' 또는 영어 명칭을 따라 '웨스트팔리아 체제(Westphalian system)'로 불리는 이러한 국제체제에서 개별 국가는 실질적으로는 외부의 간섭, 특히 강대국의 간섭에서 자유로울 수 없으나, 원칙적으로는 자신의 영토 안에서 발생하는 국내 문제를 외부의 간섭 없이 자신의 의지대로 결정할 수 있는 배타적·절대적·독점적 주권을 가진 존재로 인정받았다(Krasner, 1999: 20-24). 반면 중세 시기 국가 상위에 존재하는 것으로 받아들여졌던 교회 또는 제국의 영향력은 부정되었고 국제관계는 주권 국가들 사이의 '무정부상태(anarchy)'로 정의되었다. 토머스 홉스가 베스트팔렌 평화조약 체결 이후 3년 정도 지난 1651년에 출간한 『리바이어던』에서 정당화하는 정치 질서, 즉 국내적으로는 국가의 배타적·절대적·독점적 주권을 인정하고 국제적으로는 국가 상위의 어떠한 권력체도 부정하는, 안과 밖을 구분하는 이원론적 정치 질서는 웨스트팔리아 체제를 기반으로 한 정치 질서였다(김범수, 2019: 45).

특히 홉스의 정치사상은 안과 밖을 구분하는 이원론적 정치 질서를 바탕으로 안에서는 평화를 추구하고 밖에서는 전쟁을 정당화한다. 홉스에 따르면, 국가가 부재한 '자연상태(the state of nature)'에서 개인들은 타인의 생명을 포함해 자신이 원하는 모든 것을 의도대로 행할 수 있는 무제한적인 권리를 갖는다. 그러나 무제한적인 권리로 인해 개인들은 "만인에 대한 만인의 전쟁" 상태에 놓여 있으며 언제 죽을지 모르는 불안에 휩싸일 수밖에 없다. 이처럼 한편으로는 무제한적인 권리를 누리지만 다른 한편으로는 언제든 타인의 공격으로 죽음에 이를 수 있는 자연상태를 벗어나기 위해 개인들은 자연상태에서 누리던 무제한적인 권리를 제3자인 통치자에게 양도하고 통치자의 명령에 복종하기로 다른 개인들과 사회계약을 맺어야 한다. 그리고 사회계약의 결과 탄생한 국가는 안에서는 모든 권력을 독점함으로써 사회의 안녕과 평화를 보장하고 밖에서는 상위 권력체를 부정한 채 타국과의 관계에서 전쟁상태에 놓이게 된다(Hobbes, 1994: 79-82). 국제관계에서 "모든 국가는 … 자신에게 가장 이익이 된다고 판단한 것을 [자신의 의도대로] 행할 수 있는 절대적 자유(absolute liberty)를 갖는다." 그러나 동시에 이 절대적 자유 때문에 국제관계는 필연적으로 무정부상태이자 전쟁상태로 귀결될 수밖에 없다(Hobbes, 1994: 140). 더 나아가 홉스는 공권력이 부재한 국제적인 자연상태에서 최고의 덕목은 "폭력과 기만"이라고 주장하며 전쟁을 포함한 국가의 모든 행동을 정당화한다(Hobbes, 1994: 78).

홉스가 묘사하는 근대 정치 질서는 안과 밖에서 국가의 배타적 권력 독점에 근거한 정치 질서로 한편으로는 외부 간섭으로부터 개별 국가의 자율성을 보장하고 국내적 평화를 수립하는 데 기여했으나 동시에 국제관계를 무정부상태이자 전쟁상태로 규정하고 국가의 모든 행동을 정당화함으로써 국가의 부당한 폭력과 인권 침해를 예방하는 데 한계를 드러낼 수밖에 없었다(김범수, 2019: 45; Held, 1989: 221-236). 이러한 이유로 홉스 이후 많은 사상가가 국제관계를 무정부상태이자 전쟁상태로 규정한 홉스의 패러다임을 뛰어넘고자 시도했고 이는 다양한 평화론으로 이어졌다.

이 장에서는 홉스 이후 등장한 다양한 평화론 가운데 먼저 국제관계에서 국가 또한 자연상태에서의 개인들과 마찬가지로 이성과 자연법에 따라 행동해야 한다고 강조하는 사무엘 폰 푸펜도르프의 평화론을 살펴본다. 그다음에 일종의 '국가들의 국가'로 법적 강제력을 갖춘 '국가연합'을 수립하고 '연합'의 강제력을 통해 평화를 실현해야 한다고 강조하는 아베 드 생-피에르의 평화론을 살펴본다. 이어서 가입과 탈퇴가 자유로운, 느슨하게 조직된 '국제연방'을 수립하고, 강제력이 아니라 개별 국가의 자발성에 근거해 '국제연방'의 법적 질서를 유지함으로써 평화를 실현해야 한다고 주장하는 이마누엘 칸트의 평화론을 살펴보고 현대적 함의와 한계를 논의하고자 한다.

2. 푸펜도르프의 평화론: 자연법과 정의로운 전쟁

1632년 신성로마제국에 속한 독일 작센(Sachsen) 공국에서 태어난 푸펜도르프는 "17세기 가장 유명한 정치·법 사상가 가운데 1명"으로(Carr, 1994: 3), 휴고 그로티우스(Hugo Grotius)의 자연법 전통 위에 홉스의 논의를 받아들여 한편으로는 국가의 배타적·독점적 주권을 인정하면서도 국가 또한 개인과 마찬가지로 이성과 자연법의 명령을 따라야 한다고 강조함으로써 국제관계에 평화를 실현하고자 했다. 이러한 그의 사상은 1672년에 출간한 『자연법과 국가 간의 법(*De jure naturae et gentium*)』과 이의 요약본으로 1673년에 출간한 『자연법에 따른 인간과 시민의 의무에 관하여(*De officio hominis et civis juxta legem naturalem*)』에 잘 나타나 있다. 이하에서는 『자연법과 국가 간의 법』을 중심으로 푸펜도르프의 국제관계론과 평화론에 대해 살펴보자.[1]

1) 자연상태와 국가의 필요성

푸펜도르프에 따르면, "공통의 지배자와 상호 복종 관계가 부재"한 자연상태에서[2] 인간은 자기 보존이라는 가장 중요한 목적을 위해 "자신의 판단과 자신의 선택"에 따라 "자신이 결정한 바를 스스로 행하거나 행하지 않을 수 있는" 자유를 향유하는 가운데 신이 인간에게 부여한 이성을 바탕으로 자연법을 준수하며 평화롭게 살아간다(DJN: 102, 136). 특히 자연상태에서 인간의 자유와 관련해 푸펜도르프는 타인의 생명과 신체를 포함해 무엇이든 자기 마음대로 할 수 있는 무제한적인 권리를 갖고 있다고 주장한 홉스의 주장을 비판하며 인간의 자유는 제한적이며 "자연법과 건전한 이성의 통치를 따른다"라고 강조한다(DJN: 142).

이처럼 자연상태에서 인간의 자유를 제한적인 것으로 규정한 후 푸펜도르프는 홉스의 자연상태론을 비판하며 자연상태에서 인간관계가 서로를 적으로 간주하는 적대적 전쟁상태가 아니라 서로를 친구로 간주하는 우호적 평화상태에 있다고 주장한다(DJN: 144). 자연상태에서 때때로 몇몇 사람 사이에 "특수한 전쟁(particular war)"이 발생할 수는 있으나 홉

1 『자연법과 국가 간의 법』 텍스트는 사이들러(Michael Seidler)가 번역하고 카(C. Carr)가 편집해 1994년 옥스퍼드대학출판부에서 펴낸 *The Political Writings of Samuel Pufendorf*에 실린 "On the Law of Nature and of Nations in Eight Books"를 기준으로 인용했다. 이하에서는 DJN 뒤에 인용 페이지를 표시하는 방식으로 출처를 표시했다.

2 푸펜도르프는 인간의 자연상태를 개인이 도움을 제공할 사람이 아무도 없이 고립된 상태로 남겨진 "순수한(pure)" 자연상태와 가족과 같은 집단을 이루고 있지만 공통의 지배자와 상호 복종 관계가 부재한 "완화된(tempered)" 자연상태로 구분한 후 홉스가 『리바이어던』에서 묘사하는 전자와 같은 순수한 자연상태는 인간 역사에 한 번도 존재한 적이 없다고 주장한다. 이러한 이유로 국가의 기원과 관련한 푸펜도르프의 자연상태 논의는 후자, 즉 다양한 집단이 함께 살아가는 가운데 공통의 지배자와 상호 복종 관계가 부재한 완화된 자연상태에 초점을 맞춘다(DJN: 141-143).

스가 주장하는 "만인에 대한 만인의 전쟁"과 같은 "보편적 전쟁(universal war)"은 "건전한 이성"을 가진 인간관계에 나타날 수 없다(DJN: 103). 자연상태에서 인간이 평화상태에 있는 이유로 푸펜도르프는 다음 4가지 이유를 제시한다.

첫째, 신이 최초 인류로 창조한 아담과 이브의 관계는 전쟁상태가 아니라 평화상태에 있었으며 서로를 적이 아닌 친구로 간주하는 관계였다. 따라서 이들의 후손인 인류는 단순히 "자연적 유사성에 근거한 평범한 우정"의 관계로 연결되었을 뿐만 아니라 "공통 혈통에 기반한 혈연관계"로 연결되어 있다. 둘째, 자연상태에서 "여기저기 흩어져 멀리 떨어진 채 살아가는 사람들은 서로 어떠한 상해도 끼칠 수 없기 때문에" 이들의 관계를 적대적 관계로 간주할 이유는 없으며 오히려 친구 사이로 간주하는 것이 합당하다(DJN: 144-145). 셋째, 자연상태에서 인간을 전쟁으로 이끄는 요인으로 홉스가 강조하는 "힘의 평등은 타인을 해칠 의지를 불러일으키기보다 [반대로 이를] 절제시키는 역할을 한다." "[내가 상대방보다 힘이 우월해서] 성공의 기회가 높은 경우 다른 사람과 먼저 싸움을 시작할 수 있지만 제정신인 사람 가운데 자신과 힘이 비슷한 다른 사람과 먼저 싸움을 시작할 사람은 아무도 없다. 내가 날린 주먹이 동등한 힘의 주먹으로 되돌아올 수 있고 싸우는 사람의 힘이 비슷해 결과가 불확실한 경우 불필요한 싸움에 휘말리는 것은 바보나 무분별한 야만인이 할 짓이다"(DJN: 145-146). 넷째, 단순히 충동으로 움직이는 다른 동물과 달리 인간은 이성의 지배를 받는 동물로 "이성은 욕망이 이끄는 전쟁에 빠지지 않도록 사람을 자제시킨다"(DJN: 146).

이처럼 공통의 지배자, 즉 정치 권력이 부재한 자연상태가 전쟁상태가 아니라 평화상태라면 국가가 필요한 이유는 무엇인가? 이와 관련해 푸펜도르프는 자연상태에서의 평화는 "연약하고 신뢰할 수 없으며, 다른 보호 장치가 없다면 그 자체로 인간의 복지를 보호할 수 없다"는 점을 지적한다. 특히 "인간의 사악함과 억제할 수 없는 권력 추구욕, 타인의 소유를 위협하는 탐욕" 등으로 인간관계는 언제든 적대적 관계로 변화할 수 있으며 평화는 쉽게 깨지고 전쟁으로 이어질 수 있다고 강조한다(DJN: 148). 푸펜도르프에 따르면,

> 인간보다 사납고 자제하지 못하는 동물은 없으며, 사회의 평화를 파괴하는 데 잘못을 더 많이 저지르는 동물은 없다. 야수들은 식욕 때문에 먹을 것을 앞에 두고 서로 경쟁하지만 먹을 것이 많이 남아 있을 경우 아무 이유 없이 서로 싸우지 않는다. 야수들은 또한 욕정에 의해 행동하기도 하지만 항상 그런 것은 아니고 일반적으로 1년 중 특정 기간에만 그러한 행동을 보인다. 그러나 인간은 먹을 것과 마실 것에 대한 끝없는 욕망과 1년 내내 계속되는 욕정뿐 아니라 동물들에게는 알려져 있지 않은 많은 악행 때문에 서로 다투고 싸운다(DJN: 204-205).

따라서 인간은 타인의 위협으로부터 자신과 가족을 지키고 평화를 유지하기 위해 자연상태에서 향유하던 "자연적 자유"를 포기하고 계약을 통해 다른 사람과 연합함으로써 국가를 수립해야 한다(DJN: 206). 특히 국가 형성과 관련해 개인들 각자가 자애(self-love)와 더불어 인간의 타고난 성향 가운데 하나인 "사교성(socialitas; sociality)"을 "자신이 할 수 있는 가능한 한 많이 기르고 실천함"으로써, 그리고 자신의 이익만 추구하다 다른 사람에게 부당한 해를 끼치지 말고 서로에게 이익이 되도록 상

부상조함으로써, 다른 사람과 "박애와 평화, 자선의 끈으로 연대하고 상호 의무의 관계로 연합해야 한다." "인간은 다른 사람과 어울리기 좋아하는 사회적 동물로, 한편으로는 인간 때문에 가장 많은 피해를 입지만 동시에 다른 어떤 생명체보다 상호 이익 추구에 적합한 동물이다"(DJN: 152-153). 요컨대 푸펜도르프는 인간의 사악함과 권력욕, 탐욕 등이 자연상태의 평화를 파괴하고 인간을 언제든 위험에 빠뜨릴 수 있는 상황에서 인간 이성과 자연법이 일정 정도 악행을 억제하는 역할을 수행하지만 개인의 안전을 보호하고 평화를 유지하는 데 불충분하기 때문에 다른 사람과 연합해 힘을 합쳐 새로운 "보호 장치(safeguard)"로 주권을 가진 국가를 수립해야 한다고 강조한다. 인간이 "이렇게 조직화할 경우 서로가 서로에게 주는 피해로부터 안전할 수 있으며 더 나아가 다른 사람으로부터 얻을 수 있는 이익을 더 많이 향유하게 된다"(DJN: 206).

2) 국가의 수립과 주권

그렇다면 구체적으로 국가를 수립하는 방법은 무엇인가? 푸펜도르프에 따르면, 사람들이 단순히 힘을 합치기로 합의하는 것만으로는 부족하다. 실제로 사람들은 "분노한 폭도들의 사례와 같이 승리의 희망과 전리품, 또는 복수를 위해 어떤 행동에 합의할 수 있지만 이후 집단 내에 나타나는 의견 차이와 다양성, 경쟁과 질투로 서로 싸우다 평화를 파괴"하는 경우가 종종 있다. 따라서 다수의 사람이 모임을 장기간 유지하고 지속적으로 공동선을 위한 협력을 강제하기 위해서는 개인들이 사적 이익을 위해 "자기 마음대로 애초 합의에서 벗어나지 못하도록 [강제하는] 공통의 두려움(common fear)"이 필요하다. 즉 다수의 사람이 국가를 수립하고 유지하기 위해서는 단순 합의만으로는 불충분하며 모든 사람에게 장기간 합의 이행을 강제할 수 있는 두려움의 존재, 법을 만들고 법을 집행하며 법을 위반한 사람들을 심판하고 처벌할 수 있는 주권을 가진 주권자가 필요하다(DJN: 209, 219-221).

푸펜도르프는 이러한 주권자를 형성하기 위해 모든 개인이 "자신의 의지를 영속적으로 하나의 의지로 통합해(permanently uniting everyone's wills) … 하나의 인격을 형성하고" 한 사람 또는 하나의 협의체(council)가 주권자로 이 인격을 대신해 행사할 수 있도록 힘을 모아 주는 한편 주권자의 의지를 자신의 의지로 간주하고 주권자가 공동 안보를 위해 필요하다고 결정한 모든 것에 복종해야 한다고 주장한다. 그에 따르면, 이 과정을 통해 "도덕적 인격체와 사회의 가장 강력한 존재(the strongest of societies and moral persons)"로 국가가 등장하게 된다(DJN: 210). 이러한 이유로 푸펜도르프는 국가를 "다수의 협약을 통해 모든 사람의 의지(the will of all)를 하나의 의지로 묶어 대변하며 공동의 평화와 안보를 위해 [자신의 판단과 의지대로] 개인들의 힘과 능력을 [마음껏] 사용할 수 있는 합성적 도덕 인격(composite moral person)"으로 정의한다(DJN: 214).

이처럼 개인들이 의지와 힘을 한데 모아 "하나의 도덕적 인격"으로 수립한 국가 안에서 최고 권위인 주권은 정체에 따라 한 사람, 또는 몇몇 사람이나 국민 전체로 구성된 하나의 협의체에 부여될 수 있다. 그뿐만 아니라 국가 안에서 시민들은 가족을 비롯해 협회나 친목회 같은 다양한 단체(body)를 구성할 수 있으며 특히 가족과 같이 국가보다 앞서 설립된 단체의 경우 국가가 시민법과 공공 관습(public mores)을 통해 가져가지 않고 남겨 준 권리를 향유할 수 있다. 그러나 푸펜도르프는 이러한 단체가 "어떠한 권리를 갖든, 각각의 구성원에게 어떠한 권위를 행사하든 이들 단체의 모든 권리와 권위는 국가의 최고 권위[인 주권]에 의해 전적으로 규정되며 [주권에] 반대하거나 [주권보다] 우위에 있을 수 없다"라고 강조한다. "만약 [국가 안에] 최고 주권의 제한에 복종하지 않는 단체가 있다면 이는 국가 안에 또 다른 국가가 있는 것과 같다"(DJN: 216-217).

이러한 주장을 통해 푸펜도르프는 홉스와 마찬가지로 국가 안에서 주권이 한 사람이 되었든 하나의 협의체가 되었든 "하나의 인격"에 '독점'되어야 한다고 강조한다. "우리 몸 전체에 생기와 활력을 불어넣어 주고 우리 몸 각 부분과 기관이 기능을 수행하도록 해주는 영혼이 '하나'밖에 없는 것과 마찬가지로" 국가 또한 "하나의 의지(one will)"만 가진 "도덕체(moral body)"로 하나의 영혼, 즉 하나의 주권만 가져야 한다(DJN: 219). "우리가 만약 인간 영혼이 다양한 부분으로 분리되어 별도로 존재한다고 상상한다면 … 그러한 주체는 인간으로 불릴 수 없으며 그 주체에게서 인간의 행동을 기대할 수 없다. 마찬가지로 어떤 사람이 주권을 여러 부분으로 완전히 분리하고자 한다면 그는 결코 정규 국가(regular state)를 형성할 수 없으며, 구성원들이 공통의 주권이 아니라 단지 합의에 의해 한데 뭉친 비정규단체(irregular body)만 형성할 수 있을 뿐이다"(DJN: 225). 즉 어떠한 조직체가 하나의 정규 국가로 존재하기 위해서는 단일한 하나의 주권이 존재해야 한다.

푸펜도르프는 더 나아가 주권의 특성과 관련해 주권이 정치 공동체 내에서 "지상의 다른 어떤 상위자(superior)에도 의존하지 않는" 최고의 권위라는 점을 강조한다. "주권 행위는 다른 어떤 인간 의지의 결정에 의해서도 무효화될 수 없으며 최고 주권을 가진 사람은 동일한 이유로 [자신의 행위에] 책임질 필요가 없다. 주권자는 자신의 행위에 이유를 제시할 필요도 없으며 처벌받을 일도 없다." 주권은 또한 "인간이 만든 법(human law)에 구속되지 않으며 오히려 법보다 우위에 있는 것으로 간주된다. 법은 최고 주권이 신민들에게 국가의 복지를 위해 준수하라고 내린 명령에 불과하기 때문이다"(DJN: 230-231).[3] 비슷한 맥락에서 푸펜도르프는 주권의 신성함에 대해 논의하며 모든 구성원이 주권을 "신성불가침하고(sacrosanct) 침범할 수 없는(inviolable) 것"으로 간주해야 한다고 주장한다. 분별 있는 사람 가운데 "주권자가 자신의 권위 범위에서 행위하는 한, 주권에 저항하는 것은 잘못이라는 점을 의심하는 사람은 아무도 없다. 주권의 목적과 성격상 [구성원은] 주권에 저항하지 말아야 할 의무, 즉 주권이 행하라고 또는 행하지 말라고 명하는 것에 주저 없이 복종해야 할 의무가 있다"(DJN: 236).

3) 국제관계와 자연법

국가가 이처럼 국내적으로 다른 어떤 상위자에게도 종속되지 않는 최고 권위, 즉 주권을 독점하고 있다면 주권을 독점한 국가들의 관계는 어떠한가? 푸펜도르프는 주권을 가진 국가들 사이 국제관계가 "상호 복종 관계와 공동의 지배자가 부재"한 자연상태에 있으며, 개인들이 자연상태에서

3 주권의 최고성을 강조하면서도 푸펜도르프는 주권이 항상 "절대적(absolute)"일 필요는 없다고 주장한다. 그에 따르면, "최고라는 것과 절대적인 것이 동일한 것은 아니다. 최고라는 것은 상위자 또는 동등한 권력을 가진자가 부재하다는 것을 의미하며 절대적인 것은 [규범이나 법령, 또는 다른 사람의 판단과 선택에 구애받지 않고] 자신의 판단과 선택에 따라 자신의 권리를 행사한다는 것을 의미한다." 주권은 따라서 최고이면서도 제한적일 수 있다고 푸펜도르프는 주장한다. 푸펜도르프에 따르면, "자유민들(free peoples)은 자신들의 재량(discretion)에 따라 국왕에게 절대적 주권을 부여할 수도 있고" 아니면 "국왕과 시민들 사이의 합의" 또는 근본적 법률을 통해 국왕의 권력 행사를 제한할 수 있다. 이처럼 제한적 주권의 가능성을 열어 둔다는 점에서 푸펜도르프의 주권론은 주권의 절대성을 강조하는 홉스의 주권론과 대비된다(DJN: 232-235). 그러나 동시에 주권의 최고성과 신성성, 배타성을 강조한다는 점에서 푸펜도르프의 주권 개념은 홉스의 주권 개념과 유사하다.

자연법에 따라 행동해야 하는 것과 마찬가지로 국가들 또한 자연상태인 국제관계에서 자연법에 따라 행동해야 한다고 누차 강조한다(DJN: 207). 푸펜도르프에 따르면, "인간 이성 그 자체로부터 유래한" 자연법은 모든 인간이 따라야 하는 "인간 행동의 가장 일반적인 공동의 규칙"으로 "전 인류를 구속하고 실정법과 달리 변하지 않는다는 점에서 영원히 변치 않는(everlasting) 보편적인 법으로 불릴 수 있다"(DJN: 148-149). 따라서 국제관계에서 국가들은 자연상태에서의 개인들과 마찬가지로 자연법이 규정하는 바에 따라 자신이 할 수 있는 가능한 한 많이 "사교성"을 기르고 타국과 평화로운 관계를 유지해야 한다. 즉 정당한 이유 없이 타국을 먼저 공격하거나 해를 끼쳐서는 안 되며, 자국의 이익만 추구하다 타국에 부당한 해를 끼치지 않도록 상호 이익을 위해 상부상조해야 한다.

그러나 개인들 사이 자연상태에서와 마찬가지로 국가들 사이 자연상태에서도 전쟁은 때때로 허용될 뿐만 아니라 경우에 따라서는 필요하다. 푸펜도르프는 특히 "다른 사람이 나를 악의적으로 해치려 하거나 나에게 당연히 갚아야 할 것을 갚지 않을 경우 전쟁은 정당할(licit) 뿐만 아니라 필요"하다고 강조한다. 이처럼 전쟁의 필요성을 강조한 후 푸펜도르프는 전쟁의 "정당한(just)" 이유와 "부당한(unjust)" 이유를 제시한다. 전쟁이 정당한 경우는 "우리를 해치려 하거나 재산을 빼앗고 파괴하려는 사람들로부터 우리 자신과 재산을 보존하고 보호하기 위한 경우, 우리가 당연히 받아야 할 완벽한 권리가 있는 것에 대해 다른 사람이 갚기를 거부하는 경우, 다른 사람의 괴롭힘으로 우리가 입은 피해에 대한 배상을 얻고자 하는 경우, 또는 과거에 우리를 해친 사람에게서 앞으로 다시 공격하지 않겠다는 보장을 받아 내고자 하는 경우" 등이다. 반면 전쟁이 부당한 경우는 "탐욕과 불필요한 것에 대한 열망, 야망, 지배의 갈망, 다른 사람을 억압함으로써 명성을 얻고자 하는 불타는 욕망" 등을 위해 전쟁을 하는 경우다. 더불어 부당한 전쟁이긴 하지만 어느 정도 설득력이 있는 경우는 "이웃 국가의 권력과 힘에 대한 두려움" 때문에 전쟁을 하는 것이다. 이 경우 이웃 국가가 지나칠 정도로 권력을 증대한다면 이러한 두려움이 정당한 전쟁의 이유가 될 수 있지만 일반적으로 상대방이 우리를 해칠 명백하고 확실한 의도가 있다고 볼 수 없다면 이는 전쟁의 정당한 이유로 충분하지 못하다(DJN: 257-260).

이처럼 국가 주권의 최고성과 배타성을 강조하고 상위 권력체의 존재를 부정하면서도 동시에 국제관계에서 국가 또한 자연상태에서의 개인과 마찬가지로 이성의 명령인 자연법을 따라 "사교성"을 기르고 타국과 평화로운 관계를 유지해야 한다고 강조하는 푸펜도르프의 논의는, 국제관계를 '만인에 대한 만인의 전쟁상태'로 가정하고 전쟁을 포함한 모든 국가 행동을 정당화하는 홉스의 논의와 극명하게 대비된다. 특히 "정의로운 전쟁"과 부당한 전쟁을 구분함으로써 전쟁의 야만성과 폭력성을 규제하고자 하는 푸펜도르프의 논의는 일정 정도 평화 실현에 기여하는 측면이 분명히 있다. 그러나 국가의 독점적·배타적 주권을 제한하는 구체적 방안에 대한 언급이 거의 없다는 점에서 한계가 있다. 푸펜도르프에 따르면, 국제관계에서 국가는 자연상태에서의 개인과 마찬가지로 이성의 명령인 자연법에 따라 행동하고 "사교성"을 최대한 길러 다른 나라와 평화롭게 지내야 한다. 국가가 이렇게 행동해야 하는 이유는 인간이 동물과 다른 이성적인 존재이기 때문이며 궁극적으로 이렇게 행동하는 것이 신의 뜻에 부합하기 때문이다.

그러나 과연 아무런 외적 장치 없이 이성과 신의 뜻만으로 국가 행동에 대한 규제가 가능한가? 인간의 사악함과 권력욕, 탐욕 등이 개인들의 관계에서 평화를 깨뜨리고 전쟁으로 이끄는 것과 마찬가지로 국가들의 관계 또한 언제든 서로를 적으로 간주하는 적대적 관계로 변화할 수 있는 상황에서 자연법만으로 평화를 유지할 수 있는가? 개인들이 타인의 위협으로부터 자신과 가족을 지키고 평화를 유지하기 위해 계약을 통해 국가를 수립하는 것과 마찬가지로, 즉 개인들의 행동을 규제하고 강제할 수 있는 주권을 가진 존재로 국가를 수립하는 것과 마찬가지로 국가들 또한 개별 국가의 행동을 규제하고 강제할 수 있는 힘을 가진 '국가들의 국가'로 '국제국가'를 수립해야 하는 것은 아닌가?

푸펜도르프 또한 이를 고민했을 것으로 보인다. 그러나 『자연법과 국가 간의 법』에서 그의 논의는 이 문제에 대해 어떠한 구체적인 해결책도 제시하지 못하고 있다. 이러한 이유로 칸트(Kant, 1991:103)는 그의 저서 『영원한 평화를 위하여: 철학적 구상(*Zum ewigen Frieden: Ein philosophischer Entwurf*)』에서 푸펜도르프를 그로티우스, 에메르 드 바텔(Emer de Vattel) 등 17-18세기 국제법 학자들과 함께 "괴로움을 주는 달갑지 않은 위로자들(leidige Tröster; sorry comforters)"로 호칭하며 이들의 주장이 자연법과 '정의로운 전쟁' 개념을 통해 전쟁을 규제하려 하지만 국가의 행동을 규제하는 외적 법적 장치에 대한 언급이 없다는 점에서 평화 실현 방안으로 불충분하다고 비판한다. 안에서 주권을 독점하고 밖에서 상위 권력체를 부정하는 국가의 행동을 규제하고 국제관계에서 평화를 유지하기 위해서는 단순히 자연법에 의존하는 것만으로는 불충분하며 국가 외적인 규제 장치에 대한 고민이 필요하다. 생-피에르는 이러한 국가 외적인 규제 장치를 고민한 대표적인 근대 사상가다.

3. 생-피에르의 평화론: 강제력을 가진 국가연합

1658년 프랑스 셰르부르(Cherbourg) 지역에서 태어난 생-피에르는 유럽 국가들이 전쟁상태를 벗어나 평화상태를 구현하기 위해서는 단순한 평화협정이나 강대국들 사이의 "세력균형(equilibrium of power)"만으로는 불충분하고 홉스가 개인들 사이 전쟁상태를 종식시키기 위해 제안한 방식을 국제관계에 적용해 국가들의 행동을 규제할 수 있는 강제력을 가진 일종의 '국가들의 국가'인 '국제국가', 즉 생-피에르가 "유럽연합(Eropean Union)" 또는 "유럽사회(European Society)"로 부르는 "국가연합(union of the states)"을 수립해야 한다고 주장했다. 이러한 그의 사상은 1713년 프랑스 파리에서 처음 출간한 『유럽에 영원한 평화를 가져오기 위한 계획(*Projet pour Rendre la Paix Perpétuelle en Europe*)』에 잘 나타나 있다. 이 책의 내용을 중심으로 생-피에르의 평화론에 대해 살펴보자.[4] 우선 유럽에서 전쟁이 지속되는 이유와 "사회"가 필요한 이유에 대한 생-피에르의 설명부터 보자.

1) 전쟁 지속의 이유와 사회의 필요성

생-피에르에 따르면, 전쟁을 방지하기 위해 유럽 국가들이 체결한 여러 평화조약과 많은 지식인이 평화유지 방안으로 제시해 온 강대국들 사이 세력균형에도 불구하고 유럽에 전쟁이 지속되는 이유는 국가들의 행

4 인용은 와트(J. Watt)가 1714년 영어로 번역 출판한 *A Project for Settling an Everlasting Peace in Europe*을 사용했다(이 판본의 디지털 스캔본이 2010년 Gale ECCO에서 재출간되었다). 이하 EPE로 표기하고 페이지 출처를 표시했다.

동을 규제할 수 있는 강제력을 가진 "충분히 강력한 영속적 사회(society permanent and sufficiently powerful)"가 부재하기 때문이다. 물론 조약의 경우 조약 참여 국가들이 동맹 또는 연맹(league)의 형식으로 사회를 형성할 수는 있지만 이러한 사회는 참여국의 행동을 규제할 강제력이 부재하다는 점에서 "충분히 강력하지" 못하며, 참여국, 특히 강대국이 조약 내용에 불만을 갖고 탈퇴할 경우 언제든 깨질 수 있다는 점에서 "영속적"이지 못하다. 사람들 사이에 갈등이 발생할 경우 "법" 또는 "무력"을 통한 해결 방법이 있다. 일반적으로 구성원의 행동을 규제할 수 있는 강력한 법이 존재하는 "영속적 사회"에서 갈등이 발생할 경우 법을 통해 갈등을 중재하고 문제를 해결할 수 있지만 법이 부재하면 갈등을 해결할 방법은 전쟁밖에 없다. 이러한 관점에서 생-피에르는 평화를 유지하고 전쟁을 방지하기 위해 여러 차례 체결된 평화조약이 결국 전쟁을 막는 데 실패한 이유로 이들 조약이 국가의 행동을 규제하고 국가들 사이 갈등을 중재할 수 있는 법적 강제력을 갖춘 "충분히 강력한 영속적 사회"의 형성으로 이어지지 못했기 때문이라고 지적한다(EPE: 3-6).[5]

이러한 진단에 근거해 생-피에르는 유럽 국가들이 갈등을 평화적으로 해결하고 무력 충돌을 방지하기 위해서는 단순한 조약만으로 불충분하며 국가들의 행동을 규제하고 국가 간의 갈등을 중재할 수 있는 법적 강제력을 갖춘 "충분히 강력한 영속적 사회"로 "유럽연합"을 형성해야

5 생-피에르는 국가의 행동을 규제할 법적 강제력이 부재한 '현재'의 유럽을 "비사회(nonsociety)"로 보고 국가 행동을 규제할 법적 강제력이 존재하는 "사회"와 대비시킨다. 이러한 점에서 생-피에르가 이야기하는 "비사회"는 홉스가 이야기하는 정부가 부재한 자연상태와 유사하며 "사회"는 정부가 존재하는 "시민상태(civil state)"와 유사한 개념으로 볼 수 있다.

한다고 주장한다. 생-피에르에 따르면, 법적 강제력이 작동하는 사회는 갈등을 평화적으로 해결해 참여 국가와 국민에게 상업과 자유무역의 이득을 보장할뿐더러 강대국의 침입으로부터 약소국을 보호함으로써 모든 국가에게 영토(dominion) 보전에 필요한 "충분한 안보(sufficient security)"를 제공해 줄 수 있다. 또한 조약에 참여한 국가들이 나중에 마음을 바꿔 조약을 준수하지 않으려 할 때 "충분히 우월한 영속적 힘(force permanent and sufficiently superior)"을 통해 조약 준수를 강제할 수 있으며, 조약 내용 해석을 두고 분쟁이 발생할 경우 "충분한 권위(sufficient authority)"를 갖고 분쟁을 중재하고 집행을 강제할 수 있다. 더 나아가 "사회의 힘(strength of society)"으로 특정 국가가 정복을 통해 영토를 확장하고 힘을 키워 나가는 것을 막아 특정 국가가 너무 강력해져서 주변 국가에 위협이 되는 것을 방지할 수 있다(EPE: 6-10).

이처럼 사회가 부재한 '현재'의 "불행"과 "충분히 강력한 영속적 사회"가 가져다 줄 다양한 "축복"을 비교한 후 생-피에르는 사회가 존재하는 유럽연합체제가 다음 5가지 측면에서 세력균형체제에 비해 더 많은 이득을 가져다줄 수 있다고 주장한다. 첫째, 국가 간의 전쟁을 방지하는데 유럽연합체제가 세력균형체제에 비해 더 효과적이다. 세력균형체제는 전쟁을 일시적으로 방지할지 모르지만 "불변의 평화"를 가져다줄 수는 없다. 국가 간 힘의 균형은 언제든 변화할 수 있고 시간이 지나며 세력을 키운 국가는 언제든 전쟁을 다시 시작할 수 있다. 반면 연합체제는 참가국들의 힘을 하나로 모아 평화유지라는 하나의 목적을 위해 사용함으로써 특정 국가가 자국의 이익을 위해 평화를 해치고 전쟁을 시작하는 것을 방지할 수 있다. 생-피에르는 연합체제의 구체적 사례로 "독일연합(the Union of the Germans)", 즉 신성로마제국 사례를 제시하며, 독일연합의 경우 외부세력이 동맹을 통해 개입하지 않는 이상 전쟁이 거의 발생하지 않았으며, 설령 발생하더라도 오래 지속되지 않았다고 강조한다(EPE: 15-16).

둘째, 회원국 내부의 내전을 방지하는 데 유럽연합체제가 세력균형체제에 비해 더 효과적이다. 즉 회원국 내에서 어떤 집단이 무기를 들고 내전을 일으킬 경우 유럽연합은 이를 연합에 대한 도전으로 간주하고 연합 전체의 힘을 결집해 진압할 것이기 때문에 강대국뿐만 아니라 약소국 또한 자국 내에서의 반란이나 혁명, 또는 내전으로부터 효과적으로 보호받을 수 있다. 반면 "지난 200여 년간 유럽의 역사"는 세력균형체제가 이러한 내전을 막는 데 효과적이지 못했음을 보여 준다(EPE: 16).

셋째, 개별 국가의 안보와 생존을 보장하는 데 연합체제가 세력균형체제에 비해 더 효과적이다. 세력균형체제에서 국가 간 힘의 균형은 시간이 지나며 언제든 변할 수 있기 때문에 설령 강대국이라도 자국의 안보와 생존을 확신할 수 없다. 실례로 16세기 카를 5세(Karl V) 당시 유럽을 호령하던 오스트리아 합스부르크 왕가의 국력은 17세기 중반 이후 유럽을 지배한 루이 14세 치하에서 프랑스 국력의 1/4 수준으로 줄어들었다. 세력균형체제에서는 강대국도 안보 문제에 확실한 보장을 지속적으로 받을 수 없다. 반면 유럽연합체제 안에서는 연합이 약소국이든 강대국이든 개별 국가의 안보를 보장하기 때문에 국력 변화와 약화에 대해 두려워할 필요가 없다(EPE: 17-19).

넷째, 지속적인 상업 활동을 보장하는 데 유럽연합체제가 세력균형체제보다 더 효과적이다. "세력균형체제는 전쟁을 방지할 수 없으며 오히려 완벽하게 작동할 경우 전쟁의 횟수와 기간만 늘린다." 따라서 세력균형체제는 "국내외에서 상업의 지속을 보장하는 해결책"이 될 수 없다.

반면 유럽연합체제는 전쟁을 방지하고 설령 전쟁이 발생하더라도 기간을 줄여서 국내외에서 상업이 지속되는 데 기여한다(EPE: 19).

다섯째, 세력균형체제는 유럽연합체제에 비해 비용이 많이 들어갈 뿐 아니라 수립하고 유지하기도 더 어렵다. 지난 200여 년 동안 유럽 국가들은 "균형체제"라는 "공허한 우상(vain idol)"을 유지하고 수립하기 위한 전쟁에 "전체 유럽 국가의 수입을 합한 금액의 4배나 되는 비용을 지불"해 왔다. 유럽 국가들이 "균형체제를 수립하기 위해 싸우지 않고 200년 전에 유럽사회를 수립했다면 유럽은 현재보다 4배 이상 부자가 되었을 것이며, 여러 종교로 분열되지 않고, 예술과 과학도 현재보다 훨씬 완벽한 정도로 발전했을 것"이다. 반면 전쟁에 사용하는 비용에 비하면 연합을 수립하고 유지하는 데 드는 비용은 사실상 전무하다(EPE: 19-20).

요컨대 생-피에르는 국가들의 행동을 규제할 법적 강제력과 "충분히 우월한 영속적 힘"을 갖춘 사회를 수립할 경우 "사회의 우월한 힘"으로 전쟁을 방지하고 "충분한 권위"를 통해 갈등을 중재하고 평화적으로 해결함으로써 강대국뿐 아니라 약소국에게도 "충분한 안보"와 생존을 보장하고 상업과 그에 따른 더 많은 이득을 가져다줄 수 있다고 주장한다. 이러한 주장을 바탕으로 생-피에르는 유럽의 군주들이 사회의 이득에 대해 알게 된다면 당연히 유럽연합에 가입하리라고 단언한다. 그렇다면 평화 실현을 위해 유럽연합은 구체적으로 어떻게 수립되어야 하는가?

2) 유럽연합의 수립과 '영원히 지속되는 평화'

생-피에르는 유럽에 전쟁이 지속되는 이유로 국가들의 행동을 규제할 수 있는 "충분히 강력한 영속적 사회"의 부재를 제시한다. 따라서 유럽의 주권 국가들이 전쟁이 아닌 평화적인 방법으로 갈등을 해결하고, 더 나아가 국가와 국민에게 국내외에서 자유로운 상업을 통해 더 많은 이득을 보장해 주기 위해서는 7개 '주권체(sovereignties)'가 연합해 국가를 형성한 네덜란드(Holland), 13개 '주권체'가 연합해 국가를 형성한 스위스, 또는 200개가 넘는 '주권체'가 연합해 신성로마제국을 형성한 "독일연합" 등의 선례를 따라 개별 국가의 행동을 규제할 수 있는 "충분히 강력한" 힘을 가진 "영속적 사회"로 "유럽사회", 즉 "유럽연합"을 수립해야 한다고 주장한다(EPE: iv).

그렇다면 유럽사회 또는 유럽연합은 구체적으로 어떻게 수립되어야 하는가? 생-피에르에 따르면, 사회는 일반적으로 참여자들이 조약에 동의할 경우 수립된다. 유럽사회를 수립하기 위해서는 따라서 최소 둘 이상의 주권 국가가 조약에 동의해야 하며 이를 점차 확대해 유럽의 주요 기독교 국가들이 조약에 동의하고 참여해야 한다. 생-피에르는 구체적으로 프랑스, 스페인, 영국, 네덜란드, 포르투갈, 스위스, 플로렌스(Florence), 제노아(Genoa), 교황(the Pope), 베니스(Venice), 사보이(Savoy; 서알프스 지역에 위치한 공국), 로렌(Lorrain; 현재의 동북부 프랑스 지역에 위치한 공국), 덴마크, 오스트리아, 폴란드, 스웨덴, 모스크바대공국(Muscovy; 현재의 러시아), 바바리아(Bavaria; 독일 뮌헨 지역에 위치한 선제후국) 등 당시 유럽의 18개 주요 국가와 신성로마제국 내 선제후국인 쿠를란트공국(Courland; 현재의 라트비아), 프러시아(Prussia), 삭소니(Saxony), 팰러틴(Palatine), 하노버(Hanover)와 대주교령(Ecclesiastical-Elctors; 독일의 마인츠, 트리어, 쾰른 지역을 포함)을 포함한 24개 주권 국가가 조약에 동의하고 참여해 유럽연합을 형성해야 한다고 주장한다(EPE: iv, 124-125).

다음으로 조약의 구체적 내용과 관련해 생-피에르는 모든 회원국이 동의해야 수정할 수 있는 12개 "기본 조항(fundamental articles)"과 회원국

3/4 이상의 찬성으로 수정할 수 있는 8개 "주요 조항"을 제시한다. 우선 12개 기본 조항을 간략히 살펴보면 제1항은 본 조약에 동의한 주권 국가는 유럽에 평화를 "불변"의 것으로 만들고 국가 간 "상호 안보"를 보장하기 위해 "오늘부터" "영속적이고 영구적인 연합(permanent and perpetual union)"을 형성한다고 명시하고 있다. 이어 제2항은 유럽사회가 각국 정부의 내정에 관여하지 않는다는 점을, 제3항은 반란이나 혁명 등 군주와 왕실을 위협하는 일이 발생할 경우 커미셔너(commissioner)를 파견해 진실을 조사하고 군대를 파견해 법에 따라 죄를 처벌한다는 점을 명시하고 있다. 다음으로 제4항은 각국이 현재 보유한 영토에 만족해야 하고 어떠한 방법에 의해서도 현재 영토에 변화가 없어야 한다는 점을, 제5항은 왕위 계승 등을 통해 군주 1명이 국가 2개를 소유해서는 안 된다는 점을, 제6항은 스페인 왕국은 부르봉(Bourbon) 가문에서 통치한다는 점을 명시하고 있다. 제7항은 각국 대표단이 상업의 일반적 조항에 대해 숙지하고 호혜평등의 원칙에 따라 법을 적용하며, 상업과 관련한 분쟁이 발생할 경우 "상업회의소(Chambers of Commerce)"의 판단에 따라 해결한다는 점을, 제8항은 유럽의회에서 적으로 선언된 국가에 대한 공동 조치를 제외하고 어떠한 군사 행동 또는 적대 행동도 해서는 안 된다는 점을, 제9항은 위에서 언급한 24개 회원국 대표로 "유럽의회(senate of Europe)"를 구성하고 각국 대표가 평등하게 1표씩 표결권을 행사한다는 점을 밝힌다. 제10항은 연합 회원국이 각국의 재정 수입과 부에 비례해 연합의 유지·운영·공동 안보에 필요한 비용을 분담한다는 점을, 제11항은 반란 진압과 상업 관련 조항 시행과 같이 유럽연합의 안보와 이익에 중요한 일이 발생할 경우 유럽의회가 이를 논의하고 다수결을 통해 임시 조치를 시행할 수 있다는 점을 명시하고 있다. 마지막으로 제12항은 위 11개 기본 조항

은 회원국 모두의 만장일치로만 변경할 수 있고, 다른 중요 조항은 회원국의 공동선을 위해 필요한 경우 회원국 3/4의 동의를 받아 변경할 수 있다고 명시하고 있다(EPE: 106-131).

한편 8개 주요 조항은 다음과 같다. 첫째, 각국에서 1명씩 대표를 파견해 유럽의회를 구성하고 추후 확대할 수 있다. 둘째, 유럽의회가 각 회원국과 지속적으로 소통하고 두려움과 불신을 해소하기 위해 각 회원국에 대사(ambassador)와 상주 대표(resident)를 파견할 수 있다. 셋째, 유럽연합이 군대를 운영할 경우 특정국 출신이 과반을 넘지 말아야 하며 유럽연합이 이들에게 필요 경비를 제공해야 한다. 넷째, 유럽연합이 특정 왕국을 적으로 규정하고 조치를 취할 때 그 왕국의 특정 주에서 이 조치에 동조하는 반란이 발생할 경우 이 주를 왕국과 별도로 분리해 일종의 공화국으로 대우한다. 다섯째, 유럽연합의 이익에 반하는 반역 음모를 발견한 사람에게 보상할 수 있다. 여섯째, 유럽연합의 안보를 증진하기 위해 각국의 통치자와 왕실 가족, 관료들이 매년 한 번씩 동일한 날에 모여 연합에 충성을 맹세해야 한다. 일곱째, 아메리카 대륙에서 유럽 국가 간 전쟁이 일어나는 것을 방지하기 위해 커미셔너를 파견해 정보를 수집하고 보고하게 만든다. 여덟째, 특정 회원국에서 왕위 계승자가 부재할 경우 유럽연합이 후계자를 정하고 승계 문제를 관리한다(EPE: 134-144). 이외에도 생-피에르는 제6논변에서 위트레흐트(Utrecht)를 자유도시로 지정하고 여기에 유럽의회를 둔다는 점과 유럽연합의 유지와 운영에 필요한 기타 사항을 명시한 일반 규정(regulation)에 대해 설명하고 있다.

마지막으로 유럽연합의 실현 가능성과 관련해 생-피에르는 제2논변에서 독일연합(즉 신성로마제국) 사례에 대해 자세히 설명하며 자신의 계획이 공상이 아니라 충분히 실현 가능한 현실적 방안임을 강조한다. 생-피에르에 따르면, 과거 독일연합을 처음 수립할 당시 연합에 참여한 국가들의 참여 동기와 이들이 직면했던 장애 요인, 연합 수립 방법 등을 "현재"와 비교할 때 "현재" 유럽 국가들이 연합을 형성해야 할 동기는 더욱 강하고(즉 평화적인 방법으로 갈등을 해결하고 국내외에서 상업을 통해 더 많은 이익을 누리고자 하는 동기는 더욱 강하고), 장애 요인은 더 적으며, 방법에 있어서는 24개 주요국의 동의를 통해 더 쉽게 연합을 수립할 수 있다. 이러한 이유로 생-피에르는 과거 독일연합 수립 당시 대부분의 사람이 서로 다른 입장과 정반대 이해관계를 갖는 수많은 주권 국가가 하나로 모여 연합을 형성하는 것을 두고 "이론에 있어서는 정말 좋은 일이지만 현실에 있어서는 헛된 일"이라고 비웃었으나 시간이 지나며 독일연합이 현실이 된 것과 마찬가지로, 유럽연합 또한 많은 사람이 "지금"은 실현 불가능하다고 비웃고 있지만 주권 국가들이 의지만 있다면 독일연합보다 더 쉽게 실현될 수 있다고 주장한다(EPE: 23-26).

요컨대 생-피에르는 유럽 국가들이 유럽연합이 보장해 주는 안보와 상업적 이득에 대해 합리적으로 판단하고 이러한 판단을 바탕으로 위에서 언급한 기본 조항과 주요 조항에 동의해 "충분히 강력한" 힘을 가진 "영속적 사회"로 유럽연합을 수립한다면 이 연합의 힘으로 개별 국가의 행동을 규제해 유럽에 "영원히 지속되는 평화(everlasting peace)"의 실현이 가능하다고 주장한다.

이처럼 개별 주권 국가의 행동을 규제할 수 있는 "충분히 강력한" 힘을 가진 상위 권력체로, 즉 일종의 '국가들의 국가'인 '국제국가'로 국가연합을 수립해 국제관계에 평화를 실현하고자 하는 생-피에르의 평화론은 아무런 외적 장치 없이 이성에 대한 믿음을 바탕으로 국가가 자연법에 따라 행동하기만을 기대하는 푸펜도르프의 평화론에 비해 진일

보한 측면이 있다. 그러나 주권 국가가 안보와 상업적 이득에 대한 합리적 판단을 바탕으로 자신보다 상위에 존재하는 '국제국가'를 수립하고 이의 명령에 따르리라 예상하는 생-피에르의 주장은 실현 가능성 측면에서 많은 비판을 받아 왔다. 실례로 안두환(2016: 9, 11)이 잘 정리하고 있듯이, 독일 하노버공국의 역사학자이자 정치철학자인 고트프리드 빌헬름 폰 라이프니츠(Gottfried Wilhelm von Leibniz)는 생-피에르의 평화론을 "공상 소설(romance)"로 치부하며 실현 가능성이 전혀 없다고 비판했다(1988: 83-84). 비슷한 맥락에서 장 자크 루소(Jean Jacques Rousseau)는 생-피에르의 주장을 요약, 비판하는 『영구 평화 발췌(*Extrait du Paix Perpétuelle*)』와 『영구 평화 비판(*Jugement du Paix Perpétuelle*)』이라는 글에서 생-피에르의 평화론에 대해 긍정적으로 평가하면서도 이 계획의 실현 가능성에 "지극히 비관적"인 입장을 표명했다(Riley, 1973: 13; 김용민, 2006: 8-9). 칸트 또한 「속설에 관하여: '이론에서는 옳을지 모르지만 실천에서는 쓸모없는'(Über den Geimeinspruch: 'Das mag in der Theorie richtig sein, taugt aber nicht für die Praxis')」이라는 제목의 글에서 생-피에르의 평화 방안이 이론적으로는 좋은 계획이지만 현실에 있어서는 "현학적이고 유치한", "쓸모없는" 방안임을 지적했다(Kant, 1991: 91-92). 칸트는 이처럼 생-피에르의 평화론을 비현실적이라고 비판한 후 현실적 대안으로 강제력을 갖춘 "영속적 사회"가 아니라 가입과 탈퇴가 자유로운, 강제력이 아니라 개별 국가의 자발적 참여에 의해 유지되는 "국제연방"을 통한 평화를 제시한다.

4. 칸트의 평화론: 자유로운 국가들의 연방[6]

1724년 프러시아 동북부에 위치한 쾨니히스베르크(Königsberg)[7]에서 태어난 칸트는 근대 계몽주의와 독일 관념론 철학을 대표하는 철학자로 잘 알려져 있다. 대표작으로는 『순수이성비판(*Kritik der reinen Vernunft*)』, 『실천이성비판(*Kritik der praktischen Vernunft*)』, 『판단력비판(*Kritik der Urteilskraft*)』 등이 있으며 『영원한 평화를 위하여: 철학적 구상』, 『윤리형이상학(*Die Metaphysik der Sitten*)』 등으로 정치학과 국제정치학 분야에도 큰 족적을 남겼다. 여기서는 칸트가 1784년에 저술한 「세계시민의 의도에서 바라본 보편사의 이념(Idee zu einer allgemeinen Geschichte in weltbürgerliche Absicht)」과 1792년에 저술한 「속설에 관하여: '이론에서는 옳을지 모르지만 실천에서는 쓸모없는'」, 1795년에 저술한 『영원한 평화』, 1797년에 저술한 『윤리형이상학』 등의 내용을 중심으로 칸트의 평화론에 대해 살펴보고자 한다.[8] 우선 자연상태와 국가의 필요성에 대한 칸트의 설명부터 살펴보자.

---

6 『국제정치논총』 제59집 3호(2019)에 실린 저자의 논문 「칸트의 자유 개념과 평화론: 국가의 자유와 국제 공법의 양립 가능성을 중심으로」에서 발췌·수정했음을 밝혀 둔다.

7 쾨니히스베르크는 2차대전 막바지인 1945년 4월 9일 소련에 병합되어 명칭이 칼리닌그라드(Kaliningrad)로 변경되었으며, 현재 러시아 영토로 남아 있다.

8 「세계시민의 의도에서 바라본 보편사의 이념」(이하에서는 「보편사의 이념」, 「Idee」로 약칭), 「속설에 관하여: '이론에서는 옳을지 모르지만 실천에서는 쓸모없는'」(이하에서는 「이론과 실천」, 「Theorie und Praxis」로 약칭), 『영원한 평화를 위하여: 철학적 구상』(이하에서는 『영원한 평화』, 「Frieden」으로 약칭), 『윤리형이상학』(이하에서는 『윤리형이상학』, 「Metaphysik」으로 약칭)의 인용은 바이셰델(W. Weischedel)이 편집해 1977년 주르캄프(Suhrkamp) 출판사에서 펴낸 칸트 전집 *Werkausgabe* 제8권 *Die Metaphysik der Sitten*과 제11권 *Schriften zur Anthropologie, Geschichtsphilosophie, Politik und Pädagogik 1*을 기준으로 했다. 「Idee」, 「Theorie und Praxis」, 「Frieden」의 페이지는 *Werkausgabe* 제11권에서 인용한 페이지며 「Metaphysik」의 페이지는 제8권의 인용 페이지다.

1) 자연상태와 국가의 필요성

칸트에 따르면, 모든 인간은 인간으로 태어났다는 이유만으로 자유로울 권리(Recht), 즉 이성의 명령에 근거해 타인의 자유를 침범하지 않는 범위에서 보편 법칙에 따라 행동할 수 있는 자유의 권리를 "유일한", "생득적 권리"로 갖고 태어난다. 그러나 이러한 자유의 권리는 법적 강제력이 부재한 자연상태에서는 충분히 보장될 수 없다. 인간은 특히 "폭력적이며 악의적으로 행동"하는 경우뿐 아니라 "선량하게 법을 준수하고자 행동"하는 경우에도 법적 강제력이 부재한 자연상태에서는 "자신들이 옳고 선하다고 생각하는 바를 행할 수 있는 권리를 갖고 있기 때문에 상호간의 폭력적 행동으로부터 결코 안전할 수가 없다. 칸트는 이러한 자연상태에서 개인들 사이 "권리의 다툼(*ius controversum*)이 발생할 경우 법적으로 유효한 판결을 통해 이를 중재할 수 있는 권한을 가진 재판관이 부재"하다는 점에서 "무법적 상태 또는 정의가 부재한 상태(*status iustitia vacuus*)"에 있으며, 비록 적대 행위가 직접적으로 발생하지 않는다 하더라도 적대 행위의 위협이 상존한다는 점에서 "전쟁상태"에 있다고 주장한다(「Metaphysik」, 430; 「Frieden」, 203).

따라서 자연상태에서 개인이 "의무적으로 해야 할 첫 번째 결정은 … 다른 모든 사람과 공법적·외적 강제력(öffentlich gesetzlichen äußeren Zwange)에 따라 행동하기로 뜻을 모으고 연합함으로써, 각자가 자신의 머리에 따라 [즉 자신의 생각에 따라] 행동하는 자연상태를 벗어나 각자 자신의 것으로 인정받아야 마땅한 것이 각자에게 법률적으로 규정되고 (그 자신의 것이 아니라 자신 외부에 존재하는) 적절한 권력에 의해 배분되는 상태", 즉 "시민적 상태(bürgerlichen Zustand)"에 들어가기로 결정하는 것이라고 칸트는 주장한다(「Metaphysik」, 430). 특히 이 부분에서 주목할 점은 칸트가 개인 각자가 자발적으로 시민적 상태에 들어갈 수도 있지만 필요한 경우 타인에게 이러한 상태에 들어가도록 강제력을 행사할 수 있다고 주장한다는 점이다. 실제로 칸트는 "개인 각자는 타인들에게 이[자연상태]를 벗어나 법적인 상태에 들어가도록 강제력을 통해 독려할 수 있다"라고 언급한다(「Metaphysik」, 430).

그렇다면 개인이 자연상태를 벗어나 법이 지배하는 시민적 상태에 들어가기 위해서는 무엇을 해야 하는가? 이와 관련해 칸트는 개인들이 자연상태에서 향유하던 "야만적이고 무법적인 자유(wilde gesetzlose Freiheit)"를 포기하고 국가의 법적 강제력에 복종하기로 합의하는 "원초적 계약(urspüngliche Kontrackt; original contract)"을 맺어야 한다고 주장한다(「Metaphysik」, 434). 칸트에 따르면, "원초적 계약"을 통해 개인들은 "인간으로서의 자유", "신민으로서의 평등", "시민으로서의 자립성"이라는 3가지 "선험적(*a priori*)" 원칙에 따라 작동하는 "법적인/법이 지배하는/올바른/정의의 상태(rechtliche Zustand)"를 구현할 수 있다(「Theorie und Praxis」, 145). 즉 "원초적 계약"이라는 합의를 통해 모든 사람이 동의하는 보편적 도덕률을 도출하고 법적 강제력을 통해 이러한 도덕률을 뒷받침함으로써 법이 지배하는 사회를 수립하고 평화를 실현할 수 있다고 칸트는 강조한다. 요컨대 칸트는 개인 각자가 자신의 판단에 따라 행동하는 자유를 누리기 때문에 발생하는 전쟁상태를 벗어나기 위해서는 "원초적 계약"을 통해 보편 법칙을 도출하고 이 법이 지배하는 사회를 수립함으로써, 즉 국가를 수립함으로써 개인들 사이에 평화상태를 실현할 수 있다고 주장한다. 그럼 이렇게 수립된 국가와 국가 사이의 관계는 어떠한가?

2) 국제관계에서 평화의 실현

칸트에 따르면, 자연상태에서 국가와 국가의 관계는 "실제 전쟁 또는 지속적인 전투가 없더라도", 즉 실제로 폭력이 사용되지 않아도 서로가 서로의 옆에 존재하는 것만으로 서로에게 위협이 되는 전쟁상태에 있다(「Frieden」, 208-209; 「Metaphysik」, 466). 칸트는 이러한 자연상태를 "법/정의가 부재한(nicht-rechtlichen)", "최고도로 불법적"인 상태로 규정하고 이 상태하에서 개별 국가는 자신의 뜻에 따라 "전쟁을 수행할 권리"를 보유하고 있다고 강조한다. 자연상태하에서 "어떤 나라가 타국으로부터 침해를 받았다고 믿을 경우 … 법적인/법이 지배하는 상태에서 분쟁을 해결하는 유일한 수단인 법적 절차를 통해 [문제를 해결할 수 없기 때문에] 개별 국가는 자신의 힘에 의존해 [문제를 해결하고자 할 수 있으며] … [이러한 점에서] 전쟁을 수행할 권리, 즉 타국을 적대시할 수 있는 권리는 개별 국가가 타국에 대해 자신의 권리를 추구하는 정당한 수단이다." 이뿐만 아니라 "실제적인 침해가 없는 경우에도, 즉 타국으로부터의 선제공격이 없는 경우에도 … 타국이 먼저 전쟁을 준비하거나 또는 영토확장을 통해 급속도로 힘을 증대시킬 경우(*potentia tremenda*) 국가는 위협에 처할 수 있으며 [이 경우] 타국을 예방적으로 공격할 수 있는 권리(*ius praeventionis*)를 갖는다. 또한 타국이 어떠한 공격 행위를 하지 않더라도 단지 군사적으로 더 우세하다는 사실만으로 주변 국가들은 위협을 [느낄 수 있으며] 이 경우 [우세한 군사력을 가진] 국가를 공격할 수 있는 정당한 권리, 즉 힘의 균형을 유지하기 위한 목적으로 전쟁을 수행할 권리를 갖는다"(「Metaphysik」, 466-470).[9] 칸트는 이처럼 개별 국가가 실제적 위협 여부에 상관없이 타국에 선제공격, 예방공격에 나설 수 있는 권리를 가진다는 점에서 자연상태는 전쟁상태에 있다고 주장한다.

이러한 자연상태에서 개별 국가는 원하는 바를 원하는 방식으로 추구할 수 있는 "속박 없는 자유"를 누릴 수 있다. 그러나 "전쟁, 그리고 평화 중에도 높은 수준으로 유지되어야 하는 군사적 준비 태세로 인한 고통" 때문에 개별 국가는 결국 "야만적 무법 상태"인 전쟁상태를 벗어나 이성이 권고하는 바에 따라 평화를 추구하게 된다고 칸트는 주장한다(「Idee」, 42). 특히 칸트는 『영원한 평화』에서 국가들 사이 평화상태가 그냥 주어지는 것이 아니라 인간 의지로 "정초되어야 하는 것", 즉 개인 또는 국가의 의식적 노력으로 조직화되고 제도화되어야 한다는 것임을 강조한다(「Frieden」, 203).

그렇다면 평화상태는 구체적으로 어떻게 구현되어야 하는가? 칸트에 따르면, 국가들 사이 평화를 구현하는 방안으로 우선 생각할 수 있는 것은 개인들이 "원초적 계약"을 통해 자연상태에서 향유하던 "야만적이고 무법적 자유"를 포기하고 "공법적 강제력"을 갖춘 국가를 수립해 국가의 법적 통제에 복종함으로써 평화상태를 구현하는 것과 마찬가지로, 국제적 차원에서 개별 국가가 자신들의 자유를 포기하고 대신 공법적 강제력을 갖춘 "국제국가(Völkerstaat; international state)"를 수립해 평화상태를 구현하는 방안이다(「Frieden」, 212). 그러나 칸트는 이 방안이 통치 범위가 확대됨에 따라 법의 지배가 약화되고 결국 "보편왕국(Universalmonarchie)"과 같이 "영혼 없는 전제주의(seelenloser Despotism)"

---

9 이러한 점에서 자연상태의 국제 관계에 대한 칸트의 견해는 홉스가 『리바이어던』에서 제시하는 국제관계의 모습과 상당히 유사하다. 그러나 국제관계에서 시민적 상태, 즉 법이 지배하는 상태의 수립이 불가능하다고 본 홉스와 달리 칸트는 국제관계에서 시민적 상태의 수립이 도덕적 의무일 뿐 아니라 현실적으로 가능하다고 주장하며 자신의 평화론을 전개한다(김범수, 2019: 29).

로 귀결될 수 있으며(「Frieden」, 225), 개별 국가가 국제국가의 공법적 강제력 행사를 자국의 자유에 대한 침해로 간주해 원치 않기 때문에 국제국가 수립을 통한 평화는 바람직하지 않을 뿐만 아니라 비현실적이라고 주장한다. 실례로 칸트는 「이론과 실천」에서 국제관계에서 자연상태를 벗어나는 방안에 대해 다음과 같이 주장한다.

> 공권력을 수반한 법에 기초한 국제정의(Völkerrecht) 외에 다른 방안은 없다. 그러나 사람들이 이야기하듯 국가들은 이러한 강제법에 복종하려 하지 않기 때문에 보편적 국제국가(allgemeinen Völkerstaat)를 제안하는 것은, 즉 모든 개별 국가가 자발적으로 [국제국가의] 권력에 순응하고 [국제국가의] 법에 복종해야 한다고 제안하는 것은 생-피에르 신부나 루소의 이론에서는 잘 어울릴 수 있으나 실천을 위해서는 별 영향력이 없다. 이러한 제안은 위대한 정치인들로부터, 더 심하게는 국가 지도자들로부터 학계에서 나온 현학적이고 유치한 생각으로 항상 비웃음거리가 되어 왔다(「Theorie und Praxis」, 171-172).

즉 앞에서 살펴본 생-피에르가 제안하는 일종의 '국가들의 국가'인 강제력을 갖춘 국제국가, 또는 생-피에르의 표현을 빌리자면 "충분히 강력한 힘"을 가진 "연합"을 통해 평화를 실현하는 방안은 이론적으로는 타당하고 이상적이지만 국가들이 국제국가의 강제력에 복종하려 하지 않기 때문에 현실에서 실현 가능성이 낮다고 칸트는 강조한다. 대신 "소극적 대안(negative Surrogat)"으로 개별 국가의 자유와 양립 가능한, 가입과 탈퇴가 자유로운, 느슨하게 조직된 "국제연방(Völkerbund)", 즉 자유로운 국가들의 "평화연방(*foedus pacificum*; Friedensbund)"을 통해 국제관계에

"국제법(Völkerrecht)"을 규범화함으로써 "영원한 평화"를 실현해야 한다고 주장한다(「Frieden」, 211-213). 구체적으로 칸트는 『영원한 평화』에서 제2 확정 조항에 대해 논의하며 다음과 같이 주장한다.

> 상호 관계에 있는 국가들이 이성에 따라 전쟁을 함유하는 무법적 상태를 벗어나는 방식은, 개인들의 경우와 마찬가지로 그들의 야만적이고 무법적 자유를 포기하고 스스로 공적인 강제법칙(öffentlichen Zwansgesetzen)에 순응해, (물론 점점 더 증가해서) 종국에는 지상의 모든 민족을 포괄할 [국가들의 국가로서] 국제국가(Völkerstaat; *civitas gentium*)를 형성하는 것 외에 다른 방법은 없다. 그러나 국가들은 그들의 국제법 관념에 따라 절대 이것을 의노하지 않기 때문에, 명제상(命題上; in thesi)으로 옳은 것을 실제(實際; in hypothesi)에서 거부할 것이다. 따라서 하나의 세계공화국이라는 적극적 이념 대신에 (만약 모든 것을 잃지 않으려면) 오직 전쟁을 방지하면서 지속적으로 확장되는 연방이라는 소극적 대용물만이 법/정의(Recht)를 혐오하는 적대적 경향성의 흐름을 … 중지시킬 수 있다.

즉 이성적으로 판단했을 때 국가가 국제적 자연상태를 벗어나 평화상태를 수립하는 길은 강제력을 보유한 국제국가를 수립하는 것이지만 현실적으로 국가들이 그러한 국제국가의 수립을 의도하지 않기 때문에 "만약 모든 것을 잃지 않으려면" 느슨하게 조직된 "연방"을 통해 평화상태를 수립해야 한다고 칸트는 주장한다(「Frieden」, 211-213).[10]

칸트는 또한 『영원한 평화』에서 "국제국가"를 통해 평화를 구현하는 방안은 국내적으로 자신만의 법/정의 체제를 갖춘 국가들에게 국제국가의 법/정의 체제를 강제한다는 점에서 모순이라고 주장하며 다음과 같이 연방을 통한 평화를 주장한다. "각각의 국가는 상급자인 입법자와 하급자인 복종자, 즉 국민(Volk) 사이의 관계를 포함하는데 다수의 민족(viele Völker)이 한 국가 안에서 하나의 국민을 이루게 된다는 것은 [상급자 위에 또 다른 상급자를 둔다는 점에서 위의] 전제와 모순된다. 우리는 여기서 [다수의 민족이] 한 국가 안에서 함께 [하나로] 용해되어야만 하는 것이 아니라 멀리 떨어져 각기 다른 국가를 형성하는 만큼 [민족들이] 서로에 대해 갖는 민족들의 권리(Recht des Völker)를 고려해야 한다"(「Frieden」, 209). 즉 "내적으로 이미 법적인 헌정체제(rechtliche Verfassung)를 갖춘 국가들에게 타국의 법/정의 개념(Rechtbegriffen)에 따라 확장된 [국제국가의] 법률적 헌정체제 아래에 들어가도록" 강제하는 것은 개별 국가의 자유와 더 나아가 그 국가를 구성하는 시민들의 자유를 침해하는 것이라고 주장한다(「Frieden」, 211).

국제연방을 통한 평화를 강조하며 칸트는 『윤리형이상학』에서 연방이 가입과 탈퇴가 자유로운 협동조합과 같은 조직체가 되어야 함을 강조

10 물론 이러한 "평화상태"가 국가 간 전쟁과 갈등이 전무한 상태를 의미하는 것은 아니다. 칸트가 주장하는 평화상태는, 전쟁상태가 항상 전쟁이 발발하는 상태가 아니라 개별 국가가 자유의사에 의해 언제든 전쟁을 수행할 수 있는 권리를 보유한 상태를 의미하듯, 항상 평화가 지속되는 상태가 아니라 개별 국가가 법적 절차에 따라 분쟁을 평화적으로 해결할 수 있는 법적 권리를 보유한 상태를 의미한다. 또한 법치가 이뤄지는 국내 정치에서도 때때로 법을 위반하는 개인들이 존재하는 것과 마찬가지로 국제적 평화상태에서도 국제법을 위반하는 국가가 존재할 수 있다. 이러한 점에서 전쟁상태와 평화상태를 구분하는 기준은 단순히 전쟁 또는 갈등의 유무에 따른 구분이라기보다 공법 질서의 존재 여부다. 즉 전쟁상태는 공법 질서가 부재한 무법(또는 비법)의 상태인 반면 평화상태는 공법 질서가 수립된 법적인/법이 지배하는 상태(Zustand eines öffentlichen Rechts)를 의미한다 (「Frieden」, 248-251).

한다. "이 결합체는 주권적 권력이 아니라 단지 협동조합(Genossenschaft) [과 유사한] 연방적 성격(Föderalität)을 함유해야만 하며, 언제든 해체될 수 있고 때때로 갱신되어야만 한다"(「Metaphysik」, 467). 즉 느슨하게 연결된, 그리고 언제든 해체될 수 있는 협동조합과 같은 국제연방을 통해 평화상태가 구현되어야 한다. 칸트는 특히 이 국제연방이 "하나의 국가헌정체제(Staatsverfassung)에 기초한, 그리고 그러한 이유로 해체할 수 없는 (미합중국과 같은) 결합체가 아니라 자의로 언제든 해체 가능한 결합"임을 강조하며 네덜란드 헤이그에 위치했던 "일반의회(Generalstaaten)"와 같은 "상설제국회의(常設諸國會議; permanenten Staatenkongreß)"를 예로 든다. 칸트에 따르면, 언제든 해체될 수 있고 가입과 탈퇴가 자유로운 국제연방을 통해서만 "국제 공법(öffentlichen Rechts der Völker) 이념의 설립과 [국가들로 하여금] 분쟁을 야만적 방식, 즉 전쟁을 통해서가 아니라 시민적 방식, 말하자면 법적 소송(Prozeß)을 통해 해결하는 것이 실현될 수 있다"(「Metaphysik」, 475).

칸트의 논리에서 주목할 점은 칸트가 위에서 언급했듯 국내적 차원에서 개인들 사이 관계에서는 평화상태를 수립하기 위해 타인에게 법적인 상태에 들어가도록 강제력을 사용할 수 있다고 허용하는 반면, 국제적 차원에서 국가들 사이 관계에서는 강제력의 사용을 개별 국가의 자유에 대한 침해로 간주한다는 점이다. 이처럼 법적 강제력 행사와 관련해 칸트가 국내적 차원과 국제적 차원에서 상반된 논리를 전개하는 이유는 법/정의(Recht)의 원칙이 "진공(*vacuus*)"인 개인들 사이 자연상태, 즉 칸트가 "정의가 부재한 상태"로 부르는 개인들 사이 자연상태와 비록 국제적으로는 법/정의의 원칙이 부재하긴 하나 국가 내부적으로 이미 법/정의의 원칙이 수립되어 있다는 점에서 법/정의의 원칙이 진공이 아닌 국가들 사이 자연상태를 구분하기 때문이다. 즉 법/정의의 원칙이 "진공"인 개인들 사이 자연상태에서 개인들에게 법적 강제력을 행사해 법/정의의 원칙을 수립하는 것은 아직 법/정의의 원칙이 수립되지 않은 상태이기 때문에 법/정의의 원칙 위반이 아니지만 (즉 개인의 자유에 대한 침해가 아니지만) 법/정의의 원칙이 진공이 아닌, 즉 국가 내부적으로 법/정의의 원칙이 수립된 국가들 사이 자연상태에서 개별 국가에 국제국가 또는 보편왕국의 법/정의의 원칙을 강제력을 통해 행사하는 것은 각자 자신만의 법/정의의 원칙을 가진 개별 국가의 자유를 침해할 여지가 있다는 것이 칸트의 주장이다(김범수, 2019: 36-37). 이러한 이유로 칸트는 "내적으로 이미 법적인 헌정체제를 갖춘 국가들에게 타국의 법/정의 개념에 따라 확장된 [국제국가의] 법률적 헌정체제 아래에 들어가도록" 강제하는 것은 "모순"이라고 주장하고 있으며, 또한 비슷한 이유로 『영원한 평화』 다섯 번째 예비 조항에서 "어떠한 국가도 타국의 헌정체제와 통치(Regierung)에 강제적으로(gewalttätig) 간섭해서는 안 된다"라고 주장한다(「Frieden」, 199).

요컨대 칸트는 법/정의의 원칙이 진공인 개인들 사이 자연상태에서와 달리 내부적으로 법/정의의 원칙이 확립되어 있는 국가들 사이 자연상태에서 법적 강제력을 행사하는 것은 개별 국가의 자유를 침해할 여지가 있으며, 따라서 가입과 탈퇴가 자유로운 국제연방을 통해 국제관계에 법적인/법이 지배하는 평화상태를 수립해야 한다고 주장한다.

5. 마치며

지금까지 푸펜도르프, 생-피에르, 칸트의 논의를 중심으로 홉스 이후 등장한 근대 평화론에 대해 살펴보았다. 푸펜도르프는 홉스가 무정부상태로 규정한 국제관계에도 모든 인간 행동을 규제하는 “영원히 변치 않는” “가장 일반적인 공동의 규칙”인 자연법이 존재한다고 보았고, 국가들이 자연법에 따라 정당한 이유 없이 타국을 먼저 공격하거나 해를 끼치는 않고 타국과 상호 이익을 추구하며 상부상조하면 평화가 실현될 수 있다고 보았다. 푸펜도르프의 주장은 국제관계를 ‘만인에 대한 만인의 전쟁상태’로 가정하고 전쟁을 포함한 모든 국가 행동을 정당화하는 홉스의 주장과 명징하게 대비된다. 푸펜도르프에 따르면, 국제관계는 때때로 전쟁이 필요하고 허용되긴 하지만 홉스가 주장하는 전쟁상태는 아니며, 이성의 명령인 자연법이 통치하는, 국가 간 협력을 통해 상호 이익 추구가 가능한 평화상태다.

이처럼 평화롭고 조화로운 국제관계를 가정한다는 점에서 푸펜도르프의 평화론은 의미가 있으나, 칸트가 강조한 바와 같이 국가 행동을 규제하는 외적 법적 장치에 대한 언급이 없다는 점에서 평화 실현 방안으로 불충분하다. 아무런 외적 장치 없이 이성과 자연법에 대한 믿음만으로 국가 행동에 대한 규제가 가능한가? 인간의 사악함과 권력욕, 탐욕 등이 개인들 사이 관계에서 평화를 깨뜨리고 전쟁으로 이끄는 것과 마찬가지로 국가들 사이 관계 또한 언제든 서로를 적으로 간주하는 적대적 관계로 변화할 수 있는 상황에서 이성과 자연법만으로 평화를 유지할 수 있는가? 푸펜도르프 또한 이 문제를 고민했을 것으로 보이나 그의 논의는 이에 대해 어떠한 구체적인 해결책도 제시해 주지 않는다.

반면 생-피에르는 푸펜도르프와 달리 국가 행동을 규제하기 위한 외적 강제력의 필요성을 강력히 주장한다. 그에 따르면, 전쟁을 방지하기 위한 수차례의 평화조약과 강대국들 사이의 세력균형에도 불구하고 유럽에 전쟁이 지속되는 이유는 국가들의 행동을 규제할 수 있는 법적 강제력을 가진 "충분히 강력한 영속적 사회"가 부재하기 때문이다. 따라서 전쟁을 방지하고 유럽에 "영원히 지속되는 평화"를 실현하기 위해서는 국가 행동을 규제할 수 있는 법적 강제력을 갖춘 "충분히 강력한 영속적 사회"로 "유럽연합", 즉 일종의 '국가들의 국가'인 '국제국가'를 수립해야 한다고 생-피에르는 주장한다. 그에 따르면, 개별 국가의 행동을 규제할 "충분히 강력한" 힘을 가진 "사회"는 "사회의 힘"으로 전쟁을 방지하고 갈등을 평화적으로 해결해 참여 국가와 국민에게 상업과 자유무역의 이득을 보장해 줄뿐더러 강대국의 침입으로부터 약소국을 보호함으로써 약소국을 포함한 모든 국가에게 영토 보전에 필요한 "충분한 안보"를 제공해 줄 수 있다(EPE: 6).

한편 칸트는 생-피에르의 평화 실현 방안이 이론적으로는 타당하고 이상적이지만 국가들이 "국가연합" 또는 "국제국가"의 강제력에 복종하려 하지 않기 때문에 실현 가능성이 낮다고 주장하며, "소극적 대안"으로 가입과 탈퇴가 자유로운, 느슨하게 조직된 "국제연방"을 통한 평화를 제시한다. 즉 "국제국가"를 수립해 개별 국가의 행동을 규제함으로써 평화를 구현하고자 하는 생-피에르의 평화 방안은 개별 국가의 행동을 지나치게 규제할 뿐만 아니라 특정 강대국에 의해 "영혼 없는 전제주의"로 귀결될 수 있는 위험성이 존재하기 때문에 "협동조합"과 같이 가입과 탈퇴가 자유롭고 느슨하게 조직된, 즉 비영속적이며 강제력이 아닌 국가의 자발성으로 유지되는 연방을 통해 법이 지배하는 상태를 수립하고 국가들이 이러한 법적 질서를 자발적으로 준수함으로써 평화를 실현해야 한다고 주장한다.

그렇다면 푸펜도르프, 생-피에르, 칸트의 평화론 가운데 누구의 평화론이 실현 가능성 측면에서 가장 적실성이 있는가? 특히 구체적인 평화 실현 방안을 제시하지 못한 푸펜도르프의 평화론을 제외할 경우 생-피에르와 칸트의 평화론 가운데 누구의 평화론이 더 적실성이 있는가? 마지막으로 이 문제에 대해 언급하며 글을 맺고자 한다.

이와 관련해 지적할 사실은 생-피에르의 평화 방안이 1993년 "마스트리히트 조약(Masstricht Treaty)" 발효와 함께 일정 부분 현실이 되었다는 점이다. 벨기에, 덴마크, 프랑스, 독일, 그리스, 아일랜드, 이탈리아, 룩셈부르크, 포르투갈, 스페인, 네덜란드, 영국 등 유럽의 주요 12개국은 1992년 마스트리히트 조약을 체결하고 1993년 유럽연합(European Union, EU)을 출범시켰다.[11] 현재 마스트리히트 조약과 이 조약을 계승한 리스본 조약(Treaty of Risbon)에 동의하고 유럽연합에 가입한 27개 국가는 공통의 화폐를 사용하고 이동의 자유를 보장하고 있으며, 유럽정상회의(Europen Council), 유럽연합각료이사회(Council of the European Union), 유럽집행위원회(European Commission), 유럽의회(European Parliament), 유럽사법재판소(Court of Justice of the European Union), 유럽회계감사원(European Court of Auditors), 유럽중앙은행(European Central Bank) 등을 수립해 입법, 사법, 행정, 예산, 재정 등 여러 분야에서 개별 국가의 행동을 규제하고 조약 이행을 감시하고 있다. 생-피에르가 예언한 것처럼, 많

11 현재 유럽연합 회원국은 벨기에, 프랑스, 독일, 이탈리아, 룩셈부르크, 네덜란드, 덴마크, 아일랜드, 그리스, 포르투갈, 스페인, 오스트리아, 핀란드, 스웨덴, 사이프러스, 체코, 에스토니아, 헝가리, 라트비아, 리투아니아, 몰타, 폴란드, 슬로바키아, 슬로베니아, 불가리아, 루마니아, 크로아티아로, 27개국이 가입해 있다. 유럽연합 창립 때부터 회원국으로 참여한 영국은 유럽연합 탈퇴 국민투표가 통과된 이후 협상을 거쳐 2020년 1월 31일부로 연합에서 공식 탈퇴했다.

은 사람이 "이론에 있어서는 정말 좋은 일이지만 현실에 있어서는 헛된 일"이라고 비웃었지만 그의 평화 방안은 엄연한 현실이 되었다. 물론 '브렉시트(Brexit)' 사례에서 나타나듯 유럽연합이 얼마만큼 영속적인지, 개별 국가의 행동을 얼마만큼 규제할 수 있는지, 즉 현재의 유럽연합이 생-피에르가 제안한 바와 같이 "충분히 강력한" 힘을 갖춘 "영속적 사회"인지 아닌지는 논란의 여지가 있으나 유럽연합이 회원국들의 협의와 조정을 거쳐 모든 회원국에 적용할 수 있는 법을 만들고 이를 실행해 유럽 전체의 평화와 안보 증진에 기여했다는 점을 부인하기는 어려워 보인다.

그렇다면 생-피에르의 계획은 유럽을 벗어난 지역에서도 평화를 실현하는 보편적 방안이 될 수 있는가? 생-피에르는 낙관적 견해를 피력한다. 그는 유럽의 기독교 국가를 중심으로 유럽연합을 수립한 후 장기적으로 유럽의 경계 지역에 위치한 튀르키예, 모로코, 알제리 등과도 가능하면 회원국으로, 아니면 준회원으로 협력 관계를 발전시켜 나간다면 이들과도 지속적인 평화유지가 가능하다고 보았다(EPE: 105-106, 129, 159). 생-피에르는 더 나아가 『유럽에 영원한 평화를 가져오기 위한 계획』 제6논변 제8항에서 유럽연합이 "아시아 지역에서도 유럽과 마찬가지로 영속적인 사회의 수립을 위해 노력"해야 하며 이를 통해 이 지역에서도 지속적인 평화를 실현할 수 있다고 보았다(EPE: 160). 또한 서문에서는 자신의 원래 계획이 유럽의 기독교 국가뿐 아니라 아시아와 아프리카에 위치한 국가들을 포함한, "세계의 모든 왕국(the kingdoms of the world)"을 포함한 연합을 수립해 전 세계적 차원에서 평화를 실현하는 것이었다고 밝히고 있다(EPE: vii).[12] 생-피에르의 낙관적 견해에도, 현재까지 유럽을 제외한 지역 또는 전 세계적 차원에서 생-피에르가 제안한 국가연합을 수립하려는 시도는 나타나지 않고 있다.

생-피에르의 평화론이 유럽이라는 제한적인 영역 안에서만 현실화된 반면 칸트의 평화 실현 방안은 1차대전 이후 1920년 설립된 국제연맹(League of Nations)과 2차대전 이후 1945년 설립된 유엔을 통해 전 세계적 차원에서 일정 부분 현실화되었다.[13] 물론 평화 실현이라는 측면에서 두 기구가, 특히 2차대전의 발발을 막지 못한 국제연맹이 실질적으로 국제관계에 평화상태를 구현했는가에 대해서는 논란의 여지가 있을 수 있으나, 최근 유엔의 사례에서 보듯이 일정 정도 성과를 거두었다는 사실 또한 부인하기 어렵다. 실제로 핵확산금지조약(Nuclear Non-Proliferation Treaty), 포괄적핵실험금지조약(Comprehensive Nuclear-Test-Ban Treaty), 화학무기의 개발·생산·비축·사용 금지및폐기에관한협약(Convention on the Prohibition of the Development Production Stockpiling and Use of Chemical Weapons and on Their Destruction), 세균무기, 생물무기, 독소무기의 개발·생산·비축 금지및폐기에관한협약(Convention on the Prohibition of the Development Production and Stockpiling of Bacteriological Biological and Toxin Weapons and on Their Destruction) 등 유엔이 주도해 만든 다양한 형태의 국제협약·조약이, 지난 수십 년간 많은 한계가 있었으나 주권 국가의 자발적 참여를 바탕으로 국제관계를 무정부상태에서 일정 정도 공법 질서

---

12 생-피에르는 서문에서 『유럽에 평화를 가져오기 위한 계획』의 두 번째 드래프트에서는 세계의 모든 왕국을 포함한 연합 수립 계획을 제안했지만 실현 가능성을 높이기 위해 우선 유럽 지역으로 연합의 범위를 제한한다는 점을 명시하고 있다.

13 국제연맹과 유엔을 생-피에르의 평화 방안이 현실화된 것으로 볼 수도 있으나 이들 기구가 "영속적 사회"의 법적 강제력을 통해 국가 행위를 규제하기보다는 개별 국가의 자발적 참여를 통해 국제관계에 법적 질서를 유지한다는 점에서 가입과 탈퇴가 자유롭고, 느슨하게 조직된 "국제연방"을 통한 평화를 강조하는 칸트의 평화 방안이 현실화된 것으로 보는 것이 타당하다.

가 작동하는 "평화상태"로 변화시키는 데 기여해 왔다. 이외에 대인지뢰 금지조약(Mine Ban Treaty; Ottawa Treaty), 집속탄금지협약(Convention on Cluster Munitions), 국제전기통신연합규약(Convention of the International Telecommunication Union) 등 다양한 형태의 다자간 국제협약·조약과 세계무역기구(World Trade Organization, WTO), 국제통화기금(International Monetary Fund, IMF) 등 다양한 국제기구 또한 주권 국가의 자발적 참여를 바탕으로 국제관계를 공법 질서가 작동하는 "평화상태"로 변화시키는 데 기여해 왔다.

이러한 점에서 볼 때 현재까지는 생-피에르와 칸트의 평화론 가운데 후자의 평화론이 전 세계적 차원에서 좀더 적실성이 있다고 평가할 수 있다. 칸트가 주장한 바와 같이 이론적으로는 법적 강제력을 갖춘 국제국가 또는 세계공화국을 수립해 평화상태를 구현하는 방안이 가장 타당할 수 있지만 주권 국가가 자신의 권리를 포기하지 않는 이상, "만약 모든 것을 잃지 않으려면" 현재로서는 칸트가 주장하는 연방적 성격의 국제기구 또는 국제협약·조약을 통해, 즉 주권 국가의 자발적 참여를 바탕으로, 가입과 탈퇴가 자유로운, 느슨하게 조직된, 위에서 언급한 다양한 형태의 국제기구와 국제협약·조약을 통해 국가의 행동을 자발적으로 규제하는 방안이 실현 가능한 최선의 평화 방안이다.

앞으로 유엔과 다양한 국제기구가 생-피에르의 예언대로 "지금은 많은 사람이 실현 가능성을 비웃고 있지만" 시간이 지나며 "충분히 강력한" 힘을 가진 "영속적 사회"로 발전해 나갈지, 아니면 칸트의 주장대로 강제력을 갖춘 "국제국가"를 통한 평화는 "이론에서는 옳을지 모르지만 실천에서는 쓸모없는", "헛된 공상"으로 남을지 지켜봐야 하겠다.

참고문헌

김범수. 2019.「칸트의 자유 개념과 평화론: 국가의 자유와 국제 공법의 양립 가능성을 중심으로」.『국제정치논총』 59(3): 7-54.

김용민. 2006.「루소의 국제정치관과 평화사상」.『국가전략』 12(1): 5-29.

김준석. 2018.『국제정치의 탄생: 근세 초 유럽 국제정치사의 탐색, 1494-1763』. 서울: 북코리아.

안두환. 2016.「홉스를 넘어 홉스로: 생-피에르 신부의 사중 영구 평화론」.『국제정치논총』 56(3): 7-49.

칸트, 임마누엘. 2012.『윤리형이상학』. 백종현 역. 서울: 아카넷.

칸트, 임마누엘. 2013.『영원한 평화』. 백종현 역. 서울: 아카넷.

Carr, Craig L. 1994. "Editor's Introduction." in Carr (ed.). *The Political Writings of Samuel Pufendorf* (pp. 3-21). Oxford: Oxford University Press.

Held, David. 1989. "Sovereignty, National Politics, and the Global System." in his *Political Theory and the Modern State*. Stanford: Stanford University Press.

Hobbes, Thomas. 1994. *Leviathan: with selected variants from the Latin edition of 1668*. Indianapolis: Hackett Publishing.

Kant, Immanuel. 1977. "Idee zu einer allgemeinen Geschichte in weltburgerlicher Absicht." von Wilhelm Weischedel (hrsg.). *Schriften zur Anthropologie, Geschichts-philosophie, Politik und Padagogik 1* (Werkausgabe, Bd. 11., pp. 31-50). Frankfurt am Main: Suhrkamp.

Kant, Immanuel. 1977. "Über den Gemeinspruch: Das Mag in der Theorie richtig sein, taugt aber nicht für die Praxis." von Wilhelm Weischedel (hrsg.). *Schriften zur Anthropologie, Geschichts-philosophie, Politik und Pädagogik 1* (Werkausgabe, Bd. 11, pp. 125-172). Frankfurt am Main: Suhrkamp.

Kant, Immanuel. 1977. "Zum ewigen Frieden." von Wilhelm Weischedel (hrsg.). *Schriften zur Anthropologie, Geschichts-philosophie, Politik und Pädagogik 1* (Werkausgabe, Bd. 11. pp. 191-251). Frankfurt am Main: Suhrkamp.

Kant, Immanuel. 1977. von Wilhelm Weischedel (hrsg.). *Die Metaphysik der Sitten*

(Werkausgabe, Bd. 8). Frankfurt am Main: Suhrkamp.

Krasner, Stephen D. 1999. *Sovereignty: Organized Hypocrisy*. Princeton: Princeton University Press.

Leibniz, Gottfried Wilhelm. 1988. "Letter II to Grimarest: Passage Concerning the Abbé de St Pierre's 'Project for Perpetual Peace' (June 1712)." in Patrick Riley (ed.). *Political Writings*, (2nd ed.). Cambridge: Cambridge University Press.

Pufendorf, Samuel. 1994 (1672). "On the Law of Nature and of Nations in Eight Books." in Carr (ed.). *The Political Writings of Samuel Pufendorf* (pp. 93-268). Oxford: Oxford University Press.

Rice, Eugene F. and Anthony Grafton. 1994. *The Foundations of Early Modern Europe, 1460-1559*. New York: W. W. Norton & Company.

Riley, Patrick. 1973. "Rousseau as a Theorist of National and International Federalism." *Publius* 3-1: 5-17.

Saint-Pierre, Charles Irénée Castel de. 2010 (1714). *A Project for Settling an Everlasting Peace in Europe*. Gale ECCO Print Edition.

Spruyt, Hendrik. 1994. *The Sovereign State and Its Competitors*. Princeton: Princeton University Press.

Tilly, Charles. 1975. *The Formation of National States in Western Europe*. Princeton: Princeton University Press.

3 현대 평화주의 사상

역사적 전개와 미래 전망

박성우

1. 들어가며: 평화주의의 근본 문제

평화주의가 폭력을 거부하는 태도, 지향, 가치, 이념이라는 것에 대해서는 이견이 없다. 그러나 그것을 어떻게 실천할 것인가에 대해서는 의견이 갈린다. 혹자는 어떠한 경우에도 폭력 사용을 거부하는 것을 평화주의의 기본 원칙으로 내세운다. 이에 따르면 평화주의는 자기방어를 위한 폭력도 허용할 수 없다. 한편, 정당하게 사용된 폭력은 허용해야 한다는 상대적 평화주의도 존재한다. 예컨대, 대량 학살을 막기 위한 무력 개입은 평화주의의 이념 안에서 정당하게 사용된 폭력으로 간주된다. 그러나 폭력 사용의 의도나 목적에 따라 폭력을 허용하면, 폭력이 남용될 소지가 있으며 이는 평화주의와 정면으로 대치되는 결과를 초래할 수 있다. 평화를 위해서 허용되어야 할 정당한 폭력의 범위가 어디까지인가? 이 문제에 답하기 위해서는 평화주의가 추구하는 평화의 본질이 무엇인가부터 되짚어 봐야 한다. 평화의 본질을 어떻게 파악하는가에 따라서 폭력 사용의 정당성도 다르게 규정될 수 있기 때문이다.

평화의 본질은 무엇인가? 평화는 분명 폭력의 부재를 의미한다. 그러나 단순히 폭력의 부재만을 바람직한 평화의 상태로 단정하기는 어렵다. 예컨대, 부당한 세력에 수동적으로 복종하고 예속되는 것을 평화 상태로 보기 어렵다. 폭력이 가시적으로 드러나지 않더라도 예속과 굴종의 상태를 진정한 평화라고 할 수 없기 때문이다. 적어도 평화는 자유가 전제되어야 한다. 자유는 경우에 따라서 저항과 투쟁을 수반한다. 따라서 평화주의는 부당한 세력과 타협하지 않으며, 이러한 세력에 대항하는 것까지 포함한다. 그런데 부당한 세력에 굴복하지 않고 대항하는 것과 관련해서도 이견이 존재한다.

우선, 예속을 거부하고 부당한 세력에 대항하려면 폭력 사용이 불가피하다는 입장이 있다. 이에 따르면, 자유를 달성하기 위한 폭력 사용은 허용되어야 한다. 이와 달리 가장 순수한 형태의 평화주의는 어떤 경우에도 폭력 사용을 거부하는 비폭력주의를 고수한다. 이러한 비폭력적 평화주의는 사악하고 부정한 상대에 대해서도 폭력 사용을 용인하지 않는다. 악을 거부하지만, 그 방법이 폭력적이어서는 안 된다는 것이다. 비폭력적 평화주의는 평화의 목적과 수단을 일치시킨다. 그 전형은 주지하는 바와 같이 신약성서의 산상수훈(마태복음 5장, 39장 44절; 누가복음 6장 27-30절), 마하트마 간디의 무저항 운동, 마틴 루터 킹 주니어(Martin Luther King Jr)의 인권 운동에서 발견된다(Gandhi 1961; King 1966).

비폭력적 평화주의가 궁극적으로 예속과 굴종에서 벗어난 상태에서 평화를 보장해 줄 수 있는가에 대해서는 의문이 남는다. 그러나 간디와 킹은 비폭력적 저항이 폭력적 저항보다 효과적으로 평화를 달성할 수 있는 방법이라고 역설한다(Gandhi 1961; King 1966). 역사적으로 보면 간디와 킹은 그들의 신념을 지켰고, 그들의 신념에 따른 행동은 소기의 목적을 달성했다. 그러나 그들의 성공이 곧바로 비폭력적 평화주의만이 평화를 달성할 수 있는 유일한 대안이라는 것을 입증하지 않는다(Howes 2013). 몇몇 학자는 당시의 독특한 역사적 맥락, 특히 국제정치적 요인이 없었더라면, 간디나 킹의 비폭력적 평화주의가 결코 성공을 거둘 수 없었을 것이라고 해석한다.[1] 비폭력적 평화주의는 상당한 희생이 불가피하며, 이러한 희생에도 결국 평화를 달성하지 못할 수도 있다. 비폭력적 평화주의의 한계를 인정하면, 제한된 범위에서 폭력 사용을 허용할 수밖에 없다. 이는 또다시 무엇이 정당한 폭력 사용의 범위인가를 규정하는 문제를 소환한다.

기본적으로 평화주의는 '평화라는 목적 달성과 폭력적·비평화적 수단의 사용을 어떻게 조화시킬 것인가'라는 근본 문제를 안고 있다. 이 문제는 인류가 집단적 폭력 사용을 규제할 필요성을 의식하고 평화의 가치를 지향한 이래 끊임없이 제기해 온 문제다.

인류가 이 문제에 대한 해법으로 제시한 것 중 하나가 정당한 의도와 목적을 갖고 정당한 방법으로 수행한 전쟁은 허용해야 한다는 정전론이다. 정전론은 아우렐리우스 아우구스티누스와 토머스 아퀴나스에 의해서 정교화되었지만, 그 정신은 로마공화정과 고대 그리스의 전쟁관까지 거슬러 올라간다(Corey & Charles 2012). 정전론은 정당성을 근거로 폭력의 사용을 제한하고 있지만, 정의의 실현을 목적으로 일정한 조건하에

1 비슷한 맥락에서 간디의 비폭력주의를 평화주의의 이념으로부터 나온 원칙이 아니라, 효과적인 정치적 전략 혹은 전술로 보는 견해도 있다(Sharp 1979; Tinker 1971).

서의 폭력을 허용한다. 따라서 궁극적으로 평화의 실현을 목적으로 하는 평화주의와는 구분된다. 그럼에도 절대적 평화주의를 제외하면 대부분의 평화주의는 일정한 조건하에서 폭력의 사용을 허용한다는 점에서 정전론과 어느 정도 친화성을 갖는다. 평화주의의 정체성을 확인하려면 평화주의와 정전론이 어떤 차별성과 유사성을 가졌는지 검토할 필요가 있다.

이 글의 목적은 20세기를 중심으로 현대 평화주의가 어떻게 전개되어 왔는가를 역사적으로 살펴보고, 향후 평화주의가 현대 정치의 틀 속에서 진전하기 위해서는 어떤 방향성을 가져야 하는가를 이론적으로 진단하는 것이다. 20세기는 양차대전과 더불어 핵무기를 비롯한 대량살상무기의 등장이라는 독특한 역사적 맥락을 갖고 있다. 따라서 20세기 평화주의는 앞서 언급한 평화주의의 근본 문제, 즉 '평화를 달성하기 위해서 얼마만큼 폭력적 수단을 허용할 것인가'라는 문제가 적나라하게 드러난다. 20세기 초부터 현재에 이르는 평화주의를 역사적 맥락에서 살펴보는 것은 현대 평화주의의 이념적 기원을 확인해 줄 뿐 아니라 현대 평화주의의 미래를 진단하고 방향성을 찾는 데 기초를 제공할 것이다. 평화주의에는 순수한 형태의 절대적 평화주의도 존재하지만, 제한된 조건과 범위에서 폭력의 사용을 허용하는 상대적 평화주의도 존재한다. 현대 평화주의는 절대적 평화주의보다는 상대적 평화주의가 우세하다고 할 수 있다. 현대 평화주의의 조건부적 성격은 다시금 정당한 폭력 사용 혹은 정당한 전쟁의 조건을 규정하는 정전론을 소환한다. 앞서 언급한 바와 같이 평화주의와 정전론은 궁극적인 목적의 차원에서 차별성을 갖지만, 전쟁과 폭력 사용과 관련해 수렴하는 부분도 있다.

이러한 문제의식을 바탕으로 20세기 초부터 전개된 다양한 평화주의가 어떠한 역사적 맥락에서 출현했으며, 또 그 기본 이념이 무엇인지 차례로 살펴볼 것이다. 이어서 평화주의의 미래를 진단하기 위해서 정전론과 상당 정도 친화성을 갖는 소위 '임시상황적' 평화주의를 살펴볼 것이다. 이를 통해 현대 평화주의가 정전론과 어떤 차별성과 유사성을 가졌는지 드러날 것이다. 마지막으로 앞선 논의를 바탕으로 근대적 사고틀에 기반한 현대 평화주의의 한계를 지적하고, 평화주의의 진전을 위해 이상-현실 양분법적 사고의 지양을 제안할 것이다.

2. 현대 평화주의의 역사적 전개

20세기 평화주의는 크게 두 시기로 나뉜다. 첫 번째 시기는 20세기 초반부터 1차대전 발발을 전후로 한다. 이는 최초로 세계대전을 목격한 시기면서 동시에 평화가 전 세계적인 수준에서 구축될 필요성을 인식한 시기다. 또한 러시아의 사회주의 혁명과 같은 국내체제의 변화가 세계평화에 결정적 영향을 미친다는 것을 확인한 시기이기도 한다. 이 시기 세계대전의 경험은 전 세계적 수준에서의 평화주의의 필요성과 구호의 차원이 아닌 실효성 있는 평화의 필요성을 각인시켰다고 할 수 있다. 두 번째는 2차대전과 이후 냉전으로 이어지는 시기다. 인류가 핵무기를 비롯한 대량살상 무기의 위협을 경험적으로 목격한 시기다. 따라서 핵무기의 존재를 전제로 어떻게 평화를 달성할 것인지가 주 관심사로 부상한다. 또한 냉전이라는 특수한 상황에서 제기되는 평화는 다분히 자유주의와 공산주의라는 이데올로기에 영향받는 특징을 갖는다. 이제부터 두 시기에 나타난 평화주의의 전개를 하나씩 살펴보고자 한다.

1) 20세기 초부터 1차대전까지: 톨스토이부터 사회주의적 평화주의

20세기 평화주의에 가장 큰 영향을 미친 사상가는 레프 톨스토이다. 그는 기독교 복음서에 기초한 무저항주의적 평화주의를 주창한 바 있다.[2] 간디는 톨스토이의 무저항주의(non-resistance)를 변형해 보다 적극적이면서도 비폭력적인 평화주의를 주창했다. 톨스토이의 사상은 킹 목사나 제임스 로슨(James Lawson)과 같은 인권운동가들뿐 아니라 여성운동가 제인 애덤스(Jane Addams), 철학자 존 듀이(John Dewey)에 이르기까지 광범위하게 영향을 미쳤다"(James 1911: 283; Dewey 1990; King 1986; Gandhi 1938). 물론 이들이 모두 톨스토이의 무저항주의적 평화주의에 완전히 동조했던 것은 아니다. 특히 듀이의 입장은 주목할 만하다.

듀이는 톨스토이에 동조했지만, 그의 '전부 혹은 전무(all or nothing)'라는 선택지는 거부했다. 듀이는 전쟁을 무조건 부정하는 평화주의의 공허한 주장을 비판하고, '효과적인' 전쟁의 필요성을 역설했다. 이런 맥락에서 듀이는 1차대전을 하루빨리 종식시키기 위한 미국의 참전을 지지했다. 듀이의 평화주의는 단순히 전쟁을 부정하거나 거부하는 평화주의가 아니라, 평화를 만들기 위해 적절한 조치를 수행하는 평화주의, 즉 평화만들기(peace-making) 이념, '평화화주의(平和化主義; pacificism)'라고 할 수 있다.[3] 사실 1차대전 시기 대부분의 평화주의자는 평화화주의자였다. 여

2 톨스토이는 그의 평화주의를 기독교 신앙과 연결시킨다. "예수는 이와 같이 간명하게 말한다. 즉 악에 대해서 폭력으로 저항하는 일반적인 사회의 법은 사실 옳지 않으며 인간의 본성과도 일치하지 않는 것이다. 대신 예수는 인간에게 새로운 토대를 제공했는데 그것은 악에 대해서도 무저항하는 법이다. 이 법으로만 인간을 악에서 구할 수 있다는 것이 예수의 명령이다"(Tolstoy, My Religion, 1885: 40).

3 다우어는 평화주의는 폭력 사용을 자체를 도덕적으로 부정하는 것을 의미하고, 평화화주의는 평화를 만들기 위한 조건을 조성하는 것이라고 양자를 구분한다(Dower 2009). 학자

성운동가이자 작가였던 애덤스 역시 평화주의자였다.

그러나 이 시기 마르크스주의자들은 1차대전을 중심으로 한 전쟁 옹호론을 전쟁과 국가주의가 연계된 군국주의라고 신랄하게 비판했다. 이러한 비판은 당시의 사회주의 사상과 깊이 연관되어 있다. 20세기 초반의 사회주의 사상가들은 평화주의를 둘러싼 사회적 요인을 주목했다. 이들은 폭력과 전쟁의 원인을 군사주의를 지향하는 자본주의와 그 계급 그리고 그것의 실질적인 주체인 군산복합체(military-industry complex)로 파악하면서 평화주의의 성패를 반군사주의(anti-militarism)로 전환할 수 있는 사회 변혁에서 찾았다.

대표적으로 카를 리프크네히트는 군국주의가 곧 자본주의와 동맹해 세계를 전쟁의 늪으로 빠져들게 했다고 지적했다. 그는 상비군의 존재를 군국주의의 상징으로 보고, 군국주의와 자본주의의 연결 고리를 끊고 평화를 달성하기 위해서는 프롤레타리아의 이익에 부합하는 국제관계를 만들어야 한다고 주장했다(Liebknecht 1971(1907)). 로자 룩셈부르크(Rosa Luxemburg)도 리프크네히트와 동일하게 자본주의를 완전히 파괴하지 않는 한 군국주의를 끊어 낼 수 없다고 보고, 누구든지 진정으로 군축과 평화를 원한다면, 사회주의로의 이행을 추종해야 한다고 역설했다(Luxemburg 1911: n.p.).

20세기 사회주의 사상가들에게 나타나는 평화주의는 그 출발점이 사회 변혁의 필요성에 주목한다는 공통점이 있다. 그러나 사회 변혁이 구

들은 평화주의(pacifism)이라는 용어는 사실 1901년 Émile Arnaud(1864-1921)라는 법률가가 조어했다고 이해한다. 그가 사용한 용어에 대해서는 Arnaud(1906)를 참조.

체적으로 어떤 방식으로 진행되어야 하는가에 대해서는 사상가마다 차이를 보인다. 문제는 이들 사상의 근본적인 동기는 평화주의와는 거리가 있어서 사회 변혁을 위해서 폭력과 전쟁을 광범위하게 허용한다는 것이다. 사회주의 사상에 기초한 평화주의는 평화주의의 중심으로부터 쉽게 이탈할 수 있는 위험이 있다. 우리는 인간해방과 세계평화를 내세운 러시아의 사회주의 혁명이 얼마나 쉽게 폭력주의로 전락했는가를 역사적으로 확인한 바 있다.

어쨌든 1차대전까지의 평화주의는 다분히 톨스토이의 영향을 받았으면서도 그의 무저항주의의 한계를 극복하고자 한 공통점을 갖는다. 앞서 언급한 바와 같이 듀이는 평화주의가 갖는 취약성과 허점을 드러내며 평화주의를 내실화하고자 했다. 그는 보다 실천적이며 실효적인 평화주의를 지향했다(Dewey 1990). 이런 맥락에서 듀이는 "전쟁을 종식시키는 전쟁"이라는 매우 논쟁적인 개념을 제시한다. 듀이는 '미국 예외주의'라는 관념하에서 미국적 제국주의를 사실상 인정했다고 비판받지만, 실천적 평화주의라는 입장을 명료하게 세웠다는 점에서 그 나름대로 의의를 갖는다.[4] 한편, 사회주의 이념에 기반한 평화주의는 자본주의체제의 파괴

4 그 배경에는 이상으로서의 평화주의(pacifism)와 실천적 요소를 강조하는 평화화주의(pacificism) 간의 논쟁이 있다(Dower 2009). 이 논쟁에서 가장 근본적인 질문은 평화주의 혹은 평화화주의가 지향하는 평화가 과연 인간 본성에 비춰 볼 때 달성 가능한 목표인가라는 물음이다. 평화주의가 지향하는 평화가 인간 본성상 도저히 달성할 수 없는 유토피아적인 목표라면 이는 처음부터 잘못 설정된 몽상에 불과하다. 사실 인간 본성이 무엇인가의 문제는 인간의 이성적 범주에서 완벽하게 해결될 수 없는 신학적 질문에 이르게 한다. 인간이 인간의 본성을 완벽하게 안다고 확신할 수 없기 때문이다. 인간 본성은 인간과는 완전히 독립적인 신에 의해서만 해명될 수 있다. 신은 특정한 목적을 갖고 인간을 창조했다. 인간 본성에 대한 신학적 해명이야말로 완벽한 지식이 될 가능성이 있다. 다만 이러한 신학적 해명을 믿을 수 있는가 하는 문제가 남아 있다. 신학적 해명은 많은 부분(예컨

와 새로운 체제로의 전환을 평화주의 달성의 핵심적인 동력으로 삼는데, 이는 사회체제 변환만을 우선시함으로써 평화주의를 허울로 만들 가능성이 있다는 우려를 남겼다.[5]

2) 2차대전과 냉전 그리고 핵무기: 러셀의 평화주의를 중심으로

20세기의 저명한 철학자 버트런드 러셀은 1차대전은 거부했으면서도, 2차대전은 전체주의를 막기 전쟁이라는 이유에서 옹호했던 인물로 잘 알려져 있다. 1차대전에 대한 러셀의 입장은 좀더 '안정적인 평화'를 조성한다는 명분으로 일어나는 전쟁에 반대한다는 것이었다. 러셀은 1차대전에 반대하는 '징집반대동맹(No Conscription Fellowship)'과 '민주적 통제연합(Union of Democratic Control)'에 가담했으며, 이 때문에 전쟁 중에 케임브리지대학교에서 해고당했고 6개월간 투옥되었다.

러셀은 기본적으로 전쟁에 대한 공리주의적 접근에 반대한다. 즉, 전쟁으로 인한 선악을 비교해 선이 악보다 많다고 해서 전쟁을 선택해서는 안 된다는 것이다(Russell 1915: 130). 따라서 러셀은 정전론을 통한 전

대 천지 창조, 피조물로서의 인간, 기적 등)이 이성적으로 납득할 수 없는 비이성적인 부분을 포함하고 있다. 물론 신학적 해명은 인간의 이성적 판단에 의존하지 않는다. 인간 본성에 대한 해명은 결국 선택의 문제로 남는다. 신학적 해명처럼 완전하진 않지만 인간 스스로 납득할 수 있는 이성적 설명을 택할 것인지, 인간적으로 납득할 수는 없지만 모든 것을 완벽하게 설명하는 신학적 해명을 택할 것인지 말이다. 어느 쪽이 되었든 우리의 관심은 이성적으로든, 신학적으로 해명된 인간 본성에 따르든, 인간이 평화를 달성할 수 있는 존재인가라는 물음에 대한 답에 있다. 어찌되었건 평화주의와 평화화주의 논쟁이 신학적 문제와 맞닿아 있음을 상기해야 한다.

5 1차대전 전후까지 이 문제가 노골적으로 드러나지 않았지만, 주지하는 바와 같이 2차대전 이후 냉전 상황은 사회체제 변환을 중심에 둔 평화주의가 사실상 평화주의의 퇴조를 초래했음을 확인시켜 주었다.

쟁의 정당화도 현대 세계에는 적용될 수 없다고 봤다. 1차대전 중 러셀은 자기방어의 원칙이란 것도 결국 전쟁을 개시하기 위한 구실일 뿐이라고 힐책했다. 더욱이 민주주의를 수호하겠다는 목적으로 벌어지는 전쟁은 전쟁을 영구화하게 만들지 모른다는 우려를 강하게 드러냈다(Russell 1915: 138).

1차대전 중의 러셀의 입장은 전간기의 알베르트 아인슈타인(Albert Einstein)의 입장과도 매우 유사한 양상을 보인다. 아인슈타인은 1928년, 전쟁이라는 제도 자체를 소멸시키지 않는 한 전쟁의 비극은 지속될 수밖에 없다고 경고한다(Einstein 1981: 125). 그는 전쟁은 일단 시작되면 효율적으로 통제할 길이 없으므로, 결코 '잘 규율된 게임'이 될 수 없다고 지적한다. 따라서 아인슈타인은 전쟁이라는 제도 자체를 부정하며 그 연장선에서 징집제도 거부한다(Einstein 1981: 90).

러셀은 1차대전 시기 징집제를 반대한 것과 달리 2차대전에는 참전을 옹호했다. 명백하게 평화를 파괴하려 드는 대상에게는 무력으로 저항할 필요성을 인정했기 때문이다. 러셀은 자신이 절대적 평화주의자는 아니라는 것을 천명하고, 나치와 같은 평화 파괴 세력에 무력으로 응징할 필요성을 강조했다. 그러면서도 러셀은 자신이 여전히 평화주의자의 범주에 속해 있다고 보았다. 즉 그는 자신을 신앙인과 같은 절대적 평화주의는 아니지만, 소위 정치적·상대적 평화주의자(political relative pacifist)로 규정한다(Russell 1943-1944). 러셀의 평화주의는 현대 평화주의가 '전부 아니면 전무'라는 교조적 원칙에서 벗어나 정치적 상황에 따라서 융통성 있게 적용되는 '상대적 평화주의'의 가능성을 열어 놓았다는 의의를 갖는다. 그러나 2차대전이 얼마나 예외적인 상황이고, 상대적 평화주의의 기준이 무엇인가에 대해서는 의문이 남는다. 따라서 1차대전 시점에는 아인슈타인과 마찬가지로 전쟁이라는 제도 자체를 부정한 러셀이 2차대전 시점에 전쟁을 용인한 근거를 평화주의의 관점에서 좀더 살펴볼 필요가 있다.

러셀은 일반적으로 정의를 위해서 전쟁을 수행할 있다는 정전론적 입장에 반대한다. 그가 나치에 대항하는 전쟁을 승인한 것은 정전론적 관점이라기보다 매우 예외적이고 특수한 상황이라는 점을 주목해야 한다. 러셀은 평화주의가 궁극적으로 실현되기 위해서는 세계정부가 구성되어야 한다는 입장을 가졌다. 그는 자유주의 원칙이 예외 없이 준수되기 위해서는 전 세계의 모든 사회생활과 정치생활 자체가 변혁되어야 하는데, 이는 폭력 사용을 독점할 수 있는 세계정부가 존재할 때만이 가능하다고 보았다. 그러나 러셀은 세계정부의 구상을 폭력적 방법으로 시도하는 것을 경계한다. 러셀은 평화를 위한 폭력은 얼마나 고상한 목적을 가진 것으로 포장되느냐와 상관없이 폭력을 합리화하는 수단에 그칠 가능성이 높다는 것을 잘 인식하고 있다. 대신 러셀은 평화를 목적으로 하는 국제기구를 구축하기 위한 사회적 여건 조성에 주력하고, 이를 위해서 사회경제적 구조를 변형시킬 수 있는 도덕 교육이 필요하다는 점을 역설한다 (Russell 2004).

러셀의 평화주의는 국제기구를 통한 평화 달성이라는 확실한 지향점을 갖고 있다. 또한 이를 위해서 폭력적 수단이 아닌 시민 교육이라는 평화적인 방식을 채택하는 점진주의를 추구한다. 이러한 러셀의 평화주의는 냉전기 핵무기 문제를 다루는 국면에서도 일관성 있게 드러난다. 러셀은 1955년 '러셀-아인슈타인 선언문'을 발표했으며, 1957년에는 핵무기에 반대하는 과학자들의 협회를 만들기 위해서 아인슈타인과 협력한 바 있다. 러셀과 아인슈타인은 선언문에서 "인류가 전쟁을 완전히 파기할 것인가, 전쟁이 인류를 완전히 파멸시킬 것인가"의 기로에 서 있으며, 지금까지 인류는 전쟁을 완전히 파기할 방법을 찾지 못해 헤맸으나, 이제 더 이상 (핵무기로 인해) 그럴 여유가 없다고 역설한다(Russell & Einsein 1955).

'러셀-아인슈타인 선언문'은 핵무기로 인해 인류가 더 이상 전면전(total war)을 용인할 수 없으며, 재래식 무기 사용 시에 어느 정도 효력을 발휘했던 정전론도 이제 무용지물이 되었다고 경고한다. 무엇보다도 핵무기는 무차별성과 무비례성으로 인해 정전론을 충족시킬 가능성이 없다. 핵무기의 위력은 전투원과 비전투원을 가리지 않을 뿐 아니라, 정당한 목적에 비례하는 만큼만 파괴력을 조절할 수도 없다(Holmes 1989: 189). 핵무기의 사용이 전제되어 있는 한, 현대전은 결코 정전(just war)이 될 수 없다는 것이다.

핵무기로는 정전론의 기준을 결코 충족시킬 수 없다는 인식은 폭력 사용 자체를 전면적으로 부정하는 절대적 평화주의의 가치를 재소환한다. 절대적 평화주의의 재소환은 일찍이 간디가 제시한 비폭력주의운동(satyagraha)과 맥이 닿아 있다. 비폭력주의는 나치의 시험대를 거치면서 수정주의적 경향을 드러냈지만,[6] 간디의 비폭력주의 그리고 그 연장선상에서 전쟁을 전면적으로 부정하는 평화주의는 20세기 중반 이후에도 면면히 이어져 왔다. 특히 간디의 비폭력주의 운동은 킹 목사가 주도한 미국의 사회운동 및 시민권 운동과 직결되며, 동시에 미국의 기독교 평화주

6 절대적인 비폭력주의에 반대하는 수정주의적 평화주의의 대표적인 사례로 히틀러의 암살을 기도한 본회퍼(Dietrich Bonhoeffer) 목사의 평화주의를 들 수 있다(Bonheoffer 1956).

의의 성격을 규정하는 요소다(Dombrowski 2018). 기독교 평화주의는 20세기 평화주의를 구성하는 핵심 요소이므로 좀더 살펴볼 필요가 있다.

시민권 운동과 연결된 20세기 기독교 평화주의는, 만일 시민법이 도덕률이나 종교법에 위배된다면 도덕이나 종교가 시민법보다 우위에 있으므로 이에 불복종해야 한다는 원칙을 제시한다. 물론 기독교 평화주의는 예수의 산상수훈에 입각한 비폭력주의를 토대로 하지만, 부당한 명령에 대한 불복종은 저항의 의사를 확실히 하는 것을 요구한다. 이러한 저항의 의사는 기독교 내부에서도 종종 비폭력의 범주를 벗어나 적극적인 저항을 용인하는 방향으로 흐르기도 한다(Hauerwas 2004: 203). 사실 기독교적 전통에는 오래전부터 평화주의뿐만 아니라 정전론적 전통을 옹호하는 이들도 있었다. 주지하는 바와 같이, 아우구스티누스는 평온한 질서(tranquilitas ordinis)의 평화를 만들기 위해서 전쟁을 수단으로 사용할 수 있다고 보았다. 아우구스티누스를 기독교적 현실주의자로 보는 사람도 있지만, 적어도 그는 기독교 내에서 정전론적 전통의 초석을 만든 인물이다.

현대 기독교 평화주의에서 거트루드 안스콤(Gertrude Elizabeth Margaret Anscombe)과 클라이브 스테이플스 루이스(Clive Staples Lewis) 그리고 가톨릭 교회의 논의 또한 주목할 만하다. 안스콤은 기독교가 절대적 평화주의만 옹호한다는 인식은 오해에 기반한 것이라고 주장한다. 그에 따르면 기독교 윤리는 오히려 무고한 사람들을 보호하는 정전(正戰)을 적극적으로 지지하고, 이 과정에서 발생하는 부수적 피해(double effect, collateral damage)까지도 용인한다(Anscombe 1981: 55). 기독교는 궁극적으로 평화를 목적으로 하되, 정전을 배제하지 않는다는 것이다.

문학가이자 철학자인 루이스 역시 기독교적 전통이 결코 절대적 평화주의를 옹호하지 않는다는 입장을 제시한다. 그는 1940년 평화주의지들을 대상으로 "왜 나는 평화주의자가 아닌가?"라는 제하의 연설을 한 바 있다. 이 연설에서 그는 "역사에는 무용한 전쟁만 있는 것이 아니라 유용한 전쟁도 있다"라고 역설한다(Lewis 2001: 74). 그는 또한 평화주의는 자유주의체제에서만 성취될 가능성이 있는데, 역설적으로 자유주의가 평화주의를 순진하게 고집하면 자유주의가 전체주의에 의해 전복될 가능성이 많다고 주장한다. 이런 관점에서 루이스는 "평화주의는 평화주의자가 존재할 수 없는 세상에 이르게 하는 길"이라고 경고한다(Lewis 2001: 78). 루이스는 이러한 전쟁 허용론의 근거를 아우구스티누스와 아퀴나스에게서 찾는다. 그에 따르면, '적에게 다른 뺨도 내주라'는 예수의 평화주의는 개인의 관계에서만 적용되는 것이지 결코 전쟁과 같은 국가 간의 관계를 규율하는 원칙이 아니다. 루이스의 기독교적 정전론은 2차대전 이후 유럽의 평화주의가 다분히 정전론을 넘어 현실주의적 입장까지도 연결될 가능성을 내비친다.

반면 20세기 가톨릭 평화주의는 비폭력주의적 평화주의가 여전히 강조되고 있음을 예시한다. 가톨릭 교회를 중심으로 하는 기독교적 평화주의는 기독교적 인격주의(Christian personalism)로 요약된다. 즉 기독교는 인격을 가장 본질적인 가치로 삼는데, 현대 무기는 결코 인격주의를 지키는 범위 안에서 전쟁을 수행할 수 없다는 것이다. 요한 바오르 2세 교황(Pope John Paul II)은 인격주의적 평화주의 입장을 가장 잘 대변한다. 그는 '생명의 복음(gospel of life)'이라는 이념을 제시하며 전쟁에서의 살인 행위뿐 아니라 모든 종류, 모든 형태의 살인, 즉 낙태, 안락사, 자살, 사형에 반대하는 입장을 분명히 했다.

프란치스코 교황(Pope Francis) 역시 비폭력주의를 강조하며, 비폭력주의가 국가 간의 관계를 포함한 인간사의 전 영역에 적용되어야 한다고 주장한다.[7] 그러나 프란치스코 교황은 비폭력주의를 이전의 교황들과 달리 독특한 방식으로 해석한다. 그는 기독교인에게 적극적인 비폭력을 통해서 평화구축(peace-building)에 기여할 의무를 부과한다. 그러면서 간디, 칸(Abdul Ghaffar Khan), 킹 목사, 테레사 수녀, 요한 바오로 2세를 언급하며 이들은 모두 적극적인 비폭력을 통해 평화를 만들어 낸 기독교적 평화주의의 전통에 속해 있다고 역설한다.[8] 프란치스코의 평화주의는 비폭력 자체보다 적극적인 '평화 만들기(peace-making)'에 역점을 둔다는 점에서 요한 바오르 2세의 평화주의와도 구분된다.

사실 20세기에는 역사적으로 어느 세기 못지않게 평화주의에 대한 커다란 도전이 있었다. 양차대전으로 상당한 기간 동안 전 세계가 전쟁의 소용돌이에 휩싸였으며 핵무기와 같은 대량살상무기의 위력과 비인간성을 경험한 바 있다. 이 과정에서 평화주의는 그 목적와 실행 방법의 차원에서 여러 변형을 겪었다. 그러나 크게 보면 20세기 평화주의는 절대적 평화주의와 상대적 평화주의 간의 논쟁이라는 틀 안에 놓여 있다고 할 수 있나. 인류를 향한 대량살상의 위협이 상존하는 상황에서 평화주의는 어느 때보다 그 절대적 가치가 그대로 실현될 것을 요구받지만, 역설적으로 그 실현 가능성을 위해서는 종종 그 절대적 가치를 양보할 필요성이

7 2017년 '세계평화의 날' 연설에서 프란치스코 교황은 다음 기도문을 발표한다. "하나님께 우리의 인간적인 사고와 가치에 있어서 비폭력만을 길러 주시기를 기도하며, 자비와 비폭력이 개인들이 서로를 대할 때뿐 아니라 사회와 국제관계에서도 적용되기를 기도한다. 폭력은 결코 파괴된 세계를 치유할 수 있는 방법이 아니기 때문이다"(Francis 2017).

8 프란치스코 교황의 적극적 평화주의는 1971년 정치 이론가 홈즈(Robert Holmes)가 만든 신조어 '비폭력주의(non-violentism)'의 의미와 연결된다. 홈즈에 따르면 '비폭력주의'는 일반적으로 폭력에 반대한다는 의미에서 기본적으로 넓은 의미의 평화주의이지만, 정전(just war)에는 반대하지 않는다. 따라서 비폭력주의적 사회운동가는 도덕적으로 모든 전쟁에 반대할 필요가 없다. 폭력의 사용은 전략적으로 용인된다(Holmes 2013: 157).

설득력을 얻기도 한다. 절대적 평화주의를 양보하고 평화주의의 수정을 고려하면, 자연스럽게 정전론을 소환하게 된다. 주지하는 바와 같이 정전론은 전쟁주의(warism)과 평화주의를 절충하는 면모를 보이기 때문이다. 그럼에도 평화를 목적으로 하는 평화주의와 정의를 목적으로 하는 정전론은 구분된다. 이어서 평화주의가 왜 정전론과의 수렴 가능성을 모색해야 하는가를 검토할 것이다.

3. 현대 평화주의와 정전론의 수렴 가능성

일반적으로 평화주의를 구분하는 가장 큰 기준은 폭력 사용에 대한 거부를 얼마나 엄격하게 적용하는가에 달렸다. 앞서 설명한 바와 같이 절대적 평화주의는 모든 폭력의 사용을 전면적으로 부정한다. 어떤 대의명분도 폭력 사용이나 군사적 행동을 정당화할 수 없다. 이 대의명분에는 인권 보호라는 가장 숭고하고 보편적인 가치도 포함된다(Fox 2014: 126). 반면 상대적 평화주의는 비도덕적 행위를 비도덕적 행위로 막을 수 있다는 가정을 수용한다. 이런 맥락에서 러셀은 나치를 막기 위한 전쟁을 인정했고, 자신을 '상대적 정치적 평화주의자(relative political pacifist)'로 간주한 것이다(Russell 1934-1944).

조건을 달지 않은 절대적 평화주의가 상대적 평화주의보다 평화주의를 원론적으로 고수한 입장이라는 데에는 이견이 없다. 특히 핵무기의 등장으로 무력 사용이 돌이킬 수 없는 인류 파멸을 초래할 수 있다는 공포를 갖게 된 이후, 전쟁을 전면적으로 거부하는 절대적 평화주의만이 평화주의의 목적을 달성할 수 있다는 입장이 설득력을 얻는다. 그러나 폭력 사용은 결코 '전부 아니면 전무'가 될 수 없다는 현실적인 입장도 여전히 유효하다. 핵무기가 아닌 재래식 무기의 사용과 관련해서 상대적 평화주의의 입장은 광범위하게 수용되고 있다(Cortright 2008). 특히 주목할 만한 것은 상대적 평화주의는 정전론을 평화주의의 틀 안에서 활성화시키고 있다는 점이다. 절대적 평화주의만을 고집한다면 정전론과 평화주의와 정전론의 수렴 가능성을 기대하기 어렵지만, 상대적 평화주의는 정전론을 평화주의와 연속적 관점에서 재해석할 수 있다(Cady 2010).

기본적으로 폭력의 허용 여부에 따라서 정전론과 평화주의는 엄격히 구분될 수 있다. 물론 정전론은 폭력의 사용을 일정한 기준으로 제한한다는 점에서 전쟁주의와는 구분된다. 정전론은 ① 전쟁 개시의 목적과 의도(자기방어와 처벌),[9] ② 전쟁의 수행 방식(비례성, 비전투원 즉 무고한 시민에 대한 가해 금지, 최후의 수단으로 전쟁), ③ 전쟁의 종결과 회복의 기준을 제시함으로써 폭력 사용을 제한한다. 전통적인 정전론은 정당한 명분과 정당한 절차를 갖춘 전쟁을 인정한다. 그러나 이러한 정전론의 원칙을 수용하면서도 결과적으로는 평화주의를 지향하는 소위 정전론적 평화주의(just war pacifism), 즉 조건적·실천적 평화주의(conditional, practical pacifism)도 존재한다. 전쟁 개시의 정당성(*jus ad bellum*)과 전쟁 수행의 정당성(*jus in bello*)을 엄격히 준수하는 것이 현실적으로 평화주의를 달성하는 것이라고

---

9 애초에 어거스틴이 정초한 정전론에서 전쟁 주체의 정당성(authority) 문제가 매우 중요한 요소 가운데 하나였던 것은 사실이다. 어거스틴은 누가 상황을 해석할 권한이 있는지를 가장 중요한 문제로 여겼기 때문이다. 그러나 이 요소는 근대 주권론이 성립한 이후 그 중요성이 다소 과장되어 해석된 경향이 있다. 즉 주권만 있으면 정당한 전쟁을 치를 수 있는 것처럼 말이다. 그러나 애초의 정전론은 정당한 권위체에 의한 폭력 행사를 여러 요소 가운데 하나로 지정하고 있을 뿐이다.

주장하거나, 실천의 영역에서 정전(正戰)이 되는 조건을 충족시키는 것이 공허하게 평화를 외치는 것보다 실효성 있게 평화를 구축하는 방법이라고 주장하는 조건적·실천적 평화주의는 공리주의적·결과주의적 평화주의의 한계를 극복할 수 있는 방안이 될 수 있다.

공리주의적 평화주의는 더 큰 폭력을 막기 위한 폭력의 사용을 허용하는 결과주의적 관점을 반영한다. 공리주의적 평화주의는 앞서 살펴본 20세기의 러셀과 아인슈타인의 입장과도 유사하다. 문제는 공리주의적·결과주의적 평화주의로는 평화주의가 궁극적으로 지향해야 하는 인간 존엄과 인간성 보존을 온전히 유지하지 못한다는 것이다. 공리주의적 관점에서 보면, 군인 다수의 생명을 구하기 위해서 소수의 민간인을 희생시키는 것은 허용되어야 한다. 또한 인종 청소와 같은 대량학살을 막기 위해서 다수의 무고한 민간인을 희생시키는 것도 허용될 여지가 있다. 이러한 상황은 결코 평화주의의 가치와 양립할 수 없다.

형식적인 공리만 앞세운 공리주의적·결과주의적 평화주의의 한계를 지적하기 위해서 정전론을 주목하지 않을 수 없다. 정전론은 기본적으로 평화보다 정의의 실현을 우위에 놓는다는 점에서 평화주의와 구분된다. 그러나 양자의 수렴 가능성도 배제할 수 없다. 예컨대 회의적(sceptic) 평화주의는 정전론으로 출발해 평화주의에 도달할 가능성을 이론적으로 제시한다. 회의적 평화주의는 자기방어(self-defense)가 정당한 폭력 사용(예컨대, 전쟁에서의 살인)의 근거가 될 수 있다는 데 원칙적으로 동의하면서도, 현실의 영역에서는 그것이 정당하게 적용되었는지 확신할 수 없는 인식론적 한계에 노출되기 때문에 결국 평화주의를 선택할 수밖에 없다는 입장을 취한다. 자기방어가 성공을 거두기 위해서는 상대의 폭력이 현실화되기 이전에 내가 상대를 제압해야 한다. 여기에는 상대를 살해하는 것도 포함될 수 있다. 그러나 자기방어를 위해서 상대를 살해할 만큼, 상대가 나의 생명과 안전을 위협했는가 여부는 전적으로 나의 주관적인 판단에 달려 있다. 회의적 평화주의는 이러한 판단에 확신을 가질 수 없다면, 정당한 폭력 행사라고 할 수 없다고 주장한다. 이러한 회의적 평화주의의 입장은 정전론을 어떻게 실행할 것인가에도 곧바로 연결된다. 정전론은 전쟁 개시의 정당성(jus ad bellum)을 위해서, 폭력은 정당한 의도를 갖고, 비례적으로, 최후의 수단으로 사용되어야 한다는 원칙을 갖고 있다. 그러나 비례성의 원칙이 지켜졌는지, 과연 전쟁이 그 밖의 다른 시도를 해본 후에 선택한 최후의 수단인지를 확신하기는 대단히 어렵다. 회의적 평화주의에 따르면, 폭력 사용이 정당하다는 확신을 갖지 못한 상황에서 합리적인 선택은 평화주의가 될 수밖에 없다(Burke 1990).

회의적 평화주의의 의의는 정전론과 평화주의가 수렴할 수 있는 가능성을 제시했다는 것이다. 적어도 이론적으로는, 정전론으로 출발해 평화주의에 도달할 수 있는 길을 보여 준 것이다. 뒤이어 본격적으로 다룰 임시상황적 평화주의는 기본적으로 회의적 평화주의에 기초한다. 전장에서 군인은 자신이 행하게 될 폭력의 사용이 정당한지를 확신할 수 없으므로, 폭력의 사용을 거부해야 하고, 나아가 전쟁 자체를 반대해야 한다는 것이다(Lazar 2009).

존 롤스(John Rawls)도 임시상황적 평화주의와 기본 입장을 공유하며, 평화주의와 정전론의 연속성을 지적한다. 롤스는 "특히 대규모의 강도 높은 전쟁을 수행하는 경우에 국가의 행위와 목적은 상황에 따라서 부정의하게 수행될 개연성이 매우 높아서 가까운 장래에 우리는 군 복무 자체를 완전히 거부해야 한다는 결론에 이를지 모른다."라고 전망한다. 롤스는 이렇게 이해되는 임시상황적 평화주의야말로 가장 합리적인 입장이라고 선언한다. 정전(正戰)의 가능성은 인정하지만, 현재의 조건에서는 결코 인정하지 않는다는 것이다. 롤스에 따르면, 우리에게 필요한 것은 일반적인 평화주의가 아니라 어떤 상황에서는 전쟁에 개입하는 것을 양심적으로 거부하는 것이다(Rawls 1973: 381-382).

이제 최근 임시상황적 평화주의를 가장 잘 대변하는 래리 매이(Larry May 2006; 2011; 2012; 2012; 2015)의 논의를 중심으로 임시상황적 평화주의의 기본 원칙과 이 독특한 평화주의를 둘러싼 쟁점을 살펴보고자 한다.

4. 임시상황적 평화주의의 원칙과 쟁점

임시상황적 평화주의란 무장 갈등이나 전쟁을 이론적으로 충분히 정당화될 수 있는 행위로 간주하면서도, 현재 그리고 적어도 가까운 미래의 상황에서 현실적으로 무력 행위가 정당화될 가능성이 없으며, 사실상 과거에도 정당화될 만한 전쟁은 없었다는 입장을 가진 평화주의다. 정치철학자 매이가 정교화한 임시상황적 평화주의는 정전론과의 연속성 속에서 추구되는 평화주의라는 점에서 전통적인 평화주의 그리고 전통적인 정전론 양자 모두와 차별성을 갖는다(May 2015: 45-48).

임시상황적 평화주의가 전통적인 평화주의와 구별되는 가장 큰 특징은 모든 전쟁을 부인하지 않는다는 점이다. 임시상황적 평화주의는 일정한 조건을 만족시키면 전쟁이라는 집단적 폭력 행사도 충분히 정당화될 수 있다고 본다. 일반적으로 정전론자는 2차대전을 파시즘과 나치즘의 인종 학살과 반인륜적 범죄를 막기 위해 치러진 정당한 전쟁으로 간주한다. 그러나 임시상황적 평화주의는 2차대전이 정전인가에 대해서 보다 엄격하게 정전론적 잣대를 적용한다. 예컨대 2차대전을 종결시키는 데 기여한 드레스덴 폭격, 히로시마와 나가사키 원폭 투하는 민간인과 전투원의 구분이 불가능한 상태에서 이뤄진 것이므로 명백하게 전쟁 수행의 정당성(*jus in bello*)를 위반한 것이라고 지적한다. 또한 전쟁 개시의 정당성(*jus ad bellum*)에 있어서도 2차대전이 정전론의 요건을 충족했는지 의심한다. 흔히 나치의 인종 학살이 전쟁 개시의 가장 큰 정당성이었다고 주장하지만, 연합군이 전쟁을 개시한 시점에는 아직 반인륜적 범죄가 드러나지 않았다는 것이다. 2차대전에 대한 평가 예에서 나타나는 바와 같이 임시상황적 평화주의는 전쟁의 모든 상황, 모든 조건에서 정당성을 완벽하게 만족할 것을 요청한다. 또한 이에 대한 판단도 매우 엄격하게 수행할 것을 요구한다. 임시상황적 평화주의는 현실적으로 이러한 정전론의 조건을 엄격하게 만족시킬 가능성이 대단히 희박하다고 판단한다. 임시상황적 평화주의는 평화주의라는 도덕적 원칙이 상황적 변화에 의해 무시될 가능성을 배제하지 않으면서도, 이러한 상황적 변화가 현실로 나타날 가능성을 매우 낮게 평가한다.

둘째, 임시상황적 평화주의는 현재 수행되는 모든 전쟁이 어떤 차원에서 정당화의 조건을 구비하지 못하는지를 상세히 설명한다. 임시상황적 평화주의는 정전론의 요건 가운데 특히 불가피성, 비례성, 차별성(민간인/전투원 구분)을 충족시키는 것이 대단히 어렵다는 것을 강조한다. 기본적으로 전쟁의 불가피성은 다분히 주관적인 판단이 반영되는 경향이 있다. 특정 국가가 처한 안보 위협은 얼마나 적절한 순간에 위협에 대처했는가에 성공적일 수도 있고, 치명적인 결과를 초래할 수도 있다. 문제는 대부분 안보 위협은 객관적인 요소보다는 주관적인 요소로 결정되는 경향이 강하다는 점이다. 대부분의 전쟁은 불가피성이라는 정전론의 요건을 객관적으로 충족시키기 전에 발발할 가능성이 높다. 임시상황적 평화주의는 현재와 가까운 미래의 어떤 전쟁도 전쟁의 불가피성을 객관적으로 입증할 가능성은 없다고 본다. 즉 불가피성의 관점에서 현재와 미래의 전쟁이 정전이 될 가능성이 없다는 것이다.

임시상황적 평화주의는 현대전이 양국 간의 국경 전쟁이 아닌 초국경 전쟁의 양상을 보이기에 비례성과 차별성의 원칙을 충족시키기 어려워졌다고 지적한다. 국경지대가 아닌 도심에서 벌어지는 전투에서 전투원과 비전투원을 구분하기란 대단히 어렵다. 기본적으로 반란군은 제복을 착용하지도 않는다. 이런 상황에서 민간인의 피해는 더욱 커지고 특히 아동의 희생이 뒤따르는 경우가 많다. 또한 전선(戰線)의 구분이 애매한 상황에서 전투 시설의 타격은 설령 그것을 목표로 했다고 하더라도 상당한 부수적 피해를 수반할 수밖에 없다. 그뿐만 아니라 내전으로 인한 반란군의 진압은 종종 감정적 요소가 개입되어 비례성과는 거리가 먼 원한적 전투가 이뤄지는 상황도 발생한다. 요컨대 내전과 국제전이 혼재되어 있고 초국경 전쟁의 양상이 농후한 현대전에서, 비례성과 차별성의 원칙을 지키기는 더욱 어려워졌다는 것이 임시상황적 평화주의의 판단이다.

현대 신무기 기술의 발전도 정전론의 요건을 충족시키는 데 부정적인 역할을 한다는 게 임시상황적 평화주의의 입장이다. 첨단 무기 시스템은 드론 기술을 통한 정찰이나 무인항공기(unmanned aerial vehicle, UAV) 공격과 정찰로봇, 전투로봇, 킬러로봇과 같은 자율살상무기(Lethal Autonomous Weapon System, LAWS)를 들 수 있는데, 이러한 기술이 정전론의 원칙 준수를 이전보다 더 어렵게 만들었다는 것이다. 드론 기술은 전선에서의 싸움보다 적진 깊숙이 들어가 적에게 치명적인 타격을 가하는 것이 목적이므로 민간인의 살상 가능성도 높다. 고공비행을 통한 정밀타격 역시 공격전투원의 안전은 도모하지만, 적국의 민간인 살상 가능성은 더욱 높다.[10] 요컨대 현재까지 무인항공기와 자율로봇과 같은 비인격적 행위자가 전장에서 비례성과 차별성을 준수하기를 기대하긴 어렵다는 것이다.

셋째, 임시상황적 평화주의는 전후(戰後)의 정당성(*jus post bellum*)을 정전의 중요한 요건으로 설정하는 특징이 있다. 임시상황적 평화주의는 현대전이 현실적으로 영구 평화를 위한 조약을 체결하지 못하고, 전후 안정화의 요건을 전혀 충족시키지 못하고 있다는 측면에서 정당성 획득과 거리가 멀다고 판단한다. 전통적인 정전론은 전쟁의 개시와 전쟁 수행 과정에서 정당성을 중시하는 반면 전쟁 종식을 전제로 한 전후 정당성에 대해서는 상대적으로 주의를 기울이지 않았다. 그러나 전쟁의 종식은 단순히 정전(cease-fire)만을 의미하는 것이 아니라 정전 이후에도 전쟁이 재발되지 않도록 하는 지속적이고 항구적인 평화의 구축을 의미한다. 항구적인 평화를 위해서는 전쟁으로 발생한 피해 복구를 위한 보상(reparation)과 평화 구축을 위한 화해(reconciliation)가 이뤄져야 한다. 내전은 종식되어도 적대감이 소멸되기 어려우므로 보상과 화해 문제에 신중하게 접근해야 한다.

임시상황적 평화주의는 이러한 전후의 정당성 문제는 단지 전쟁이 종식되는 시점에만 고려될 것이 아니라, 전쟁의 개시 시점에서부터 이뤄져야 한다고 주장한다. 즉 출구 전략이 없는 전쟁은 설령 전쟁 개시 시점

10 핑커는 20세기 초반의 전쟁에서는 90%가 전투원의 살상이고 10%가 민간인 피해였다면, 20세기 말에 가서는 전세가 역전되고 있다고 지적한다 (Pinker 2011: 296).

에 정당한 명분을 갖췄더라도 궁극적으로 정당성을 확보했다고 보기 어렵다는 것이다. 전후 정당성을 고려하면, 재건을 위한 비용이 고려되어야 한다. 이러한 고려는 전쟁 개시의 정당성을 새롭게 측정할 가능성을 열어 둔다. 또한 궁극적으로는 화해를 위해 전쟁 수행 과정에서도 철저하게 정당한 수단을 사용해야 한다는 구속력이 생긴다. 이것은 전쟁 수행에 상당한 제약이 되므로 역시 전쟁 개시의 제약 요소로 작용할 수 있다. 요컨대 전후 정당성 문제는 전쟁 개시 시점과 전쟁 수행 과정에서 모두 고려되어야 하고, 그럴 때 정당한 명분이라는 확신을 갖고 전쟁을 개시하기란 더욱 어려워진다는 것이다.

넷째, 임시상황적 평화주의는 가까운 미래에 실천적 전망을 제시한다는 특징을 갖는다. 기본적으로 임시상황적 평화주의는 먼 미래가 아닌 가까운 미래의 상황이나 조건이, 정의로운 전쟁을 허용할 가능성을 처음부터 배제하지 않는다. 즉 어떤 전쟁은 정전론의 모든 조건을 충족시켜서 정의로운 전쟁이 될 수도 있다는 가정을 갖고 있다. 그러나 임시상황적 평화주의의 미래 전망은 매우 현실적인 분석을 토대로 한다. 이에 따르면, 적어도 가까운 미래의 국제적 상황은 결코 정전론적 요소를 충족시킬 수 없다고 예측한다. 국제적 상황에 대한 미래 예측은 현 상황을 기초로 하는데, 현 상황이 결코 미래를 낙관할 수 없다는 것이다.

21세기 초 국제정치적 상황의 가장 큰 특징은 미중 패권 경쟁(hegemonic competition)의 영향으로 지정학적 중요성이 대단히 높아졌다는 것이다. 지정학적 중요성의 상승은 외교보다 군사적 조치의 가능성을 높인다. 이러한 상황은 현재 각국의 군사비 지출 예산이 외교 예산보다 훨씬 높다는 사실에서 확인된다.[11] 또한 현대전은 두 국가 이상이 연루되는 국제전의 양상을 보이고 있다. 국제전은 불확실성을 높이고 무력 개입의 가능성을 더욱 상승시킨다. 반면 국제적 무력 충돌에 유엔과 같은 국제기구의 제도적 통제의 역할은 점차 약화되는 경향을 보인다. 국제법적으로 전쟁은 자기방어를 위한 것이어야 하고, 유엔이 승인해야 정당한 것으로 인정한다. 자기방어의 명분을 가졌더라도 유엔이 사후적으로 승인하기 전에는 일방적인 공격에 해당한다. 그러나 현재의 국제정치 현실은 국제규범의 통제 범위를 벗어나 있다. 유엔이 전쟁을 승인할 가능성은 대단히 낮은 반면, 대부분의 국가는 독단적으로 자기방어 명분을 내세워 전쟁을 결정하는 경향이 있기 때문이다. 이러한 상황에서 임시상황적 평화주의는 의미 있는 실천적 함의를 갖는다.

다섯째, 임시상황적 평화주의는 정전론의 요건으로서 민간인과 전투원의 구분뿐만 아니라 전투원이 되기 이전의 시민의 권리로서의 징집 거부권과 전투원의 인권까지 강조한다는 특징을 갖는다. 전통적인 정전론은 민간인과 전투원을 구분하고, 전쟁으로 인한 민간인의 피해를 최소화하는 것에 초점이 맞춰져 있다. 임시상황적 평화주의는 민간인과 전투원을 획일적으로 구분하는 대신, 전투원이 징집되기 이전에 시민으로서의 권리를 주목한다. 즉 임시상황적 평화주의는 정전론의 항목에 시민으로서 자발적으로 전투원이 되지 않을 권리가 포함되어야 한다고 주장한다.[12] 이에 따르면, 시민은 정당하게 양심적 징집 거부를 이행할 수 있다. 국가가 이러한 의사를 무시하고 징집을 강요했다면, 설령 국가가 전쟁 개시의 정당한 명분을 갖췄더라도 자국 시민에게 부정의를 행한 것이므로

11 미국의 국방비 예산은 외교부(Department of State) 예산의 10배 이상이다. 2021년 미국의 국방부 예산 신청액이 약 7,005억 불인 반면, 외교부 예산은 약 500억 불에 그친다.

12 예외적으로 Coady(2008), Ch. 9; McMahan(2004)를 참고.

결코 정의로운 전쟁이 될 수 없다는 것이다.

기왕의 정전론이 민간인의 살상만 고려한 것과 달리 임시상황적 평화주의는 민간인과 군인의 피해를 모두 고려한다. 매이도 민간인뿐 아니라 군인의 죽음도 전쟁이 정당화될 수 있는지를 판단하는 중요한 기준이 되어야 한다고 주장한다(May 2013: 347-61). 민간인의 학살을 막기 위한 전쟁이라는 명분으로 민간인을 강제로 징집하는 것은 인간 존엄의 관점에서 결코 정당화될 수 없다.[13] 임시상황적 평화주의는 전투원의 권리도 새롭게 주목하는데, 전투원을 민간인과 동일한 인격체로 여긴다면, 전투에 자발적으로 참여했든 강제적으로 참여했든 관계없이 살상을 정당화할 수 없다는 것이다. 이러한 논지는 주로 국제인권법 이론가들이 주장한다. 국제인권법 이론가들은 주로 민간인의 권리만 주목하는 정전론과 달리 전투원도 민간인과 동일한 인권을 갖는 존재로 취급한다. 이들의 논지에 따르면, 전투원의 생명을 담보로 하는 어떠한 전쟁도 정당화될 수 없다. 전투원의 죽음에 대한 정당성 여부를 판단하는 것은 정당한 전쟁을 수행하는 쪽뿐만 아니라, 부정한 전쟁을 수행한 쪽의 전투원에 대해서도 동일하게 적용되어야 한다. 부정한 전쟁의 전투원으로 참여하는 이들이 자발적으로 참여하지 않았다면, 이들의 생명 역시 동일하게 존중되어야 하기 때문이다. 전투원의 생명도 전쟁의 정당성을 결정하는 요소로 포함하면, 사실상 어떤 전쟁도 정당한 것으로 평가받기 어렵다. 요컨대 임시

13 누군가는 인종 청소라는 엄청난 비극을 막기 위해서 어느 정도의 희생을 감수해야 한다는 공리주의적 논지를 동원할지 모른다. 그러나 공리주의적 논지가 동원되는 순간 정전론의 여러 기준은 모두 공리로 환원되어, 사실상 그 기준이 무의미해지는 결과를 낳을 수 있다. 이런 연유로 임시상황적 평화주의는 물론 정전론도 공리주의적 전쟁관을 거부한다.

상황적 평화주의는 보편적 인권 옹호의 차원에서는 모든 전쟁을 사실상 부정하는 평화주의를 채택할 수밖에 없다는 결론에 이른다.

요약하면, 임시상황적 평화주의는 정전론과 마찬가지로 전쟁의 가능성을 열어 놓지만 정전론의 엄격한 적용으로 결국 평화주의를 지향한다는 점에서 결정적인 차이를 보인다. 임시상황적 평화주의는 정전론의 항목들을 엄밀하게 재규정함으로써 현재와 가까운 미래에 이러한 기준을 완전히 충족시킬 수 있는 정의로운 전쟁이 존재하지 않는다는 것을 전제로 평화주의를 지향한다. 임시상황적 평화주의는 전쟁의 개시 시점과 수행 과정에서 정당성을 확보하는 것이 인식론적 차원에서 사실상 불가능하다면, 어떠한 전쟁도 선불리 옹호하기 어렵다는 회의주의적 평화주의와 친화성을 갖는다.

5. 평화주의의 딜레마와 미래 대안을 찾아서

평화는 일시적으로 폭력의 사용이 중단된 것을 의미하지 않는다. 당사자들이 호전적 의지를 가졌으면서, 단지 폭력의 사용을 유예했다고 평화가 달성되었다고 보기 어렵다. 이런 맥락에서 칸트는 단순히 폭력이 행사되지 않았다고 해서 평화가 달성되었다고 볼 수 없으며, "평화는 모든 종류의 적대감을 종식시키는 것이다"라고 진술한 바 있다(Kant 2006(1795)). 휴전 상태는 결코 평화 상태가 아니라는 지적이다. 진정한 평화는 이해득실을 산정해 잠정적으로 폭력의 사용을 중단하는 것이 아니라 지속적이고 항구적으로 폭력 사용을 포기하는 것이다.

이는 전쟁이나 무력을 대외정책의 수단으로 고려하지 않는 안정적이고 정당한 정치 질서가 존재할 때만 가능하다. 다시 칸트의 생각을 빌려 오자면, 자유민주공화국이야말로 이러한 평화를 지향하는 정치 질서이며, 이러한 정치 질서가 늘어 갈 때 세계는 안정적이며 항구적인 평화 상태를 달성할 수 있다. 여기서도 문제가 되는 것은 안정적인 자유민주공화국을 거부하는 집단 혹은 정치체에 정당하게 폭력을 사용할 수 있는가 하는 점이다. 앞에서 언급한 평화 달성의 실효성과 관련된 논쟁이 이어지는 지점이다. 칸트의 평화주의를 적극적으로 받아들이면, 반자유주의 국가들을 대상으로 한 전쟁은 장기적으로 안정적인 세계평화를 달성하기 위해서 일어난 정당한 전쟁으로 간주할 수 있다. 그러나 '평화를 위한' 전쟁이 끊임없이 일어나는 세계를 평화롭다고 할 수 있는가? 더구나 역사적으로 평화를 위한 전쟁은 마지막이 된 적이 없다.

평화란 결국 평화의 질적 상태와 깊이 연관되어 있다. 앞에서 평화는 단순히 폭력의 부재만을 가리키지 않는다는 것을 지적한 바 있다. 평화는 적어도 자유로운 상태여야 하고, 적대감의 부재에 기반한 내적 안정성을 갖춰야 한다. 자유민주공화국이라는 정치 질서를 유지하는 것도 평화의 중요한 요건이다. 그러나 평화는 질적으로 이보다 더 높고 많은 것을 요청할 수 있다. 예컨대, 경제적 풍요, 정신적 충만함, 파괴되지 않은 자연 등 어느 것 하나라도 없으면 진정한 평화의 달성이라고 보기 어렵다. 일찍이 요한 갈퉁은 폭력과 갈등의 부재라는 최소한의 소극적인 평화와 대비되는 모든 요건이 충만하게 갖춰진 이상적인 상태의 적극적 평화의 개념을 제시하고, 이 적극적 평화가 우리가 지향해야 할 평화주의의 목표임을 역설한 바 있다(Galtung 1969). 현대의 평화주의는 어떤 평화주의를 기준으로 목표와 수단을 정해야 하는가? 평화의 범위와 질은 평화주의의 또 다른 쟁점이 된다.

20세기 이래 양차대전과 냉전 그리고 테러와의 전쟁을 거쳐 오면서 평화주의는 다양한 방식으로 제시되었다. 그러나 여전히 가장 근본적인 문제는 목표로서의 평화주의와 과정으로서의 평화화주의 간의 논쟁, 달리 말하자면 이상으로서의 평화인가, 아니면 실천 가능한 타협적인 평화인가의 논쟁 안에 그대로 갇혀 있는 상태다. 이러한 상황에 처하게 된 가장 근본적인 원인은 우리의 사고가 근대의 폐쇄적인 교의(教義)에서 벗어나지 못했기 때문이다.

근대적 교의 가운데 가장 핵심적인 요소는 폭력의 독점을 대내외적으로 인정받는 주권 국가의 존재를 신봉하는 것이다.[14] 근대국가 주권론에 따르면, 내전은 부정되지만 타국을 상대로 한 전쟁은 허용된다. 근대국가도 전쟁을 규제할 필요성을 인정한다. 전쟁은 번영을 막고 막대한 경제적 손실과 인명 피해를 수반한다는 것을 잘 알기 때문이다. 그러나 각국이 이익 추구를 도모하는 과정에서, 이러한 전쟁 규제가 실효성이 있으리라는 것에 대해서는 회의적이다. 그러나 근대적 주권론하에서도 정전론은 뚜렷하게 유지된 것도 사실이다. 물론 정전론이 현실적으로 실효성이 있는가에 대해서는 회의적인 시각이 많다.

국가 간의 폭력 사용에 대한 입장을 개념적으로 단순화시켜서 말하자면, 한편에 근대적 주권 개념에 입각해서 자국의 이익을 위한 국가의 폭력 사용은 모두 정당하다고 보는 전쟁주의가 있고, 그 반대편에 모든 폭력 사용에 반대하는 평화주의가 있으며, 그 중간에 정당한 폭력 사용을 인정하는 정전론이 존재한다고 할 수 있다. 21세기 현재, 국제적 폭력 사

---

14 제2장 「근대 평화론: 홉스에서 칸트까지」을 참조.

용에 관한 전반적인 인식은 전쟁주의와 정전론의 중간 어느 지점에 위치한다고 할 수 있다. 문제는 정당한 폭력의 사용이라는 정전론의 범위가 매우 광범위해, 정전론을 어떻게 해석하느냐에 따라서 사실상 전쟁주의에 근접할 수도 있고, 그와 정반대로 평화주의에 근접할 수도 있다. 예컨대 최소한의 자기방어만을 정당한 전쟁 개시의 요건으로 본다면, 이러한 정전론은 평화주의에 근접할 가능성이 크다. 반면 안정적인 세계질서를 위한 제국 전쟁을 정당화한다면, 전쟁주의에 근접할 소지가 있다. 우리의 관심은 근대 주권국가론에 경도된 현대 국가의 태도를 어떻게 가급적 평화주의로 전환할 것인가에 있다.

평화주의로의 전환에는 많은 어려움이 있다. 가장 큰 문제는 우리의 사고가 다분히 근대적 사고 틀에 사로잡혀 있다는 것이다. 근대적 사고 틀에서 벗어나 국가 주권을 다소 융통성 있게 이해한다면, 우리는 평화주의의 현실적 적용과 관련해서 훨씬 많은 선택지를 갖게 된다. 근대적 사고 틀을 유연하게 만드는 좋은 방법은 근대 이전 고대 세계의 사유 방식에 눈을 돌려 보는 것이다. 고대 세계의 가장 큰 특징은 근대와 달리 국가 주권 개념이 희박하다는 것이다. 더 정확히 말하자면, 주권 개념이 존재하지만 그것이 국가에 한정되어 있지 않았다. 따라서 국가에게만 폭력의 독점적, 배타적 사용이 허용되지 않는다. 폭력의 사용은 국가뿐 아니라 개인이나 초국적 주체에게도 허용된다. 물론 전면적 허용이냐, 제한적 허용이냐 혹은 전면적 부정이냐 하는 문제는 논쟁거리다. 다만 그 논의는 모든 주체에게 적용될 수 있다.

폭력의 사용에 관한 고대의 원칙에는 개인이든 국가든 상관없이 3가지 선택지, 즉 전쟁주의, 정전론, 평화주의가 모두 존재한다. 고대인은 세 선택지가 각각 독립적이고 단절된 것으로 존재하지 않고, 연속성과 수렴 가능성을 갖는다는 것을 의식하고 있었다. 즉, 정전론과 평화주의 사이에는 어떤 정전론이냐, 어떤 평화주의냐에 따라서 다양한 종류의 정전론과 평화주의가 존재하고, 이 스펙트럼 내에서 양자가 수렴할 가능성도 열어놓고 있다. 반면 단절을 가정한다면, 폭력의 사용 여부에 따라서 획일적으로 나뉘어지므로 평화주의와 정전론은 결코 수렴할 수 없다. 이런 맥락에서 앞에서 정전론과 평화주의의 수렴 가능성을 타진했고, 임시상황적 평화주의를 미래 평화주의의 대안으로 검토한 바 있다.

근대인과 구분되는 고대인의 또 다른 특징은 개인과 국가를 단절된 것으로 보지 않고 서로 연계된 것으로 보기 때문에, 폭력의 사용과 관련해서도 개인과 국가의 연결 고리를 주목한다는 점이다. 예컨대 국가의 폭력 사용(전쟁 수행)이 설령 국내적으로 선혀 손실이 없다 해도(해외에서 용병에 의해 전쟁을 하더라도), 국내의 개인들에게 영향을 미칠 수 있다고 봤다. 예컨대 해외 침략으로 인한 승리주의(triumphalism)나 불량배주의(bullism)의 국내적 침투와 이로 인한 국내적 도덕성의 타락이 그러한 영향력의 결과라고 할 수 있다. 따라서 우리가 고대적 사고를 유의하며 근대적 사고에서 벗어나 보다 유연한 사고를 시도한다면, 목표치를 정전론과 평화주의 사이의 중간 지점에 둘 수 있을 것이다. 더 나아가 평화주의를 보다 실천적인 대안으로 받아들이는 사고의 기반을 마련할 수도 있을 것이다.

이 글은 현대 평화주의의 다양한 스펙트럼을 설명하고, 이를 통해 현대 평화주의의 실천적 의의와 그 한계를 검토하는 것을 목적으로 했다. 특히 평화주의와 정전론의 교차점을 확인하면서 현대 평화주의의 좌표를 재규정하고, 양자의 수렴 가능성을 타진했다. 이러한 시도는 궁극적으로 기왕의 평화주의에 대한 이해가 단순히 전쟁주의와 대척점에 서 있는 이상에 불과하다는 인식을 개선하고, 실천 윤리의 차원에서 현실적으로 실현 가능한 평화화주의를 강화하는 데 기여할 것이다. 본론에서 제기한 임시상황적 평화주의는 정전론과 평화주의의 연속성을 강조한다. 폭력 사용의 제한이 실천적으로 확보된다면, 현실적으로 평화주의를 조금 더 앞당길 수 있다. 연속성을 전제로 한 임시상황적 평화주의는 전쟁을 이론적으로 인정하나 그 행사를 매우 엄격히 제한하고 현실적으로 폭력의 정당한 사용을 부정함으로써 실질적으로 평화주의를 실현할 수 있다. 임시상황적 평화주의는 점진적인 진화를 통해서 우리의 사고를 평화주의로 변환시킬 가능성을 열어 주는 미래의 대안적 평화주의로 평가될 만하다.

참고문헌

Anscombe, G. E. M. ed. 1981. "War and Murder." in *Ethics, Religion, and Politics: Collected Philosophical Papers*. Minneapolis: University of Minnesota Press.

Arnaud, E. 1906. *Le Pacifisme et ses Détracteurs*. Paris: Aux Bureaux de la Grande Revue.

Bonhoeffer, D. 1956. *No Rusty Swords*. New York: Harper and Row.

Burke, Richard. 1990. "Epistemological Pacifism." in Kenneth Klein ed. *In the Interest of Peace*. Wolfeboro: Longwood.

Cady, Duane L. 2010. *From Warism to Pacifism*. Philadelphia: Temple University Press.

Coady, C. J. A. 1997. "Objecting Morally." *Journal of Ethics* 1(4).

Coady, C. J. A. 2008. *Morality and Political Violence*. Cambridge University Press.

Corey, DAvid D. & J. Dary Charles. 2018. *The Just War Tradition: An Introduction*. Wilmington: Intercollegiate Studies Institute.

Cortright, David. 2008. *Peace: A History of Movements and Ideas*. Cambridge: Cambridge University Press.

Dewey, J. 1990, "Tolstoy's Art." in J. Boydston ed. *Dewey Later Works: 1925-1953, vol. 17*. Carbondale. IL: SIU Press.

Dombrowski, Daniel A. 2018. "Christian Pacifism." in Andrew Fiala ed. *The Routledge Handbook of Pacifism and Nonviolence*. NY: Routledge.

Dower, N. 2009. *The Ethics of War and Peace*. Cambridge: Polity Press.

Einstein, A. 1981. *Einstein on Peace*. New York: Crown Publishers.

Fiala, Andrew. 2018. "Pacifism in the Twentieth Century and Beyond." in Andrew Fiala ed. *The Routledge Handbook of Pacifism and Nonviolence*. NY: Routledge.

Fox, Michael Allen. 2014. *Understanding Peace: A Comprehensive Introduction*. New York/London: Routledge.

Francis, Pope. 2017. "World Peace Day Address." Available at Vatican website: https://w2.vatican.va/content/francesco/en/messages/peace/documents/papa-francesco_20161208_messaggio-l-giornatamondiale-pace-2017.html (접근일: 2021. 05. 07).

Galtung, Johan. 1969. "Violence, Peace, and Peace Research." Journal of Peace

Research. Vol. 6. No. 3.

Gandhi, M. K. 1994(1938). "Statement of November 26, 1938." in *Gandhi Reader*. New York: Grove Press. available at: http://gandhiserve.org/information/writings_online/articles/gandhi_jews_palestine.html. (접근일: 2021. 4. 17).

Gandhi, M. K. 2001(1961). *Non-violent resistance (satyagraha)*. Mineola. NY: Dover Publications.

Hauerwas, S. 2004. *Performing the Faith: Bonhoeffer and the Practice of Nonviolence*. Grand Rapids. MI: Brazos.

Holmes, R. 1989. *On War and Morality*. Princeton: Princeton University Press.

Howes, Dustin Ells. 2013. The "Failure of Pacifism and the Success of Nonviolence." *Perspectives on Politics*. Vol.11, No. 2.

Kant, I. 2006(1795). "Toward Perpetual Peace: A Philosophical Sketch" in ed. Pauline Kleingeld. *Toward Perpetual Peace and Other Writings on Politics, Peace, and History*. New Haven: Yale University Press.

King, M. L. Jr. 1986. "Letter from Birmingham Jail." in M.L. King ed. *Why We Can't Wait*. Boston: Beacon. 85-109.

King, M. L. Jr. 1992(1966). *Non-violence: the only road to freedom*. In J. M. Washington ed. *I have a dream: Writings & speeches that changed the world*. San Franscisco. CA: Harper Collins Publishers.

Lazar, Seth Lazar. 2009 (July). "Responsibility, Risk, and Killing in Self-Defense." *Ethics*. 119/4: 699-728.

Lewis, C. S. 2001. "Why I Am Not a Pacifist." in *The Weight of Glory*. New York: Harper.

Liebknecht, Karl. 1971(1907). *Militarismus und Antimilitarismus: unter besonderer Berücksichtigung der internationalen Jugendbewegung*. Dortmund: Nachdruck Weltkreis-Verlag-GmbH.

Luxemburg, R. 1911. "The Meaning of Pacifism." Available at: www.marxists.org/history/etol/newspape/themilitant/socialist-appeal-1938/v02n14/luxemburg.htm (Accessed October 23, 2017).

McMahan, Jeff. "The Ethics of Killing in War." *Ethics*. 114(4).

May, Larry. 2011. "Contingent Pacifism and the Moral Risks of Participating in War." *Public Affairs Quarterly* 25(2).

May, Larry. 2012. "Contingent Pacifism and Selective Refusal." *Journal of Social Philosophy* 43(1).

May, Larry. 2012. *After War Ends: A Philosophical Perspective*. Cambridge University

Press.

May, Larry. 2013. "Conflicting Responsibilities to Protect Human Rights." in David Reidy and Cindy Holder eds. *Human Rights: The Hard Questions*. Cambridge University Press.

May, Larry. 2015. *Contingent Pacifism: Revisiting Just War Theory*. Cambridge: Cambridge University Press.

Pinker, Steven. 2011. *The Better Angels of our Nature: Why Violence has Declined*. New York: Penguin.

Rawls, John. *A Theory of Justice*. Cambridge. MA: Harvard University Press. 1973.

Russell, B. (1934-44). "The Future of Pacifism." *The American Scholar* 13 (1). Winter: 7-13.

Russell, B. (1945). "The Bomb and Civilization." Available at: www.humanities.mcmaster.ca/~russell/civbomb8.pdf (Accessed October 23, 2017).

Russell, B. 1915. "The Ethics of War." *International Journal of Ethics* 25 (2). January: 127-142.

Russell, B. 2004(1916). *Why Men Fight*. New York: Cosimo.

Russell, B. 2010(1975). *Autobiography*. New York: Routledge.

Russell, B. and A. Einstein. 1955. "Russell-Einstein Manifesto." Available at: https://pugwash.org/1955/07/09/statement-manifesto/ (Accessed October 23, 2017).

Sharp, Gene. 1979. *Gandhi as a Political Strategist: the Essays on Ethics and Politics*. Boston: P. Sargent Publisher.

Tinker, Jerry M. 1971. "The Political Power of Non-violent Resistance: The Gandhian Technique." *Political Research Quarterly* 24(4): 775-88.

Tolstoy, L. 1885. *My Religion*. translated by H. Smith. New York: Thomas Y. Crowlell and Co.

4 현대 평화학의 발전과 복합화

김성철

1. 들어가며: 세 접근

이 장에서는 이마누엘 칸트, 레프 톨스토이, 카를 마르크스를 평화학의 사상적 원류로 보면서 오늘날의 평화학이 발전해 온 계보와 경로를 살펴본다.[1] 칸트, 톨스토이, 마르크스는 각기 다른 영역에서 활동했을 뿐만 아니라 서로 만난 적도 없고 크게 영향을 주고받지도 않았다. 이들은 각기 독창적인 사상으로 평화, 폭력, 갈등의 원인을 논하거나 평화에 이르는 원리를 논했으며 각각 국가중심, 인간중심, 구조비판 접근을 대표한다(구체적 논의는 김성철, 2021: 11-28). 세 접근은 2차대전 이후 현대 평화학의 진

1 칸트, 톨스토이, 마르크스를 평화학의 사상적 원조로 보는 데는 W. B. 갈리(W. B. Gallie)의 『평화와 전쟁의 철학자들: 칸트, 클라우제비츠, 마르크스-엥겔스, 톨스토이(*Philosophers of Peace and War: Kant, Clausewitz, Marx Engels and Tolstoy*)』에서 영감받은 바가 크다. 이 글에서는 갈리가 언급한 학자들 가운데 군사전략가인 클라우제비츠를 제외하고 칸트, 마르크스, 톨스토이의 논지를 중심으로 분석한다.

화와 발전에 큰 영향을 미쳤다. 모두 궁극적으로 인간의 생명과 존엄성을 추구한다는 공통점을 지니지만, 평화와 갈등의 주체에 대한 인식 그리고 분석의 대상에 관해 서로 구분된다. 냉전 시기 세 접근은 각각의 사상적 연원을 가지고 개별적으로 진화해 분업 형태를 이뤘다. 그러나 냉전 종식 이후 독립성을 유지하면서도 서로의 경계를 넘어 중첩되고 결합하는 부분이 나타나는데, 이를 복합성의 생성이라고 부르고자 한다. 〈표 1〉은 평화학의 계보를 보여 준다.

우선 칸트의 '영원한 평화론'에 근거한 국가중심 접근은(칸트, 2013), 국가가 주체인 가운데 국가 간의 전쟁 방지, 국제평화와 안보를 주요 연구 대상으로 삼으며 이를 위한 국가 간 연대 또는 공동체를 분석한다. 냉전기 케네스 볼딩, 카를 도이치 등이 국가 간 안보협력을 논하면서 공동체의 개념을 주요하게 다룬 이래 오늘날에도 여전히 국가중심 접근은 평화학의 중요한 흐름을 이루고 있다. 국가중심 접근에서는 레짐의 속성도 분석 대상이 되어 민주평화론으로 태어나기도 했다. 냉전 종식 후에는, 강대국들이 사이버와 핵에 대한 주권을 주장하면서 고전적 의미의 주권에 도전한 뿐만 아니라 새로운 위협과 갈등을 초래하고 있다는 점에서

표 1. 평화학의 접근, 계보, 복합화

<table>
<tr><th></th><th>국가중심 접근</th><th>인간중심 접근</th><th>구조비판 접근</th></tr>
<tr><td>사상적 원류</td><td>칸트</td><td>톨스토이</td><td>마르크스</td></tr>
<tr><td>냉전기
평화학의 정립</td><td>통합·공동체론·
민주평화론</td><td>적극적 평화</td><td>사회변혁론</td></tr>
<tr><td rowspan="3">냉전 종식 후
평화학의 복합화</td><td>안보공동체론</td><td>인간안보론</td><td>생태사회주의</td></tr>
<tr><td colspan="2">보호책임론</td><td></td></tr>
<tr><td colspan="3">기후변화 대응</td></tr>
</table>

국가중심 접근은 여전히 유효하다고 할 수 있다.

인간중심 접근은 톨스토이의 후기 저작에서 드러난 비폭력주의에 사상적 기원을 두는바(Tolstoy 2016), 국가가 아닌 개인의 안전과 평화의 구현을 중요하게 다룬다. 개인의 평화를 위해 국가의 역할이 있을 수 있겠으나, 국가와 개인의 평화가 상충하는 경우 개인의 평화가 우선한다. 냉전기 요한 갈퉁이 적극적 평화, 구조적 폭력, 문화적 폭력 등의 개념을 제시한 이래 사회의 공정에 기초한 평화학의 부류로 알려지게 되었다. 이 접근은 냉전 종식 이후 인간안보(human security) 개념이 유엔개발계획(United Nations Development Programme, UNDP)에 의해 제시되면서 그 중요성이 더해져 연구 대상이 급속히 확산되는 추세에 있다. 인간안보는 욕구로부터의 자유와 위협으로부터의 자유라는 2가지 연구 방향으로 나누어져 발전해 왔다. 욕구로부터의 자유는 빈곤과 차별을 극복하는 "개발에 바탕한(development-based)" 인간안보이며, 위협으로부터의 자유는 반인권적, 반인도적 살상과 위협에 대응하는 "보호에 바탕한" 인간안보다. 전자는 인간개발지표를 만들고 지속 가능한 발전을 제시하는 데 공헌한 반면, 후자는 자국민 보호를 국가의 책임으로 간주하는 보호책임 개념을 발전시키는 데 기여했다.

구조비판 접근은 마르크스의 자본주의 비판에 연원을 둔 것으로서 사회적 갈등 구조와 이의 변화에 분석의 초점을 맞춘다. 냉전기에 후기마르크스주의자를 자칭한 신좌파는 적대 관계가 전통적 계급 관계에서뿐만 아니라 전후 세대의 가치변화로 인권, 핵, 생태 등 다양한 문제에서 발생함을 분석했고, 냉전 종식 후의 좌파 지식계는 마르크스주의("적색")와 생태주의("녹색")를 결합해 생태사회주의를 제시하게 된다.

이 글은 평화학의 3가지 접근이 냉전기에는 각각 분업화된 채 전개되지만, 냉전 종식 후에는 점차 복합성을 띤다는 점을 보여 주고자 한다. 복합성은 평화·갈등에 관여하는, 그리고 평화를 설명하는 다양한 요소가 독립적이거나 고립적이지 않다는 뜻이다. 복합성을 띤다 함은 개방성과 연계성이 높아지고 그 결과 불확실성을 보이게 됨을 말한다. 개방성은 각 요소가 폐쇄적이지 않아 서로 부추기고 피드백을 일으키는 속성이며, 연계성은 개방성으로 인해 각 요소의 관계가 의존성(대부분 비대칭적 의존)을 가지는 속성이다. 연계성은 예측이 용이하지 않은 결과, 즉 불확실성을 초래하기 마련이다. 불확실성은 복합체계론에서 흔히 초기 조건의 민감성, 자기조직화 등의 개념과 연계되어 설명된다. 복합성은 여러 요소가 연관된 상태부터 의도치 않은 결과가 초래되는 상황까지를 말한다. 오늘날의 재난은 복합성을 보여 주는 하나의 예다. 과거 인간이 겪은 재난은 홍수, 가뭄, 역병과 같은 자연적인 상태에서 비롯된 것이었다. 이제 인류는 이런 재난을 상당 부분 대응할 수 있다. 반면 오늘날의 재난은 자연변화, 산업화, 기술 발전, 인간 실수 등이 서로 결합되어 대응하기 쉽지 않다. 예를 들어, 기후변화는 단순한 자연 변화만이 아니며 산업화가 더해진 결과인 데다, 산업사회의 소비 양식, 국내 정치와 국제정치 등으로 인해 과거의 자연재해보다 해결하기 훨씬 어렵다. 따라서 기후변화로 인한 재난은 복합재난이 된다.

2. 냉전기 평화학의 정립: 세 접근의 계보

19세기와 20세기 전반의 역사는 수많은 전쟁으로 점철되었다. 나폴레옹 전쟁은 물론 이후 영국, 프랑스, 러시아, 일본 등 제국들의 식민지 전쟁은 두 차례 세계대전으로 이어졌다. 더욱이 인류는 과연 전쟁으로부터 살아남을 수 있을까 하는 의문을 가지게 되었다. 태평양전쟁이 종식되는 과정에서 사용된 핵무기는 미증유의 파괴력을 보였으며, 곧이어 전개된 미소 간 핵무기 경쟁은 인간의 생존 자체에 대한 위협이었다. 반세기에 걸친 냉전은 또한 자유민주주의와 공산주의 사이의 치열한 우위 경쟁이었다. 이 경쟁은 냉전이라는 단어가 무색하게, 아시아에서 두 전쟁을 일으켰고 약 550만 명의 전사자를 발생시켰다. 한국전쟁과 베트남전쟁이 그것이다.

미소 경쟁 속에서도 서구의 선진국가들에서는 사회변혁을 요구하는 시민운동이 다양한 방식으로 전개되었다. 1950년대에는 반핵이 운동의 주류였으나 1960년대 후반부터는 반핵은 물론 반전, 인권, 환경 등 다양한 주제가 운동의 중심을 이뤘다. 신사회운동이라 불리는 새로운 운동의 흐름은 서구사회 내부의 변화를 반영한 것이기도 하고 또 그 변화를 더욱 촉진하기도 했다. 신사회운동은 더욱이 1970년대 동서 진영 간 데탕트의 원동력으로 작용하기도 했다(Suri, 2005).

신생독립국들에게 냉전의 역사는 전쟁 위협은 물론 억압과 빈곤이라는 단어로 요약되는 역사였다. 이들 국가는 미소 간의 쟁취 대상이 되기도 했지만 상당수가 과거 식민지 지배에 대한 집단기억 때문에 비동맹 연대의 길을 택했다. 비동맹은 약소국의 주권과 독립을 수호하는 데는 일정 부분 기여했던 것이 사실이나, 비동맹 소속 국가들은 독재와 저발전의 고통을 겪어야 했다.

냉전은 역설적으로 평화·갈등 연구를 촉진했으며 비판적 접근의 토대를 마련하는 데 기여했다. 실제로 이 시기에 평화·갈등 연구가 이론과 개념을 갖추면서 다학제적 학문으로 발전하게 되었다. 냉전기 선각자들의 노력에 힘입어 평화·갈등에 관한 연구는 평화학이라 불러도 손색이 없게 되었다. 냉전기 평화학은 국가중심, 인간중심, 구조비판 접근에 따라 통합·공동체론, 적극적 평화론, 사회변혁론으로 구분된다. 세 접근은 서로 다른 인식론을 기반으로 분업화된 채 별개로 발전했다는 점이 주목할 만하다. 분업화가 발생한 이유는 동서 이데올로기 경쟁으로 인해 세 접근 사이에 교류가 거의 없었기 때문이다. 통합·공동체론의 선구자인 볼딩과 적극적 평화론자인 갈퉁 사이에 다소의 대화가 예외적으로 있었을 뿐, 이론적 결합으로 만들어지는 제3이론의 개발은 없었다. 더욱이 적극적 평화론과 사회변혁론 사이에서 직접적 대화는 없었다. 갈퉁의 적극적 평화론은 일정 부분 마르크스주의 성향을 띠었음에도 갈퉁 스스로 마르크스주의자로 불리는 것을 극구 부정했다.

냉전기 평화학의 분업화는 결국 평화학의 성격에 대한 질문을 던져놓은 셈이다. 예를 들면, 평화학이 가치중립과 경험적 분석에 기초한 사회과학의 하나여야 하는지, 가치판단에 주저하지 않으며 실천과 결합하는 규범학문이어야 하는지, 아니면 사회운동을 이끌고 뒷받침하는 비판이론이어야 하는지 등의 질문이다. 그런데 각 접근의 이론들을 살펴보면 서로 다른 성격을 지녔음을 알 수 있다. 통합·공동체론은 평화와 갈등 연구를 사회과학으로 간주하는 경향이 있었고, 적극적 평화론은 가치판단을 주저하지 않았으며, 신좌파의 사회변혁론은 마르크스주의를 재해석하면서 평화학의 비판적 흐름에 큰 영향을 끼쳤다고 평가할 수 있다.

1) 통합·공동체론

통합·공동체론은 국가중심 접근에 기반한 것으로, 이를 대표하는 학자로는 볼딩, 도이치, 디터 젱하스(Dieter Senghaas)를 꼽을 수 있다. 이들이 제시하는 공동체 개념은 의식 공유와 의사소통을 강조함으로써 칸트가 제안한 연방 개념보다는 훨씬 더 실체적인 성격을 띤다. 이와 함께, 냉전 말기부터 주목받은 민주평화론은 칸트의 공화정론에 근거해 민주주의 국가 간 무력 갈등의 부재를 설명했다. 아무튼 냉전기에 이 선구적인 연구자들은 평화학을 과학적으로 정립해야 한다는 학문적 소명감을 가지고 있었다.

냉전 초기 강대국들은 물론이고 신생 독립국들에게 국민의 생존과 국가 주권의 보존을 위해 국가안보가 주요 의제였으며, 이런 맥락에서 국제정치학자들 사이에서는 국가안보와 국가 간 무력 충돌 방지를 위한 전략 연구가 주류를 이뤘다. 전략 연구는 이른바 핵 혁명(nuclear revolution)에 의해 전쟁 개념이 전면적으로 변화된 것과 관련된다. 이전의 전쟁에서는 방어와 공격의 합으로서 승패가 좌우되었지만, 생존 자체가 불가능할 핵전쟁에서 승리는 무의미하며, 따라서 어떻게 핵전쟁을 방지할 것인가가 핵심 과제가 되었다. 군축, 억제 등에 관한 전략 연구는 합리성에 근거하면서 과학적 추론을 도출하려는 노력을 기울였다. 하지만 이론의 발전은 지속적인 기술 발전으로 상쇄되었다. 예를 들어, 상호확증파괴(mutually assured destruction)를 통해 핵전쟁을 억제하려는 논리의 개발에도 끊임없는 미사일 기술의 진전으로 군비경쟁은 가속화되어 갔다.

통합·공동체론은 이상의 전략 연구와 경쟁하면서도 일부 중첩되면서 전개되었다(Buzan and Hansen, 2009, 105-106). 한편으로 국가안보 또는 국제안보에 충실한 전략 연구가 자국 중심적이어서 평화학에는 불편한 존재이기도 했지만, 다른 한편 전략 연구와 평화학은 핵 경쟁을 포함한 국제적 갈등을 방지하려는 목표에는 일치했다. 실제로 핵군축은 양 연구의 공동 주제였으며, 『핵과학자회보(*Bulletin of the Atomic Scientists*)』는 이에 대해 공론의 장을 제공했다.

볼딩은 경제학자이자 최초의 평화학자라고 할 수 있다. 그는 1949년부터 1967년까지 미시간대학교에서 근무하면서 갈등해결연구소(Center for Research on Conflict Resolution)를 설립했고 1957년에 『갈등해결저널(*Journal of Conflict Resolution*)』을 창간했다. 또한 국제평화학회(International Peace Research Association) 재단의 창립에도 기여했다. 볼딩은 1946년 『평화경제학(*The Economics of Peace*)』에서 두 차례 세계대전의 폐허 위에서의 재건 과정을 설명하면서 전쟁과 평화의 의미를 잘 설명하고 있다. 그는 전쟁의 폐해는 어떤 의미로도 정당화될 수 없다고 말하는 동시에, 전쟁은 갈등의 하나로서 전쟁이 없어도 다른 형태의 갈등은 존재하며 이는 전쟁으로 확대될 수도 있다고 본다. 그가 "평화적인 갈등"을 확장해야 한다고 주장한 점은 주목할 만하다. 그는 법정투쟁, 투표, 선거 캠페인 등에서 보는 것처럼 평화적인 방법으로 갈등을 해결하는 것이 무엇보다 중요하다고 본다. 이 같은 주장은 1978년 저서 『안정적 평화(*Stable Peace*)』에서도 잘 드러난다. 볼딩은 여기서 "우리"라는 공동체 의식을 중요하게 생각한다. 서로 다른 집단들이 하나의 문제에 대해 "우리"가 되어 접근하면 해결책이 보인다는 것이다. 그는 "미국인이 일본인이나 독일인을 '우리'라고 생각하지 않았고 일본인과 독일인이 미국인을 '우리'라고 여기지 않았기 때문에 서로 전쟁하게 된 것"이라고 말한다. 그는 갈등 자체보다는 인류적 공동체 의식의 결여가 전쟁을 초래하며, 경제적 이해의 차이는 전쟁의 원인을 설명하는 데 사소한 부분일 뿐이라고 말한다.

도이치는 볼딩과 마찬가지로 문제의 평화적 해결의 가능성을 공동체 개념에서 찾으려 했다. 도이치는 1957년 공동 저작 『정치공동체와 북대서양지역(*Political Community and the North Atlantic Area*)』에서 안보 공동체라는 개념을 제시하면서 볼딩의 개념을 보다 구체화했다. 도이치의 논의는 영원한 평화를 구한다는 거대한 명제보다는 하나의 작은 질문, 즉 어떻게 북대서양 안에서 전쟁을 방지할 수 있는가로 시작한다. 그가 말하는 안보 공동체는 "통합"되어 가는 사람들의 집단으로서 그 형성 과정에서 강력한 공동체 감각 또는 의식이 중요함을 지적한다. 또 안보 공동체에서는 공동의 문제를 반드시 평화적 변화를 통해서 해결해야 하고, 그리할 수 있다는 믿음을 가져야 하며, 물리적 힘이 아닌 제도화된 과정을 거쳐 해결해야 한다고 말한다. 그의 이론을 고전적 통합론이라고 부르기도 한다.

안보 공동체를 설명하기 위해 도이치는 사이버네틱스(cybernetics) 모델을 도입한다. 안보 공동체는 엘리트뿐만 아니라 많은 사람이 관여하는 만큼, 자연스럽게 의사 결정 과정에서 정보의 흐름과 의사소통이 중요해진다. 도이치의 사이버네틱스 모델은 그의 동료이자 친구인 노버트 위너(Norbert Wiener)의 아이디어에서 비롯되었다. 위너에 다르면, 모든 생명체는 조직을 약화시키고 파괴하려는 현상을 극복하면서 생존하는데, 메시지와 의사소통은 생명체인 사회의 생존 능력을 지켜 주는 중요한 요소다(Alker, 2011).

도이치는 1966년의 『정부의 신경(*Nerves of Government*)』라는 책에서 정치적 의사 결정에서 정보, 내부의 기억 정보, 의사소통에 의한 정보 교류를 강조하고, 이 중에서 "어느 것 하나라도 억압이나 비밀에 의해 막혀 있으면 사회는 의식 없이 되풀이만 하는 걸어 다니는 시체와 같을 것이다"라고 말한다(Deutsch, 1966: 120-124, 129). 도이치는 분명한 민주주의 신봉자로서 자유로운 정보의 흐름에 바탕한 의사 결정이 정치에 생명력을 준다고 본다. 또 국제정치에서도 정보의 자유로운 교류를 통한 제어와 조정 능력이 무력 갈등을 억제할 뿐만 아니라 안보 공동체를 형성하는 데도 기여할 것으로 본다.

도이치가 국내적 및 국제적 의사 결정에서 정보와 의사소통의 순기능 측면을 설명했다면, 그의 영향을 받은 독일의 젱하스는 정보 교류와 의사소통의 단절 현상, 즉 병리 현상이 발생하는 원인을 설명하는 데 초점을 두었다. 오늘날 젱하스는 "문명화 육각모델"(폭력 독점, 법치국가, 민주적 정치 참여, 상호 의존과 흥분 통제, 사회정의, 갈등 해결 문화)을 제시한 학자로 더 알려져 있지만, 냉전기 그는 사이버네틱스를 활용한 억제 이론을 개발하고 조직화된 비평화상태(organized peacelessness)라는 용어를 제시했다(Senghaas, 2013).

젱하스가 말하는 조직화된 비평화상태는 두 강대국, 즉 미국과 소련이 군비경쟁에 빠지는 비정상 현상이며 하나의 "자폐적 적대" 상황이다. 젱하스가 제기한 질문은 왜 그 같은 상태에 빠지게 되는가이다. 먼저 그는 억제정책을 펴는 두 강대국 간에 실질적 교류가 극히 제한되어 있다는 점을 지적한다. 더 중요한 것으로 억제정책에서 내향적인 과정이 외향적인 과정보다 지배적이라는 점을 지적한다. 엘리트 안에서 이해되는 적대성 그리고 엘리트가 대중에게 호소하는 적대성이 실제 적과의 관계에서 드러난 적대성의 정도보다 훨씬 높으며, 이 같은 현상이 재생산됨으로써 자폐적 적대는 강화된다고 본다. 적대성이 엘리트의 의사 결정 과정이나 대중의 여론형성 과정에서 내면화됨에 따라 적의 위협은 존속할 뿐만 아니라 적은 점점 더 공포의 대상이 된다. 이것은 사이버네틱스와 체계론에서 말하는 적극적 환류(positive feedback)의 과정으로, 내부에서 재생되는 정보가 자기교정보다는 제어불능 상태를 증폭하는 역할을 한다. 이 같은 자폐적 적대는 매우 부정적인 억제정책을 낳는다. 억제는 원래 외향적이고 상호적이어서 암묵적인 협상과 같아야 하지만, 스스로 내부 보호막을 쳐서 외부와의 교류를 차단하는 병리적, 자폐적 적대는 본질적으로 공격적인 성향을 띠어 군비경쟁이라는 퇴행에 이른다(Senghaas, 2013: Kindle loc. 1003-1114).

젱하스의 조직화된 비평화상태는 평화학의 발전에 기여한 것으로 평가할 만하다. 볼딩과 도이치와 같은 평화학의 선각자들은 평화를 전쟁의 대척 개념으로 이해하고 평화를 실현하기 위한 수단으로 공동체 의식이나 안보 공동체를 제시했다. 그런데 이들의 설명에는 평화 과정에 은둔해 있는 스포일러, 즉 행위자든 제도든 현상이든 평화를 저해하는 요소가 적극적으로 포함되지 않았다. 젱하스는 적폐적 적대라는 저해 요소가 발생하는 과정을 규명함으로써 평화의 촉진과 저해의 두 측면을 모두 분석하는 것이 평화학의 임무임을 일깨웠다.

조직화된 비평화상태를 예방하고 군비경쟁을 방지하기 위해서는 정보의 흐름과 의사소통이 중요한 것임에 틀림없다. 핵전쟁의 위협이 팽배했던 시기, 조지프 로트블랫(Joseph Rotblat)을 비롯한 의식 있는 과학자들의 주도로 1957년부터 개최된 퍼그워시회의(Pugwash Conferences on Science and World Affairs)가 동서 진영 간 반핵 인식 공동체를 형성하는 데 기여한 점에 눈여겨볼 필요가 있다(김성철, 2013). 퍼그워시에서의 회의와 소통은 서방과 소련의 인사들이 핵전쟁과 군비경쟁의 위험성 인식을 공유하는 데 그치지 않고 자국의 당국자들이 핵군축이 생존의 길임을 깨닫도록 했다. 그 결과 미국과 소련은 반(反)탄도미사일협정(Anti-Ballistic Missile Treaty), 전략무기제한협정(Strategic Arms Limitation Treaty) 등 핵군축에서 소기의 성과를 이루었다. 이는 볼딩의 "우리"라는 공동체 의식, 도이치의 안보 공동체, 젱하스가 추구했던 평화상태의 부분적 실현으로 평가할 수 있다.

한편, 냉전기 말 칸트의 공화정론을 이어받아 민주국가들 사이 무력 충돌 부재를 설명하는 이론이 등장하게 되었다. 마이클 도일(Micheal W. Doyle)이 칸트와 여타 자유주의 사상가들을 인용하며 최초로 이런 논지를 제시했다(Doyle, 1983). 칸트 공화정론의 현대 버전이라 할 수 있는 이 이론은 냉전 종식 후에는 민주평화론이라는 이름으로 학계에 널리 알려졌다. 그런데 민주평화론을 평화 연구에 수용하기 위해서는 3가지 정도의 과제를 풀어야 한다. 첫째는 과연 누가 민주국가 내의 의견을 대표하느냐는 문제다(Moravcsik, 2008). 잭 스나이더(Jack Snyder)와 에텔 솔링겐(Etel Solingen)의 설명처럼, 국내 세력들의 정치적 지향과 이들 사이의 결탁 또는 제휴 양상이 국제적 협력 여부에 크게 영향을 미칠 수 있기 때문이다(Snyder, 1991; Solingen, 1998). 둘째는 민주국가가 비민주국가 내의 비인도적 상황에 개입할 때 민주주의를 요구하는 것이 정당한가 하는 문제다. 셋째는 비민주적 체제가 시민에 대해 책임성을 지닌 민주적 체제로 어떻게 발전할 수 있는가 하는 문제다. 이는 비폭력적인 체제 전환의 조건에 관한 연구와 관련된 사항이라고 할 수 있다.

요약하자면, 냉전기 통합·공동체론을 주창한 선각자들은 동서 갈등 속에서 제한적이기는 하지만 칸트가 생각했던 연방과 같은 공동체를 실현하려는 노력을 기울였다. 사이버네틱스와 체계론은 이들이 평화에 이르는 길을 모색하는 데 유용한 과학적 모델이었다. 그리고 자유주의 전통에서 제기된 민주평화론은 칸트의 공화정론을 이어받은 창의적 이론으로서, 민주화의 조건에 관한 다변화된 연구와 민주국가 내 세력의 대표성에 관한 심층 분석이 필요하다는 과제를 남겼다.

2) 적극적 평화론

통합·공동체론이 전쟁 방지를 목표로 한 국가중심 접근인 반면에, 적극적 평화론은 모든 형태의 폭력을 부정하는 인간중심 접근이다. 적극적 평화라는 용어는 갈퉁이 창안해 그의 독자적 브랜드가 되었다. 볼딩과 도이치가 평화·갈등 연구를 과학화한 선각자임에도 갈퉁이 평화학의 선구자로 간주되는 이유는 평화의 대척 개념으로 폭력을 위치시키고 평화와 폭력의 범위를 확장시켜 설명했기 때문이다. 갈퉁은 전쟁만 폭력이 아니라 빈곤, 차별, 압박 등도 또 다른 폭력이라고 간주한다.

1930년 오슬로 태생인 갈퉁은 할아버지와 아버지가 의사고 어머니가 간호사인 의료인 집안에서 태어나 환경의 영향을 받으면서 자라났다. 그런 까닭에 후일 그는 평화와 폭력의 관계를 선과 악의 대립으로 보면서, 의사가 병의 근원을 도려내듯이 폭력을 적출해야 하는 것으로 믿었다(Tønnesson, 2012). 갈퉁이 평화 연구에 관심을 가진 계기는 1948년 마하트마 간디의 죽음이었다. 당시 17세였던 갈퉁은 슬픔을 감추지 못했는데, 간디의 비폭력 사상에 깊게 감명받고 있었기 때문이다. 갈퉁이 1951년 노르웨이에서 징집 명령을 받았지만 양심거부자가 되어 대체복무를 한 것도 간디의 영향과 무관하지 않다. 당시만 하더라도 노르웨이에 반전 주장과 전쟁 연구는 있었지만 평화에 대한 주창과 평화 연구는 존재하지 않았다. 이런 배경에서 갈퉁은 평화에 관한 전문가이자 실천가가 되기로 결심했다고 한다(PRIO, 2019). 그의 훌륭한 언변은 2가지 역할을 행하는 데 기여했다. 하지만 이 점 때문에 논란의 대상이 되기도 했다. 갈퉁은 오슬로대학교에서 수학박사와 사회학박사 학위를 받은 후, 오슬로평화연구소를 세웠으며, 1964년에는 『평화연구저널(*Journal of Peace Research*)』을 창간하고 국제평화학회의 창립에 참여했다. 그는 열정적 성격과 독창적 이론으로 평화학의 정립에 기여한 반면, 특유의 리더십 스타일로 연구소에서 논쟁을 불러일으키기도 했는데, 간디의 비폭력 사상을 강력하게 주장한 것이 하나의 예다. 그는 1969년 평화연구소장을 그만두지만 1977년까지 오슬로대학교에서 교수직을 유지하면서 오슬로를 평화 연구의 중심지로 부상하게 만들었다. 이후 그는 세계를 돌아다니면서 평화학의 확산과 평화 실현에 힘을 기울였다. 갈퉁이 오슬로를 떠난 것은 국경을 초월한 코즈모폴리턴(cosmopolitan)이 되려는 의도였는바, 1993년 트랜센드 인터내셔널(TRANSCEND International: A Peace Development Environment Network)이라는 조직을 창설해 연구와 실천을 병행했다.

갈퉁의 주장에서 주목할 것은 소극적 평화와 적극적 평화의 구분이다. 소극적 평화가 전쟁의 부재를 의미하는 반면, 적극적 평화는 구조적 폭력이 없는 상태를 말한다. 적극적 평화는 폭력의 유발 요소가 존재하지 않는 상태, 즉 사회정의가 실현된 상태다. 일상에서 흔히 쓰는 "전쟁과 평화"라는 표현에서는 전쟁이 평화와 대척 개념이므로 전쟁이 없으면 평화다. 하지만 갈퉁은 평화를 전쟁의 부재보다 더 넓은 의미로 파악한다. 이런 맥락에서 갈퉁은 1969년 발표한 논문에서 구조적 폭력이란 개념을 제시했다(Galtung, 1969). 구조적 폭력은 직접적 폭력은 아니지만 구조화 또는 제도화된 억압과 불평등으로 대다수 사람이 인식하지 못한 상태에서 발생한다는 점이 문제다. 구조적 폭력은 빈곤, 결핍, 박탈, 건강 문제, 조기 사망, 억압 등에 의한 사회적 부정의(social injustice)의 상태다. 갈퉁은 구조적 폭력과 동일 선상에서 문화적 폭력을 설명한다(Galtung, 1990). 문화적 폭력은 종교, 이데올로기, 언어, 예술, 과학 등에서의 상징 영역이 직접적 폭력 또는 구조적 폭력을 정당화하는 방식으로 나타난다. 문화적 폭력은 직접적 폭력과 구조적 폭력이 옳은 것처럼 보이게 하거나 그렇게 느끼게 하며, 또는 최소한 잘못되지 않은 것으로 보이게 하거나 느끼게 만든다. 문화적 폭력은 지속적이며 내면화된다는 해악을 지니고 있다. 갈퉁에 의하면, 폭력은 직접적 폭력, 구조적 폭력, 문화적 폭력의 트라이앵글 어디에서도 발생하며 다른 유형의 폭력으로 전이될 수 있다. 폭력 구조가 제도화되고 폭력 문화가 내면화되면, 직접적 폭력은 반복적이며 의례적인 것이 된다. 반대로, 폭력의 트라이앵글이 평화의 트라이앵글로 바뀌려면 사회정의가 실현되고 평화 문화가 정착되어야 한다. 적극적 평화, 구조적 폭력, 문화적 폭력 등의 개념은 전쟁 중심의 갈등 연구에 비판적, 대안적 시각을 제공해 주었다. 또 이들 개념은 연구자들과 실천가들에게 영감과 통찰력을 불러일으켰다. 특히 적극적 평화라는 용어는 평화와 폭력에 관한 거대담론을 이끌어 내기도 했고, 이제는 단순히 전쟁 부재가 아닌 폭력 유발 요소가 해제된 상태를 뜻하는 일반명사로 사용되고 있다.

이상과 같은 기여에도 갈퉁의 주장은 논쟁적이다. 갈퉁에 대해 가장 친절한 비판자는 평화학의 선각자인 볼딩이었다. 볼딩은 1977년 논문에서 갈퉁의 가치 지향이 감정적이어서 사회적 현상을 선과 악으로 구분하도록 만들고 이로써 평화학을 규범과학으로 성장시키는 데 장애가 될 수 있다고 지적한다. 또한 볼딩은 갈퉁의 적극적 평화와 소극적 평화의 구분이 오해의 소지를 안고 있다고 비판하는바, 2가지 평화가 상반되지 않으며 가치 측면에서 우열이 있는 것이 아니라는 것이다. 또 볼딩은 구조적 폭력을 제거하기 위해 마르크스주의와 유사한 분배적 평등을 지나치게 주장하게 되면 개인의 자유가 제약되고 희생될 수 있다고 지적한다. 볼딩은 빈부의 차가 불평등한 경제적 관계에서뿐만 아니라 상이한 사회적 및 문화적 과정에서 비롯된다는 점을 지적하고, 빈곤 문제를 지식·노하우·조직화에 의한 생산의 확장으로 해결해야 한다고 주장한다(Boulding,

1977). 요약하자면, 볼딩은 갈퉁의 적극적 평화와 구조적 폭력이 은유적 의미를 가질 수는 있지만 모델이 되기에는 미흡하다고 판단한 것이다. 그러나 볼딩의 비판 뒤 10년이 지나서 갈퉁은 볼딩이 착취와 압박의 구조적 폭력을 무시함으로써 세계의 반쪽만 보며 불안정한 평화만을 추구한다는 반박 논문을 출판했다(Galtung, 1987).

적극적 평화론은 평화 개념의 확장에 공헌한 동시에 동서 이데올로기 갈등 속에서 현실로 구현되는 데 한계를 지녔던 것이 사실이다. 전쟁 특히 핵전쟁 방지는 아직 평화학의 주요 어젠다였으며, 갈퉁은 마르크스주의자가 아니라고 했음에도 그의 적극적 평화론은 좌파적 이론으로 여겨지는 경향이 있었다. 아무튼 그의 이론은 평화학에 비판적 시각을 제시하는 데 공헌했다. 더 중요한 것은 냉전이 종식되고 국가 간 전쟁보다는 저발전, 인종 갈등, 외국인 혐오, 문명충돌이 국제질서를 훼손하는 상황에서 갈퉁의 적극적 평화론이 인간개발론 또는 인간안보론으로 재현되었다는 점이다.

3) 사회변혁론

냉전기 비판적 평화학의 전개에서 서구 지식인들의 마르크스주의 재해석이 공헌한 바를 빼놓을 수 없다. 1960년대 말부터 마르크스주의 지식인들은 인권운동, 학생운동, 반전운동의 소용돌이에서 『신좌파평론(*New Left Review*)』 저널을 통해 새로운 사회변혁론을 추구했다. 신좌파라고 불리는 이들 가운데 가장 유력했던 랄프 밀리밴드(Ralf Miliband) 중심의 분파는 사회변혁 투쟁에서 노동계급이 주체가 되어야 한다는 논리를 전개했다. 이와 달리 "포스트마르크스주의"를 주장하던 에르네스토 라클라우(Ernesto Laclau)와 샹탈 무페(Chantal Mouffe) 등은 마르크스주의의 계급환

원적 해석을 비판하면서 다양한 정치세력에 의한 급진적 민주주의를 주장해 서구에서의 신사회운동의 이론적 기반을 제공했다. 이들은 계급적 문제뿐만 아니라 페미니즘, 반핵, 반전, 환경, 인종 평등, 인권 등 다양한 이슈를 다뤘다.

신좌파 내 분파들 사이에서는 마르크스주의에 대한 입장 차만큼이나 사회변혁에 대한 접근에도 차이가 있었다. 예를 들어, 밀리밴드는 페미니즘이 왜 반드시 사회주의적, 계급투쟁적이어야 하는가를 정당화한다. 그에 의하면, 자유주의적 페미니즘이 평등의 가치에 근거해 노동의 공평한 분담을 주장하는 것은 옳지만 성 불평등의 근원을 전통과 편견에서 찾음으로써 문제의 궁극적 해결에 도달하지 못하는 한계를 드러낸다는 것이다. 그는 성 불평등 문제가 자유주의 페미니즘에 의해 일시적으로 해소된다 하더라도, 생산관계에서 착취가 계속되는 한 성 불평등은 구조화된 채 남아 있게 된다고 본다. 또 밀리밴드는 성차별의 정도가 계급적 지위에 따라 다른바, 노동계급의 여성이 남성 고용인으로부터 받는 불평등의 정도가 부르주아 여성의 경우보다 훨씬 심각하다고 본다. 따라서 계급적 관계의 해소만이 성 불평등의 근본적 해결책이라고 간주한다(Miliband, 1989: 100-103).

라클라우와 무페는 마르크스주의의 한계와 역사성을 인정해야 마르크스주의의 이론적 가치가 더욱 드러난다고 이해한다. 이들은 산업사회가 발전하고 사회관계가 복합화되어 사회적 갈등 구조가 변화되었다고 본다. 그 갈등 구조가 다원성(plurality)을 띠게 되고, 사회변혁의 주체와 대상도 다양해졌다는 것이다. 즉, 생산관계에 의한 적대는 여러 갈등 관계의 하나에 불과하게 되었다는 것이다. 라클라우와 무페는 『헤게모니와 사회주의 전략(*Hegemony and Socialist Strategy*)』에서 사회 갈등의 의미를 헤게

모니에 의한 종속적 질서가 아닌 개방되고 투명한 동등의 정치적 공간을 확장시키는 것이라고 본다. 이들은 갈등과 적대의 의미를 더 명확하게 하면서 이것이 사회변혁의 기초가 됨을 지적한 셈이다. 여기서 중요한 문제는 종속과 불평등에 대한 도전이라는 집단적 행동으로의 이행을 위해 필요한 담론의 조건이 무엇인가를 밝혀내는 것이라고 보면서, 그 조건을 급진적 민주주의란 개념을 통해 설명한다. 이들이 말하는 급진적 민주주의는 차이(difference)의 논리를 인정하는 체제다. 라클라우와 무페는 자유민주주의와 숙의민주주의는 합의(consensus)를 추구하는 것으로 인종, 의견, 계급, 성, 세계관 등에 관한 차이를 억압한다고 보고, 합의에 저항하는 여러 가지 차이와 반대 의견을 수용해야 한다고 주장한다. 이런 의미로 급진적 민주주의에서 "차이의 논리는 정치 공간의 확장 그리고 복잡성의 증대의 논리다"라고 말한다(Laclau and Mouffe, 1985, 130). 또 급진적 민주주의에는 특권을 지닌 주체도 없으며 평등을 추구하는 주체들로 인해 종속적 질서가 불가능하게 된다는 것이다. 라클라우와 무페가 차이의 확장에 의해 드러나는 억압적 권력관계들을 교정해야 한다고 본 점은 계급투쟁에 초점을 맞춘 밀리밴드식의 사회주의적 변혁론과 확실히 맥을 달리한다고 하겠다.

신좌파 이론가들은 그들의 연구를 평화학이라고 부르지는 않았지만, 평화학의 비판적, 논쟁적 지평을 넓히는 데 기여한 것으로 평가된다. 신좌파 내 분파들은 갈등, 적대, 투쟁 등의 용어를 다른 방식으로 사용하면서도 혁명이 수반하는 폭력을 배제했으며 그렇다고 보편적 인도주의를 지고의 가치라고 주창한 것도 아니었다. 신좌파의 사회변혁론은 성이나 인종과 같은 귀속적 정체성을 둘러싸고 전개되는 다양한 이슈 중심의 사회운동을 정당화했다. 특히 라클라우와 무페는 사회변혁의 주체를 계급

이외의 다양한 정체성을 지닌 사회 집단으로 확장시켰다. 이들은 자본주의와 자유민주주의에서 드러난 갈등의 다양성을 다루면서 신사회운동의 이론적 기반을 제공했다.

전후 자본주의의 변화에서 비롯된 신사회운동은 1980년 서독 녹색당의 출현으로 정치세력화하는 계기가 마련되었다. 녹색당은 1968년 학생운동에서 촉발되고 확산된 환경운동, 반전운동, 반핵운동, 인권운동의 산물로, 창당 이후에는 오염, 핵미사일 배치, 북대서양조약기구(North Atlantic Treaty Organization, NATO)의 군사행동에 반대하는 운동과 캠페인을 동시에 펼쳐 나갔다(Dalton, 1984). 그리고 녹색당은 1983년 연방의회에 진출함으로써 서독의 정치 질서에 새로운 도전이 되었다.

마르크스주의의 재해석 전통은 후일 다양한 분과 학문에서 평화와 갈등에 관한 비판적 분석을 자극해 기존의 전통적·서구적 접근 방식을 비판하면서 대안을 제시하는 흐름을 낳았다. "비판적 평화학"이라 불리는 이 흐름은 21세기에 접어들면서 풍미하게 되었는데 주로 갈등 후 평화구축과 관련한 자유주의적 분석에 대해 비판한다. 비판적 평화학은 마르크스주의를 표방하든 안 하든, 휴전, 무장해제, 선거, 권력 공유 등 서구적 제도화를 평화구축의 성공 요인으로 일반화하려는 입장에 비판적이며, 대신 역사적 특수성과 지역적 차이를 강조한다(Roberts, 2015; Graef, 2015; Peou, 2014). 또 마르크스주의의 재해석의 전통은 오늘날 "레드와 그린의 만남"이라는 표현으로 상징되는 생태사회주의의 등장에 영향을 미쳤다. 신좌파 이론과 신사회운동이 생태와 환경을 새로운 갈등구조 속에서 파악했다면, 오늘날의 생태사회주의자들은 원래 마르크스의 사상에 생태주의가 내재한다고 본 것이다.

3. 냉전 후 평화학의 발전: 계보 유지와 복합화

베를린 장벽의 붕괴로 상징되는 사회주의권의 대변혁과 함께 반세기 동안 지속되었던 냉전은 종식되었다. 하지만 환희는 일시적이었고 평화에 대한 기대감은 오래가지 못했으며, 세계화로 인해 상호 의존성은 높아졌지만 국가 간 그리고 사회집단 간 격차는 오히려 더 커졌다. 냉전 종식 후 평화와 갈등에 관한 새로운 주제들은 다음과 같다.

첫째, 국가 간 전쟁은 거의 사라졌지만 국가는 여전히 위협 주체로 남게 되었다. 인류 생존에 대한 핵위협은 냉전기와 다른 방식으로 나타나게 되었다. 바로 핵무기 확산(인도, 파키스탄, 북한, 이란의 핵 개발 그리고 암시장 연계), 극초음속 미사일 개발, 중거리핵전략협정(Intermediate-Range Nuclear Forces Treaty) 파기 등이다. 여기에 더해 사이버전이 국가 간 위협 요소가 되고 개인의 안보를 위협하며, 전통 방식에서 벗어난 하이브리드 전쟁 개념이 도입되기에 이르렀다. 각 국가는 기존의 전통적 의미의 주권에 더해 사이버 주권을 주장하게 되었다. 또한 리비아 내전 사례에서 보았듯이, 국가가 자국민을 보호하기는커녕 조직적인 인권유린과 대량살상의 주체가 되는 경우가 발생했다. 이 같은 문제들은 새로운 방식의 국제적 연대와 국가 간 협력을 요구하고 있다.

둘째, 국가 내 갈등과 살상이 국제사회의 중요한 문제로 등장했다. 르완다, 구(舊)유고슬라비아, 리비아, 시리아, 아프가니스탄 등의 내전은 국가 주권이 제대로 기능하지 못하는 상황에서 인종차별, 문명 갈등, 테러리즘이 새로운 폭력의 요소가 됨을 보여 주었다. 또한 민족주의도 평화적 공존을 직접적으로 위협하는 요소로 작용했는바, 독일 통일 후 동독지역에서의 외국인 혐오와 시리아 난민 수용 문제를 둘러싼 유럽 국가들의 포퓰리즘 정치가 그것이다. 이런 가운데 인간안보와 인도주의가 평화학의 전면에 등장하게 되었다.

셋째, 기후변화와 기술 발전의 파급효과는 인류의 생존과 관련한 지구적 문제로 인식되기에 이르렀다. 자연재해는 단순히 홍수, 가뭄에 그치지 않고 소외된 집단의 생존을 위협하는 단계에 이르렀다. 그리고 의학, 정보통신, 사이버, 인공지능의 발전은 예상치 못한 효과를 낳아, 유발 노아 하라리(Yuval Noah Harari)가 지적한 것처럼 인간은 거의 "신의 경지"에 도달한 동시에 탈지능, 탈도덕, 탈감성이라는 비인간화의 길을 걷고 있다(Harari, 2015: 43-58).

냉전 종식 후 이상과 같은 변화들은 인류에게 도전이 됨과 동시에 평화학에 새로운 소명을 부여하고 있다. 국가중심 접근, 인간중심 접근, 구조비판 접근의 평화학은 각각 안보공동체론, 인간안보론, 생태사회주의로 거듭 태어났다. 아울러 주목할 것은 평화학이 3가지 접근이 결합하고 융합해 복합성을 띠는 단계, 즉 복합적 평화학의 단계로 진입했다는 점이다. 복합적 평화학에서는 연구 주제가 3가지 중심의 경계를 넘나들면서 긴장을 초래하기도 한다. 예를 들면, 보호책임론과 평화구축론은 국가중심과 인간중심의 결합이며, 기후변화 논의는 3가지 접근을 망라한다. 그리고 여기에 관여하는 이론과 주장은 국가, 인간, 구조라는 기존 틀을 초월해야만 한다.

복합성에 기여한 요인으로는 '주체'로서 유엔의 역할이 확장된 점을 들 수 있다. 유엔은 평화유지 및 평화구축 활동과 인도적 개입의 임무를 주도, 조정하고 있다. 유엔은 참여국과 기구들의 합의를 유도하기도 하고 스포일러를 관리한다(김태균, 2020). 또한 기후변화협약, 비확산검토회의 등에서 유엔은 협의의 주체인 동시에 다른 주체들, 즉 국가, 비정부기구

등의 의견이 경쟁하는 장이 된다. 유엔은 주체로서 그리고 공론의 장으로서 지구적 차원의 갈등과 평화 문제를 다루는 데서 기존의 세 접근의 벽을 허물고 있으며, 유엔사무총장의 리더십은 과거보다 더 중요해졌다.

복합성의 또 다른 요인으로 평화학의 '대상'이 다양화되어 기존의 3가지 접근 중 하나만으로 설명할 수 없는 점을 들 수 있다. 예를 들어, 유엔이 중심이 된 보호책임 논의는 평화학의 중요한 연구 주제가 되어, 기존의 국가 주권 개념에 인간안보와 인도주의 관점이 새롭게 접합되었음에 주목해야 한다. 또 유엔, 국가, 비정부기구 등이 관여한 가운데 기후변화협약, 비핵지대(동남아시아 비핵지대, 중앙아시아 비핵지대, 몽골의 비핵지위), SDGs, 인도주의-개발-평화 연계(triple nexus) 등 안보와 개발을 둘러싼 다양한 문제가 제기되었다. 이에 관한 연구자들의 이론적 논의와 정책대안은 국가중심 접근, 인간중심 접근, 구조비판 접근이 서로 긴장하면서도 융합하는 과정에 있다.

1) 안보공동체론

냉전 종식 후 국제정치 분야의 이론 중에서 평화·갈등 연구에 가장 기여한 것으로 평가받는 안보공동체론은 구성주의 시각에 크게 영향받았다. 안보공동체론은 냉전기 통합·공동체론의 전통을 이어받아 국가간 관계를 중요 분석 대상으로 삼는다.

구성주의는 1980년 말 현실주의 이론적 가정을 비판하면서 등장해 안보, 경제, 환경, 사회, 문화 등 다양한 분야의 전지구적 현상을 설명하는 새로운 시각을 제공해 주었다. 구성주의는 1990년대 이래 이론적으로 정착하고 경험적 분석을 축적했으며, 1999년 알렉산더 웬트(Alexander Wendt)가 출판한 『국제정치의 사회적 이론(*Social Theory of International*

Politics)』을 정점으로 비판적 점검의 단계에 접어들었다. 기존 현실주의는 국가 간 관계를 무정부상태로 보고 이 상태가 영속하면서 국가의 행위를 제약하는 것으로 보았다. 대신 구성주의는 국제정치가 국가와 구조의 상호 작용 그리고 국가 간의 사회적 관계에 의해 구성되고 재구성되는 것으로 파악한다(신욱희, 1998; 전재성, 2010).

평화학의 발전 과정에서 구성주의가 가지는 의미는, 국가 간 협력이 생성되는 데 특히 정체성의 역할이 중요하며 정체성의 변화가 국제정치의 구조적 변화까지 초래할 수 있음을 보여 준다는 점에 있다. 웬트에 따르면, 한 국가의 정체성은 안에서 밖으로 그리고 밖에서 안으로 진행되는 동시적 과정에 의해 형성되며, 국가 간의 정체성에 상응하는 이익도 영속적으로 주어진 것이 아니다. 정체성과 이익은 중요한 상대가 어떻게 취급하는가에 대한 대응에서 학습되고 강화된다. 이런 미러링 과정에서 '자'는 '타'를 별개의 존재로 수동적으로 인식하는 것이 아니라 자신과 연루된 적극적인, 현재진행형인 구성 요소로 파악한다. 국가 간의 집단적 정체성은 같은 배를 타고 있다는 공동운명체 인식과 같은 것으로, 쌍방 간의 상호 작용 또는 제3자의 매개로 구성되기도 한다. 집단적 정체성의 변화는 옛 정체성이 사라지고 새로운 정체성이 나타나게 됨을 의미한다. 이것이 구조적 변화로서, 문화적 변화의 성격을 지닌다. 현재의 적을 경쟁자 또는 친구로 보게 되는 과정이 언어, 태도, 인식의 동질화 과정 또는 수용 과정과 같기 때문이다. 웬트는 이 문화적 변화가 쉽지는 않으나 가능하다고 역설한다(Wendt, 1999: 313-369).

임마누엘 아들러(Immanuel Adler)와 마이클 바넷(Michael Barnett)은 구성주의 관점에서 안보 공동체의 형성, 특히 집단 정체성의 생성 과정에 대해 논하고 안보 공동체가 안정된 평화(stable peace)를 가능하게 한다고 주장한다. 이들은 안보 공동체 연구가 현실주의 대 이상주의의 이분법을 벗어나, 진보적 이상주의와 최악 회피적인 현실주의를 절충하는 것으로 본다. 안보공동체론은 카를 도이치의 공동체 감각과 의사소통 개념을 더 진전시켜, 국가 간 사회적 학습과 신뢰를 통한 가치공유에 바탕한 안보 공동체를 경험적으로 분석한다(Adler and Barnett, 1998). 이들이 말하는 안보 공동체는 전략적 연대나 공식 동맹이 아니면서도, 분쟁 해결에서 군사적 수단에 의존하지 않는다는 규범을 포함한다. 이 규범은 강대국의 힘으로 세워지는 대신에, 약소국들에게 안보와 여타 혜택에 관한 기대감을 줄 수 있는 권위적 주체에 의해 세워져야 한다. 이 같은 안보공동체론은 지역 단위의 안보와 평화를 설명하는 데 유용하게 활용되고 있다(Williams and Neumann, 2000; Acharya, 2009).

아들러와 바넷을 비롯한 안보공동체론자들은 새로운 정체성의 형성 과정에 큰 관심을 둔다. 이들은 특히 상호 작용, 사회화와 사회적 학습, 신뢰, 초국가적 정체성의 개념을 발전시킨다. 상호 작용은 상징적, 경제적, 물질적, 정치적, 기술적인 것을 포함한 다양한 형태의 교환을 통해 이뤄지는데, 상호 작용이 양적, 질적으로 증진됨에 따라 집단적인 경험이 발생하고 사회적 변화가 일어난다. 이들의 주장 중 국제기구가 사회화와 사회적 학습에 기여하며 신뢰를 형성하는 계기를 마련한다는 점이 주목할 만하다. 이 점은 도이치가 주목하지 않은 대목인데, 아들러와 바넷에 의하면 국제기구는 평화적 지향성을 가진 것으로 여기서 각 국가가 서로 가르치기도 하고 배우기도 하는 사회적 학습을 통해 공유된 정체성을 생성하는 데 결정적 역할을 한다. 여기서 사회적 학습은 적응 또는 단순 학습이 아니라, 행위 주체가 현실을 관리하고 변화시키는 능력을 고양하는 과정이다.

그런데 안보공동체론을 일반화하는 데 가장 큰 문제는, 행위 주체든 제도든 가치든 정체성 형성 과정을 훼손하는 스포일러가 무엇인지 설명하지 않는다는 점이다. 냉전기에 디터 젱하스가 그의 억제 이론에서 적대의식이 내부의 환류 과정에서 증폭되는 것을 보여 준 데서 알 수 있듯이, 국가 간 신뢰 구축이나 정체성 형성에서 방해 요소를 해소하는 일이 쉬운 것만은 아니다. 예를 들어, 집단기억에 의해 불신이 지속될 수 있으며 이데올로기나 가치의 차이가 스포일러로서 국가 간 화해와 새로운 정체성 형성을 방해할 수 있다.

안보공동체론의 일반화의 한계를 의식한 듯 아들러와 바넷은 자신들의 이론이 사회구성주의적이면서 경로의존적이라고 대응한다. 사회구성주의적이라는 말은 위에서 설명한 바와 같이 사회화와 사회적 학습에 의해 국제정치가 새롭게 구성될 수 있다는 의미인 한편, 경로의존적이라는 말은 국제정치가 역사성을 지니고 있어서 초기 현상이 미미하든 무작위적이든 이후의 과정에 결정적 영향을 미친다는 뜻이다. 후자는 특히 복합세계론에서 설명하는 초기조건의 민감성(sensitivity to initial conditions)과 같은 것으로, 초기의 작은 차이가 최종적으로는 커다란 차이를 낳는다는 것을 의미한다.

2) 인간안보론

냉전이 종식되면서 국가안보 개념에 대비되는 인간안보 개념이 주목받았다. 개도국에서의 내부 불안정이 그 자체로 끝나지 않고 외부의 개입을 불러오는 사례가 발생해 주권국가 단위의 안보 개념이 다소 모호해지는 사례들이 있었다. 또한 개도국의 정치체제가 워낙 비민주적이어서 최고 지도자의 권력 독점과 지속을 뜻하는 체제안보(regime security)와 국가 수

권과 독립성 유지를 위한 국가안보의 구분이 불분명한 경우도 있었다. 그리고 자원 부족, 환경 파괴, 과잉 인구, 저발전 등의 비군사적 위협이 국가안보를 동시에 위협하는 요인이 되기도 했다(Acharya, 2018: Kindle loc. 4223-4255).

이런 가운데 1994년 유엔개발계획은 『인간개발보고서 1994(*Human Development Report 1994*)』를 발표하면서 인간안보 개념을 처음으로 공식화했다. 인간안보는 국가안보와는 대조적으로 각 개인의 안보를 우선시한다. 이 점에서 『인간개발보고서 1994』는 인간안보가 사람중심적(people-centered) 안보라고 명시하고 있다. 이 보고서 발표 이후, 인간안보는 경험 분석의 축적과 이론 논의의 심화에 힘입어 평화학에서 빼놓을 수 없는 분야가 되었다. 인간안보의 실현은 톨스토이가 말하는 사람중심의 사상을 구현하는 과정이기도 하고 갈퉁의 말과 같이 구조적 폭력을 없애 적극적 평화를 실현하는 과정이라고 할 수 있다.

인간안보의 개념적 연원은 포괄적 안보(comprehensive security)다. 포괄적 안보는 냉전기에 일본이 에너지, 식량 등 안보자원의 수급과 관련해 사용하기 시작한 개념으로 아시아적 전통을 지녔다고 말할 수 있다. 포괄적 안보는 냉전 종식 후 협력적 안보라는 개념으로 진화했는데, 이는 비군사적, 비전통적 위기를 광범위한 안보 어젠다 속에서 해결하려는 의도를 지녔다. 다시 말해, 인간안보 개념은 포괄적 안보와 협력적 안보를 배경으로 탄생했다(Acharya, 2018: Kindle loc. 4287).

인간안보는 사람을 위한 안보로서 크게 2가지로 구성되어 있다. 하나는 "욕구로부터의 자유"고, 다른 하나는 "공포로부터의 자유"다(UNDP, 1994: 24). 2가지 인간안보는 상이하기도 하고 보완적이기도 하다. 전자는 "개발에 바탕한" 인간안보인 반면, 후자는 "보호에 바탕한

(protection-based)" 인간안보라고 말할 수 있다(MacFarland and Khong, 2006). 따라서 전자는 사회·경제적 지원 또는 인간개발을 통해 기본적인 생활의 향상에 중점을 두는 반면, 후자는 취약한 시민들을 무장 갈등과 대량살상 등 폭력으로부터 보호하고 그 같은 상황에 외부로부터 개입하는 방식에 초점을 맞춘다.

"개발에 바탕한" 인간안보는 파키스탄 출신 경제학자 마후브 울 하크(Mahhub ul Haq)의 인간개발이라는 아이디어에서 비롯되었다. 하크는 라호르대학교와 케임브리지대학교에서 경제학을 공부하고 예일대학교에서 박사학위를 받았다. 케임브리지대학교에서는 인도 출신 경제학자인 아르마티아 센(Armatya Sen, 1998년 노벨경제학상 수상)과 만모한 싱(Manmohan Singh, 2004-2014년 인도 총리)과 동시대인이었다. 하크는 1989년 유엔개발계획의 특별고문역을 맡아 국제적 학자들로 팀을 구성해 1990년 이래 『인간개발보고서 1994』를 발행했다. 센은 패널 고문으로 참여해 하크와 함께 인간개발지표(Human Development Index)를 개발하는 주역이 되었다. 따라서 하크와 센이 『인간개발보고서 1994』에서 인간안보 개념을 공식화할 때 인간개발에 중점을 둔 것은 자연스러운 일이었다. 인간개발은 빈곤, 문맹, 질병, 차별, 정치적 자유 제한, 폭력 갈등 등 저발전 국가에서 나타나는 위협에 대처하고 이를 극복할 수 있는 인간의 능력을 신장시키는 데 주안점을 둔다.

그러나 캐나다 외교장관 로이드 액워시(Lloyd Axworthy)는 인간개발 중심의 인간안보 개념에 비판적이었다. 그는 『인간개발보고서』가 저발전에만 관심을 보이고 폭력 갈등으로 인한 인간안보 침해를 묵과한 것으로 보았다. 1997년 이래 액워시는 노르웨이 외교장관 크누트 볼레베크(Knut Vollebaek)와 함께 "보호에 바당한" 인간안보라는 협소한 의미의 인간안보를 강조했다. 두 외교장관의 협력은 캐나다와 노르웨이라는 서방 중견국가 사이의 인간안보 공조를 상징하면서, 유엔개발계획 주도의 "개발에 바탕한" 아시아적 인간안보 개념과 극명한 대비를 이루게 되었다. 다시 말해 서구적 인간안보와 아시아적 인간안보의 대비다.

캐나다와 노르웨이는 1997년 오타와 선언에서 대인지뢰 반대를 결의하고, 1998년에는 노르웨이 베르겐 앞 리쇼엔 섬에서 리쇼엔 선언(LysØen Declaration)을 발표했다. 이듬해 다시 베르겐에서 인간안보네트워크를 출범했는데, 여기에 13개국 대표와 함께 유엔난민고등판무관, 국제적십자위원회 등 국제기구 및 비정부기구들의 대표도 참가했다. 리쇼엔 선언과 인간안보네트워크는 중견국가와 약소국, 다양한 국제기구에 의한 개입과 압력으로 중요한 성과를 이뤄 냈다. 예를 들어, 2003년 로마규정에 의거한 국제형사재판소의 설치, 2005년 세계정상회의와 유엔총회에서의 보호책임 채택, 무장 갈등에서 아동과 여성의 보호에 관한 유엔결의안 채택 등 국제사회의 형사법 제도화에 기여했다(Axworthy, Vollebaek, Kuhnle, and Peou, 2014).

인간안보의 2가지 요소, 즉 "개발에 바탕한" 인간안보와 "보호에 바탕한" 인간안보는 서로 융합되지 않으면 안 되는 관계다. 둘 중 하나를 선택할 수 있는 성질의 문제도 아니며, 어느 하나가 다른 것의 전제 조건도 아니다. 이는 인간안보의 분석과 실천 대상이 되는 문제가 주로 저발전 사회에서 발생한다는 점에서 더욱 그렇다.

기존 국가안보에 대비되는 규범으로 등장한 인간안보가 많은 평화연구자를 매료해 온 것이 사실이다. 개발과 평화구축에 관한 주제들이 거의 모두 인간안보에 포함된다고 말할 수도 있다. 반면, 인간안보는 문제해결을 위한 정책적 성향을 가진 개념으로 그 자체로 이론이라고 부르기에는 미흡한 측면이 있는 것도 사실이다. 실제 인간안보를 실현하기 위해서는 정부와 국제기구의 역할을 기대하지 않을 수 없다(Newman, 2017). 인간개발 목적의 인도적 지원에서 공여국 정부의 의지와 역할은 아직도 막강하며, 공포로부터의 자유를 위해서는 유엔안보리, 국제형사재판소 등 국제기구의 역할과 함께 관련 국가 정부들의 관여가 불가피하다.

3) 생태사회주의

냉전 종식은 마르크스·레닌주의 이데올로기의 쇠퇴를 수반했고 의회사회주의 세력의 약화를 가져왔다. 그러나 마르크스주의자들은 생태와 관련 재해석을 모색하게 된다. 냉전 절정기 신좌파가 계급중심적 설명에서 벗어나 생태, 환경, 반핵, 인권 등 분야의 사회변혁론을 제기했던 흐름의 연장선상에서, 냉전 말기부터 시작해 냉전 종식과 더불어 "적색과 녹색의 결합", 즉 마르크스주의와 생태주의의 만남이라는 새로운 변화가 시작되었다. 기존 신좌파에서의 생태와 생태사회주의에서의 생태는 어떻게 다른가? 신좌파의 라클라우와 무페는 서구 자본주의사회에서 갈등의 다원성을 논하는 가운데 생태를 포함하면서 고전적 마르크스주의와의 차별성을 드러냈다. 이와 달리 생태사회주의자들은 마르크스의 사상 안에 있으나 아직 설명되지 않았던 생태주의적 요소를 끌어내는 데 초점을 두었다. "적색과 녹색의 결합"으로 생태사회주의 또는 생태적 사회주의(ecological socialism)가 하나의 이론으로 등장했고, 이와 관련한 논의를 제임스 오코너(James O'Connor), 폴 벌켓(Paul Burkett), 존 벨러미 포스터(John Bellamy Foster), 데이빗 페퍼(David Pepper), 크리스 윌리엄스(Chris Williams), 고헤이 사이토(Kohei Saito) 등이 이끌었다.

오코너는 생태운동(또는 환경운동)과 마르크스주의 사이의 이론적 대화를 시도했다. 또 생태사회주의에서는 사회가 생태적으로 합리적이고 민감해야 하며, 생산수단과 정보 등이 민주적 통제하에 놓여야 하고, 높은 수준의 사회경제적 평등, 평화와 사회 정의가 이뤄져야 하며, 토지와 노동이 탈상품화되어야 한다고 말했다(O'Connor, 1998: 278). 오코너가 생태사회주의를 처음으로 정의한 셈이다. 그에 의하면, 자본주의에서는 토지 사용과 노동 분화가 자본가의 이윤 창출을 위해 종속되는 구조이며 여기서 생태 다양성과 생태 보호 등이 희생될 수밖에 없다는 것이다. 즉, 자본주의는 자연과 노동을 모두 자본화함으로써 생산과 재생산의 사회적, 물질적 조건이 파괴적으로 변화한다고 본다. 오코너가 노동과 생태를 병렬로 놓고 마르크스주의를 해석한 것에 대해, 이후의 생태사회주의자들은 그가 마르크스를 반생태주의자인 것처럼 오해받도록 만들었다고 비판하기도 한다.

윌리엄스는 오코너와 유사한 관점을 보이면서 자본주의가 왜 생태파괴 특히 기후변화의 주범이 되는가를 설명한다. 윌리엄스는 "자본주의가 강제적으로 우리 자신과 지구로부터 우리를 소외시킨다. 자본주의 체계는 효과적으로 지구를 더 많은 생산과 부의 축적을 위한 거대한 기계로 만들고 있다. 원료, 에너지, 노동자는 점점 더 많이 이익 창출이라는 거대한 기계의 목에 쏟아부어진다"라고 말하면서, "생태 파괴 위기로부터 자유로운 생산 체계로 전환되기 위해서는 자본주의에 대한 투쟁, 즉 인간과 자연의 상품화에 대한 투쟁을 강화해야 한다"라고 주장한다(Williams, 2010: 230, 234). 무제한 생산과 축적의 자본주의적 욕구는 필요 이상의 양을 생산하도록 하는 만큼, 낭비는 우연한 결과가 아니라고 본다. 다시 말해 낭비도 자본주의 구조에 내재해 있다고 본다.

오코너와 윌리엄스와는 달리, 벌켓과 사이토는 마르크스주의에 생태주의가 내재해 있었다고 적극적으로 해석한다. 먼저 벌켓은 마르크스주의의 유물론적 기반하에서 이미 생태 실천이 논의되었으며 자본주의의 생태 파괴적 행위에 대한 대안으로 사회주의를 제안한 마르크스의 기여를 이해해야만 한다고 역설한다. 벌켓은 자연을 자본으로 보는 자본주의는 엔트로피 법칙에 의해 결국 무질서에 빠질 것이라고 지적한다. 그는 자본주의 방식의 지속 가능한 개발은 생태 파괴를 막을 수 없으며, 사회주의, 공산주의가 생태를 존속시키고 지속 가능한 인간개발을 가능하게 하는 대안이라고 주장한다(Burkett, 1999/2014 & 2009).

사이토는 2017년 출간한 『카를 마르크스의 생태사회주의(*Karl Marx's Ecosocialism*)』에서 자연과학과 생태에 관한 마르크스의 노트들에서 환경 또는 생태 위기가 인간-자연 관계의 붕괴에서 온다는 마르크스의 설명을 밝혀낸다. 예를 들어, 마르크스의 『파리 노트(*The Paris Notebooks*)』에서 자본주의가 토지재산의 완전한 상품화를 추구함에 따라 발생하는 노동의 소외, 구체적으로는 인간과 토지 사이의 결별에 주목한다(사이토, 2017: 59-84). 봉건사회에서 영주는 농노의 노동을 전유하며 토지를 사유화했던 한편, 농노가 영주에 충성하는 관계는 인간적으로 "친밀한 측면"을 띠었다. 농노는 법적으로 비독립적이지만 토지를 통한 생산 과정에서 자유를 보장받았다. 그러나 근대로 넘어오면서 "친밀한 측면"이 사라지는데, 토지가 상품이 되어 노동자와 토지의 관계가 자본가의 부를 축적하는 수단으로 재조직화되었기 때문이다. 여기서 원래 통합되어 있던 인간과 토지가 결별하게 되었다는 것이다. 인간과 토지의 결별은 1858년의 『정치경제학비판요강』과 이후의 『자본론』에서 되풀이된다. 사이토는 마르크스의 입을 빌려 사회주의 협동농장만이 노동의 소외를 해소하고 인간과 토지의 "친밀한 관계"를 재구축할 수 있다고 지적한다.

"적색과 녹색의 결합"으로 요약되는 생태사회주의는 마르크스주의의 생태주의적 해석으로서 자본주의가 생태 파괴적일 수밖에 없다는 비판적 입장을 취한다. 기후변화와 같은 지구적 문제를 논의하는 데서 생태사회주의는 시장중심형, 소비중심형, 자원소모형, 리스크감수형 발전과 생활 방식에 문제를 제기한다. 우리가 마르크스주의에 동조하든 안 하든, 이 같은 비판의식은 기후변화와 생태 파괴의 위기를 극복하기 위해 주목할 만한 가치가 충분하다.

4) 복합화1: 보호책임론

보호책임 개념은 인간중심 접근과 국가중심 접근 사이의 긴장된 타협의 산물이라고 할 수 있다. 보호책임은 베스트팔렌 조약 이래 발생한 주권 개념에 관한 중요한 변화라고 평가되기도 한다. 반기문 유엔사무총장이 제시한 2009년 '보호책임의 적용(Implementation of Responsibility to Protect)'이라는 보고서에 의하면, 보호책임은 다음의 3가지 요소로 구성되어 있음을 알 수 있다. 첫째, 모든 국가는 제노사이드, 전쟁범죄, 인종청소, 반인도적 범죄로부터 자국의 국민을 보호할 기본 책임을 지닌다. 둘째, 국제사회는 각 국가가 위의 4가지 범죄로부터 자국민을 보호할 능력을 양성하도록 돕는다. 셋째, 어느 국가가 명백히 자국민을 보호하는 데 실패할 때 국제사회는 위의 범죄를 방지하고 중단시키기 위해 시의적절하고 결단력 있게 행동할 책임이 있다.

보호책임 개념은 1990년대 중후반 르완다, 스레브레니차, 코소보 등에서의 대량학살 행위에 대해 국제사회가 제대로 대응하지 못했다는 반성에서 비롯되었다. 코피 아난(Kofi Annan)은 1997년 유엔사무총장으로 임명되자 기존의 주권 개념이 인권적, 인도적 측면에서 한계가 있음을 지적했다. 인간안보, 특히 "보호에 바탕한" 인간안보를 주창하던 캐나다의 액워시는 2000년 개입과 국가 주권에 관한 국제위원회(International Commission on Intervention and State Sovereignty, ICISS)를 개최했고 이듬해 '보호책임(The Responsibility to Protect)'이라는 ICISS 보고서를 발간하는 작업을 주도했다. 이 보고서는 보호책임과 관련해 개입을 보다 정당화하는 계기를 마련했다. 하지만 보호책임과 관련한 개입이 주권의 침해는 아닌가, 국제사회의 책무로서 당연한가 하는 논쟁을 낳았고, 특히 군사력을 이용한 인도적 개입과 관련 국제법 학계와 유엔에서 논쟁이 계속되었다.

마침내 2005년 유엔이 개최한 세계정상회의(World Summit)는 보호책임 논의의 분수령을 이뤘다. 이 회의는 보호책임에 관한 결과보고서를 내놓았는바 모든 국가는 제노사이드, 전쟁범죄, 인종 청소, 반인도적 범죄라는 4가지의 폭력으로부터 국민을 보호할 책임이 있다고 명시했다. 즉, 결과보고서는 ICISS보고서와는 달리 4가지 범죄에 한정하고 다른 인권유린 상황은 제외한 것이다. 결과보고서는 국제사회의 개입 기준에 대해서는 언급하지 않았으나, 138항과 139항에서 유엔안보리가 인도적 개입을 승인하는 유일한 주체임을 밝혔다. 결과보고서는 "평화적 방법이 부적절하고 해당국가 당국자가 4가지 범죄로부터 자국민을 보호하는 데 명백하게 실패한다면, 우리들[정상회의 참가국들]은 시의적절하고 결단력 있게, [유엔]안보리를 통해, 그리고 [유엔]헌장 7장에 따라 집단적 행동"을 취한다고 명시했다.

2007년 부임한 반기문 유엔사무총장은 "좁고 깊게(narrow and deep)"라는 구호 아래 보호책임을 정책화하는 계기를 마련했다. 유엔사무총장의 2009년 보고서는 앞에서 언급했듯이 보호책임의 세 부분을 명확히 정의했고, 2012년 보고서는 세 부분 모두 똑같이 중요하며 보호책임이 주권을 약화시키기보다는 강화시킨다는 입장을 내놓았다. 이는 각국이 자국민을 보호할 책임을 지녀야 하고 그 능력을 키워야 하며 실패할 경우 국제사회의 개입이 있게 됨을 인식함으로써 주권 옹호를 위한 보다 명백한 지침을 갖게 되었다는 입장이라고 할 수 있다. 보고서는 이런 맥락에서 보호책임을 "주권의 친구(ally of sovereignty)"라고 표현했다(Bellamy, 2013). 이후 매년 유엔사무총장은 보호책임 관련 보고서를 발간하는바 그 내용은 조기경보의 필요성(2010), 유엔과 지역협력체와의 유기적 협력(2011), 적시의 단호한 대응(2012), 국가책임과 예방(2013), 국제사회의 집단적 책임(2014, 2016), 지속적 적용(2015), 예방의 의무(2017), 조기경보와 조기행동(2018), 예방을 위한 교훈(2019), 여성보호(2020) 등 다양하다.

보호책임은 조직적이고 체계적인 비인도적 범죄를 차단하려는 규범으로서 의미가 크지만 그 적용 과정에서 도전을 받고 있다. 먼저, 국제사회의 집단행동과 주권 사이의 관계에 대한 논란이 지속되고 있다. 보호책임에서 무력 사용을 수반한 개입은 최후의 수단인데, 이런 경우라도 원래 의도한 보호책임을 수행한 것인지 아니면 주권까지 침해한 것인지를 둘러싼 논란이 지속되어 왔다.

2011년 리비아 사례는 이 논란의 중심에 있다. 무아마르 알 카다피(Muammar al-Gaddafi)가 자국민에게 광범위한 체계적 폭력을 가하자 유엔안보리는 보호책임을 인용해 '유엔안보리결의안 1970'을 채택하고 제재를 가했을 뿐만 아니라 국제형사재판소에 당시 상황을 언급하기로 결정했다. 곧이어 중국과 러시아가 불참한 가운데 채택된 '유엔안보리결의안 1973'은 리비아에 대한 비행금지구역 설정, 지상군 주둔을 제외한 필요조치 허용, 무기금수 등의 내용을 담았다(United Nations Security Council, 2011). 그러나, 프랑스의 공습으로 보호책임의 실현이 위기를 맞게 되었다. 공습에 의한 민간인 피해 의혹이 제기된 데다 중국과 러시아가 북대서양조약기구의 군사적 행동이 체제전환 목적으로 변질되어 주권을 침해했다고 비판했다. 이후 중국과 러시아는 주권 보호라는 명분 아래 군사적 행동을 거부하게 된다. 2011년 시리아 내전과 관련, 유엔안보리에서 보호책임을 이유로 결의안 채택을 논하자 중국과 러시아는 불참이 아니라 거부권을 행사했다. 결국 시리아 내전은 보호책임이 실현되지 못한 상태에서 더욱 격화되어, 지난 10년 동안 민간인 사망자 38만 명과 난민 1,200만 명(국내와 국외 포함)을 발생시켰다(김승욱, 2021).

보호책임의 주권 침해 여부에 관한 논쟁에서 핵심은 군사적 행동에 관한 것이며, 이를 둘러싸고 유엔안보리 상임이사국들 간의 갈등이 발생했다. 이는 2가지를 의미한다. 하나는 유엔이 보호책임 개념을 확립하고 정책화하는 데 중심에 섰으면서도 유엔안보리가 보호책임과 주권이 충돌하는 장이 되었다는 점이고, 다른 하나는 보호책임과 주권의 상충은 단순한 법적 차원의 문제가 아니라 강대국 간의 이해 갈등 문제라는 점이다. 이 같은 문제가 해결되지 않은 까닭에, 2021년 미얀마의 군부 쿠데타 세력에 의한 무차별적 시민 살상에 대해 국제사회는 아무런 행동을 취하지 못한 것이다.

보호책임은 그 적용 범위에 있어서도 한계를 드러낸다. 제노사이드, 전쟁범죄, 인종 청소, 반인도적 범죄에 속하지 않는 상황, 예를 들어 재난 시 발생하는 비인도적 상황은 보호책임의 대상에서 제외된다. 국가가 보호책임을 행하지 못함은 물론 반인권적 방치를 한 경우에도 국제사회는 국가 주권이라는 명분 때문에 속수무책이 된다. 즉, 독재정권이 주권 보호를 이유로 자연, 사회, 의료, 기술 재난의 피해자들에 대한 외부로부터의 인도주의 지원을 거부할 경우, 국제사회는 개입할 수 있는 국제법적 근거 또는 규범이 없다. 2009년 사이클론 나르기스(Nargis)로 미얀마에서 10만 명가량이 사망했는데도 미얀마 정부는 인도주의적 국제기구 요원들의 입국을 거부했으며 국제사회는 마땅한 대안을 찾지 못한 채 입국 승인을 기다려야만 했다.

5) 복합화2: 기후변화 대응

기후변화에 관해 체계적인 이론이 존재하는 것은 아니지만 국가중심, 인간중심, 구조비판 접근이 혼재된 것으로 보인다. 다시 말해, 지구적, 인류적 문제를 해결하기 위한 노력이 세 접근 사이에서 경쟁적으로 진행되고 있으므로 연구 지평이 무한히 확장될 수 있다.

기후변화가 지구적 문제로 관심을 받기 시작한 냉전 종식 직후, 유엔은 논의의 중심에서 선진국과 개도국의 협력을 유도해 왔다. 기후변화와 관련한 최초의 국제적 합의는 1992년 브라질 리우데자네이루에서 채택한 기후변화에 관한 유엔기본협약(United Nations Framework Convention on Climate Change, UNFCCC, 기후변화협약)으로, 이산화탄소를 비롯한 온실가스를 통제해 지구 온난화를 방지하려는 목적을 지녔다. 1997년 지구온난화방지 교토회의는 위의 협약을 시행하기 위해 교토의정서(Kyoto Protocol to UNFCCC)을 채택했다. 우여곡절 끝에 2005년에 의정서가 발효되어 참여국들이 온실가스 배출량을 의무적으로 제한하기로 했으나 각국의 이해관계로 실행에 어려움이 있었다. 미국은 교토의정서가 발효되기 전 기후변화협약에서 탈퇴했고, 중국과 인도는 개도국으로서 시행 대상에 포함되지 않았으며, 캐나다, 일본, 러시아는 발효 이후에 탈퇴했다. 이런 가운데 2015년 유엔기후변화회의에서 채택한 파리협정(Paris Agreement)은 정책적 의미에서 큰 의미를 지니고 있다. 파리협정에는 196개 국가 또는 조직이 참여했으며, 지구 평균온도를 산업사회 이전 대비 2도 아래로 유지하기로 합의했다(UN, 2015). 파리협정의 의의는 미국, 중국, 브라질, 인도, 유럽연합 등 주요 당사자들이 협정에 비준했으며, 2016년 11월에는 기후변화협정으로는 최초로 포괄적 구속력을 갖게 되었다. 미국은 2017년 탈퇴했다가 2021년 재가입했다.

파리협정을 중심으로 국가중심, 인간중심, 구조비판 접근은 각기 기후변화의 원인과 대응책을 밝히는 논의를 진행하고 있다. 국가중심 접근에서 보면, 온실가스 배출 감축을 위한 거버넌스 구축에서 국가 간 협력이 절실하며 이 문제의 해결에 친화적인 국내 정치적 여건이 중요하다. 인간중심 접근에서는 기후변화협정이 인간안보에 부합해야 하므로, 이를 위한 사회적 정의와 규범에 관한 논의가 절실하다. 또 구조비판 접근에서는 온실가스 배출의 증가는 산업화의 결과이며 동시에 소비를 촉진하는 자본주의에서 비롯되는바, 이런 구조적 문제에 대한 비판적 분석이 선행되어야 한다고 본다.

세 접근이 이론적으로 융합되려면 넘어야 할 산이 많다. 첫째, 국가중심 접근에서는, 기후변화의 정치, 구체적으로 민주주의가 기후변화 대응에 얼마나 기여할 수 있는가는 아직도 중요한 연구 주제로 남아 있다. 민주국가 간 전쟁 부재는 정설로 받아들여지지만, 기후변화에 관한 국제협력에서 민주주의의 영향이 확실히 입증되지 않은 상태다. 한 연구는 민주주의와 기후변화 대응 사이의 비선형적 관계를 밝히고 있는바, 참여민주주의이든 숙의민주주의이든 민주주의가 정책 결정의 효율성을 무한정 보장하는 것은 아니라고 한다(이재현, 2019).

둘째, 인간중심 접근에서, 기후변화에 대한 대응은 인류가 접한 사회적 정의의 중요한 시험대라고 할 수 있으며, 이런 의미에서 기후변화

정의(climate change justice)가 하나의 개념으로 부상했다. 기후변화가 자연적 이상 현상이 인위적, 사회적, 문명적 요소와 결합한 산물인 만큼, 기후변화로 인한 사회적 갈등, 격차 심화, 국제적 불안정을 해소하기는 용이하지 않다. 기후변화 정의는 이 같은 갈등과 차등을 예방하고 차단해야 한다(김현섭, 송지우, 주병기, 허은녕, 2019). 또한 인간안보를 위해 유엔개발계획이 인간개발지표를 만들어 저발전 사회의 기본적 욕구의 해결에 대응했듯이, 기후변화에 대한 적절한 대처에는 선진국의 개도국에 대한 재정적, 기술적 지원의 성과지표 개발도 필요할 것으로 보인다.

셋째, 구조비판 접근, 즉 생태사회주의 관점에서는 자본주의의 속성 자체를 기후변화의 유일한 원인으로 파악하는바, 이는 결코 문제 해결을 위한 최상의 방식은 아니다. 선진국은 물론 대부분의 개도국도 시장경제를 운용하고 있으며, 양자 관계는 공급사슬에 의해 연계성과 의존성이 점점 높아지고 있다. 따라서 생태사회주의는 친생태적 기술의 발전과 공유를 위한 대안적 제도를 제안해야 할 것이다.

요약하자면, 기후변화와 관련해 세 접근이 경쟁적, 비판적으로 분석하는 상황은 매우 바람직하다. 그러나 기후변화가 다면적인 지구적 문제이므로 대응도 복합적이어야 하는바, 세 접근은 경험적 분석과 비판적 대안을 결합하는 노력을 심화해야 한다.

4. 마치며

칸트, 톨스토이, 마르크스의 사상에서 비롯된 세 접근을 중심으로 현대 평화학의 계보와 발전 과정을 분석하고 복합화하는 경향을 살펴보았다.

결론에서는 평화학의 발전에 관한 종합적 평가와 함께 향후 과제에 대해 언급하고자 한다.

국가중심, 인간중심, 구조비판 접근은 독립성을 유지하면서 평화학 내에서의 전문성(expertise)을 높이는 데 일정하게 기여했음을 인정해야 한다. 물론 각 분과 학문은 학문적 성격에 따라 세 접근 중 하나를 통해 평화적, 비평화적 현상을 설명하는 경향을 띠며, 따라서 각각의 현상이 분절화되어 보이기도 하고 편파적으로 보이기도 한다. 이는 다학제적 학문으로서의 평화학의 한계인 동시에 평화학이 더 발전할 여지가 있음을 의미한다. 반면, 전문성 차원에서 보면 각 접근은 분석적, 경험적 설명의 수준을 분명히 높여 주었다. 칸트의 연방과 공화정에 관한 논의는 안보공동체론과 민주평화론 등으로 발전했으며, 톨스토이의 비폭력주의는 적극적 평화, 인간안보, 인간개발이라는 개념으로 거듭났다. 마르크스주의는 다원적인 사회운동을 설명하며 생태주의와 융합하고 있다. 각기 다른 접근의 개별성과 독창성은 다차원적이며 심화된 분석의 틀을 제공해 주는 데 기여했다. 각 접근은 인식과 이념에서 상이하지만, 지구적 문제들을 분석하고 처방을 내린다는 공통점을 지닌다. 즉, 각 접근은 경쟁하면서도 인류의 공통적인 문제들을 탐구하고 있다. "지구적 갈등 문제에의 경쟁적 접근"에서 전문성의 중요성은 새삼 강조해도 지나치지 않다.

위에서 말한 전문성의 이점을 감안하면서도 갈등과 평화의 복합성에 대한 이해 또는 복합적 인식을 제고해야 할 필요성이 있음을 간과해서는 안 될 것이다. 오늘날 평화학은 냉전 시대의 분업화된 양상에서 벗어나 각 접근 사이의 개방과 결합으로 새로운 개념과 이론이 생성되고 있다. 평화학은 이제 복합성의 단계에 진입한 것이다. 그러나 현재의 복합화 노력이 최종적이거나 성숙된 것은 아니며, 각 접근의 경계를 초월한 논의가 지속되고 심화되어야 할 것이다.

보호책임의 예를 들어 보자. 보호책임은 국가중심 접근과 인간중심 접근 사이의 경계를 넘어선 개념으로, 특히 주권의 책임성과 보호 대상에 관한 새로운 인식의 결과로 탄생했다. 보호책임은 냉전 종식 후 국가에 의한 폭력 또는 국가 내 집단 간 폭력 갈등에 관한 복합적 문제의식을 끌어내는 데 기여했다. 그리고 보호책임에 관한 이론과 정책의 발전에 중견국가와 유엔이 기여한 점을 빼놓을 수 없다. 하지만 보호책임이 이론적, 정책적으로 성공했다고 말할 수 없다. 리비아 내전 시 보호책임이 유엔안보리에서 인용되어 무력 사용을 포함한 인도적 개입이 행해졌지만 주권침해와 시민 희생의 논란이 제기되었으며, 그 결과 시리아 내전과 관련해서는 보호책임이 인용되지 못했다. 보호책임은 최종 수단인 무력 사용 부분에서 논쟁적인바, 강대국들이 보호책임의 실현을 방해하는 스포일러다. 보호책임이 성과를 거두려면, 유엔헌장 7장 무력 사용과 관련한 해석을 중심으로 심화된 논의가 진행되고 특히 강대국 간의 합의가 이뤄져야 할 것이다.

복합적 평화학이 성공하기 위해서는 전체론적(holistic) 사고를 가지고 사건이나 현상의 사이클을 주시해야 할 것이다. 반(反)아사드(al-Assad) 시위로 촉발한 시리아 내전으로 인한 인도주의적 위기를 예로 들어 보자. 내전은 난민 1,200만 명을 낳았고, 이는 유럽에서 난민에 대한 반감을 초래했다. 특히 영국에서는 브렉시트의 시발점이 되기도 했다. 인도적 개입에 관한 논의를 둘러싼 미, 중, 러, 유럽 간 이해대립의 와중에 이슬람국가(Islamic State of Iraq and al-Sham, ISIS)는 국가 수립을 선포했고 쿠르드족의 거취와 관련 튀르키예도 분쟁 당사국이 되었다. 즉, 초기 시위의 원인 제공자였던 아사드 독재체제는 그대로 존속한 채, 내전은 세계 최대 규모의 난민, 쿠르드족 문제, 천연자원의 정치화, 유럽의 국내 정치, 강대국 정치 등 다양한 갈등 상황을 초래했다. 전체론적 관점에서 시리아 내전의 사이클을 보면, 각 주체의 역할(아사드 정권, 반정부조직, 강대국, 유엔)과 분석 대상의 다양성(난민, 소수민족, 자원, 인도적 개입, 보호책임) 등이 드러난다. 전체론적 사고는 복합적인 갈등의 해결에 관한 실마리를 제공하며, 각 분야의 전문성이 어떻게 결합되어야 하는가를 암시해 준다.

평화학은 가치에 관한 연구에도 힘을 기울여야 한다. 아직까지는 공존, 신뢰, 소통, 공정, 법치, 화해, 통합 등의 가치가 평화 또는 갈등과 관련해 심층적으로 논의되고 있지 않은 실정이다. 물론 이 같은 가치는 평화학 연구가 아니더라도 타 분과 학문의 중요한 연구 대상이다. 이들 가치가 평화의 장애물을 제거해 주기도 하며, 갈등 예방과 해결의 지침이 되기도 하고, 실천의 동력이 될 수 있는 바, 평화학은 가치에 관한 심도 있는 논의를 전개해야 할 과제를 안고 있다.

한반도 문제와 관련해, 특수성에 대한 이해가 평화학의 보편성 추구와 결합되어야 할 것이다. 특수성과 보편성의 결합은 천을 날줄과 씨줄로 짜야 하는 것과 같다. 예를 들어, 북한 인도주의와 인권이라는 주제는 개발과 인권 사이의 연계성을 분석해 보고, 유엔 결의와 국제법에 근거한 논의에 개입하기도 하며, 이행정의에 관한 다양한 화해적 접근에서 제기되는 개념들과 연계해 분석해야 할 것이다. 특수성과 보편성의 결합에 의해 탈북자 연구도 난민 연구와의 연계에서 이뤄져야 한다. 탈북자의 사이클을 보면, 북한 이탈의 기획으로부터 월경을 거쳐 다양한 경로로 수용 국가에 도달하며 적응 또는 부적응의 과정을 거쳐 때로는 제3국으로 입국하는 경우도 있다. 탈북자의 사회계급적 배경과 탈북 동기는 체제 내의 문제에 해당하지만, 경계신상에서의 인권침해와 경로 국가들의 대응은 인도주의와 난민 관련 법제도 및 정책과 관련된 주제다. 여기서 인간안보와 경로 국가의 주권이 교차하거나 상충하는 측면이 있다. 수용 국가 내에서의 적응은 문화적 정체성과 인간개발의 차원의 주제로서, 난민이나 이주의 사례와 비교할 수 있는 사안이다. 탈북자 연구는 기존 접근과 난민 연구와의 보완성, 상충성을 살피면서 이론적 수정을 할 수 있다. 한마디로, 한반도에서의 평화학은 일반화를 추구하는 학문적 임무에 충실하고 방법론을 통한 학제적 소통이라는 소명에 따름으로써 성과를 이룰 수 있다.

참고문헌

김성철. 2013.「냉전기 핵통제 인식공동체의 형성」.『평화학연구』14(1): 29-52.

김성철. 2021.「평화학의 진화: 연원, 계보, 복합화」.『통일과 평화』13(2): 5-78.

김승욱. 2021.03.12.「시리아 내전 10년」.『연합뉴스』. https://www.yna.co.kr/view/AKR20210311190600108.

김태균. 2020.「한반도 전략적 평화를 위한 시론」. 김태균 외.『한반도 평화학: 보편성과 특수성의 전략적 연계』. 서울: 서울대학교출판문화원.

김현섭 외. 2019.「파리기후변화협정 하에서 한국의 공정하고 효율적인 기후변화 대응 방안에 대한 시론」『한국혁신학히』14(3): 301 330.

신욱희. 1998.「구성주의 국제정치이론의 의미와 한계」.『한국정치학회보』32(2): 147-168.

이재현. 2019.「지구적 기후변화와 민주주의의 비성형성: 170개국 패널 데이터를 중심으로」.『국제정치논총』59(3): 199-228.

전재성. 2010.「구성주의 국제정치이론에 대한 탈근대론과 현실주의의 비판 고찰」.『국제성지논총』50(2): 35-64.

Acharya, Amitav. 2009. *Constructing a Security Community in Southeast Asia: ASEAN and the Problem of Regional Order*. London: Routledge.

Acharya, Amitav. 2018. *Constructing Global Order: Agency and Change in World Politics*. Cambridge: Cambridge University Press.

Adler, Immanuel. 1998. in Micheal Barnett (ed.), *Security Communities*. Cambridge: Cambridge University Press.

Alker, Hayward R. 2011. "The Powers and Pathologies of Networks: Insights from the Political Cybernetics of Karl W. Deutsch and Norbert Wiener." *European Journal of International Relations* 17(2): 354-378.

Axworthy et al. 2014. "Introduction: Human Security at 20—LysØen Revisited." *Asian Journal of Peacebuilding* 2(2): 143-149.

Bellamy, Alex J. 2013. "The Responsibility to Protect." in Paul D. Williams, (ed.), *Security Studies: An Introduction* (pp. 488-497). New York: Routledge.

Boulding, Kenneth E. 1946. *The Economics of Peace*. London: Michael Joseph Ltd.

Boulding, Kenneth E. 1977. "Twelve Friendly Quarrels with Johan Galtung." *Journal of Peace Research* 14(1): 75-86.

Boulding, Kenneth E. 1978. *Stable Peace*. Austin: University of Texas Press.

Burkett, Paul. 2009. *Marxism and Ecological Economics: Toward a Red and Green Political Economy*. Chicago: Haymarket Books.

Burkett, Paul. 2014(1999). *Marx and Nature: A Red and Green Perspective*. Chicago: Haymarket Books.

Buzan, Barry, and Lene Hansen. 2009. *The Evolution of International Security Studies*. Cambridge: Cambridge University Press.

Dalton, Russell J. 1984. "The West German Party System between Two Ages." in Russell J. Dalton, Scott C. Flanagan, and Paul Allen Beck (eds.). *Electoral Change in Advanced Industrial Democracies: Realignment or Dealignment?* (pp. 104-133). Princeton: Princeton University Press.

Deutsch, Karl, et al. 1957. *Political Community and the North Atlantic Area: International Organization in the Light of Historical Perspective*. Princeton: Princeton University Press.

Deutsch, Karl. 1966. *The Nerves of Government: Models of Communication and Control*. New York: Free Press.

Doyle, Michael W. 1983. "Kant, Liberal Legacies, and Foreign Affairs, Part 1." *Philosophy & Public Affairs* 12(3): 205-235.

Doyle, Michael W. 1983. "Kant, Liberal Legacies, and Foreign Affairs, Part 2." *Philosophy & Public Affairs* 12(4): 323-353.

Gallie, W. B., 1978. *Philosophers of Peace and War: Kant, Clausewitz, Marx Engels and Tolstoy*. Cambridge: Cambridge University Press.

Galtung, Johan. 1969. "Violence, Peace and Peace Research." *Journal of Peace Research* 6(3): 167-191.

Galtung, Johan. 1987. "Only One Quarrel with Kenneth Boulding." *Journal of Peace Research* 4(2): 199-203.

Galtung, Johan. 1990. "Cultural Violence." *Journal of Peace Research* 27(3): 291-305.

Graef, Julian. 2015. *Practicing Post-Liberal Peacebuilding: Legal Empowerment and Emerging Hybridity in Liberia*. London: Palgrave Macmillan.

Harari, Yuval Noah. 2015. *Homo Deus: A Brief History of Tomorrow*. London: Harvill Secker.

International Commission on Intervention and State Sovereignty. 2001. "The

Responsibility to Protect." https://www.idrc.ca/en/book/responsibility-protect-report-international-commission-intervention-and-state-sovereignty.

Laclau, Ernesto, and Chantal Mouffe. 1985. *Hegemony and Socialist Strategy: Toward a Radical Democratic Politics*. London: Verso.

Laclau, Ernesto, and Chantal Mouffe. 1987. "Post-Marxism without Apologies." *New Left Review* I/166. https://newleftreview.org/issues/i166/articles/ernesto-laclau-chantal-mouffe-post-marxism-without-apologies.

MacFarland, Neil S. and Yuen Foong Khong. 2006. *Human Security and the UN: A Critical History*. Bloomington: Indiana University Press.

Miliband, Ralf. 1989. *Divided Societies: Class Struggle in Contemporary Capitalism*. Oxford: Oxford University Press.

Moravcsik, Andrew. 2008. "The New Liberalism." in Christian Reus-Smit and Duncan Snidal (eds.). *Oxford Handbook of International Relations* (pp. 234-254). Oxford: Oxford University Press.

Newman, Edward. 2017. "Human Security." *Oxford Research Encyclopedia of International Studies*. https://doi.org/10.1093/acrefore/9780190846626.013.215.

Peou, Sorpong. 2014. "The Limits of Potential of Liberal Peaebuilding for Human Security." *Asian Journal of Peacebuilding* 2(1): 37-60.

PRIO. 2019.05. "Inspiration from a Father: Johan Gatung Interviewed by Henrik Urdal." https://blogs.prio.org/2019/05/inspiration-from-a-father-johan-galtung-interviewed-by-henrik-urdal/.

Roberts, David (ed.). 2015. *Liberal Peacebuilding and the Locus of Legitimacy*. London: Routledge.

Senghaas, Dieter. 2013. *Dieter Senghaas: Pioneer of Peace and Development Research* (Kindle Edition). Heidelberg: Springer.

Snyder, Jack. 1991. *Myths of Empire: Domestic Politics and International Ambition*. Ithaca: Cornell University Press.

Solingen, Etel. 1998. *Regional Orders at Century's Dawn: Domestic Influences on Grand Strategy*. Princeton: Princeton University Press.

Suri, Jeremi. 2005. *Power and Protest: Global Revolution and the Rise of Detente*. Cambridge. MA: Harvard University Press.

Tolstoy, Leo. 2016. Leo Wiener, Constantine Popoff, Louise Maude, Aylmer Maude, V. Tchertkoff, Nathan Haskell Dole (tr.). *The Spiritual Works of Leo Tolstoy* (Kindle Edition).

Tønnesson, Stein. 2012.10.25. "PRIO and Peace Research from Cold War to Decline of War." 서울대 통일평화연구원 강연.

United Nations. 2015. "The Paris Agreement." https://unfccc.int/sites/default/files/english_paris_agreement.pdf.

United Nations Development Programme. 1994. *Human Development Report 1994*. New York: Oxford University Press.

United Nations General Assembly. 2005. "2005 World Summit Outcome" in Resolution Adopted by the General Assembly on 16 September 2005. https://www.un.org/en/development/desa/population/migration/generalassembly/docs/globalcompact/A_RES_60_1.pdf.

United Nations Office on Genocide Prevention and the Responsibility to Protect. "Responsibility to Protect." https://www.un.org/en/genocideprevention/key-documents.shtml.

United Nations Security Council Resolution 1973. 2011.03.17. https://www.undocs.org/S/RES/1973%20(2011).

Wendt, Alexander. 1999. *Social Theory of International Politics*. Cambridge: Cambridge University Press.

Williams, Chris. 2010. *Ecology and Socialism: Solutions to Capitalist Ecological Crisis*. Chicago: Haymarket Books.

Williams, Michael C. and Iver B. Neumann. 2000. "From Alliance to Security Community: NATO, Russia, and the Power of Identity." *Millennium: Journal of International Studies* 29(2): 357-387.

제2부

전쟁, 안보 그리고 평화

5

전쟁과 평화

국제정치학 전쟁 이론과 동북아시아 평화

신성호

1. 들어가며

21세기 미중 경쟁이 화두다. 2012년 취임한 시진핑 주석이 중국몽(中國夢)을 주창하며 중국의 대국굴기를 공식화하자 2016년 미국우선주의를 주창하며 당선된 도널드 트럼프 대통령은 대중국 무역 전쟁을 선포하며 미중 간의 패권 경쟁을 본격화했다. 하버드대학교의 교수 그레이엄 앨리슨(Graham Allison)은 고대 그리스 아테네와 스파르타의 전쟁을 비유하며 미중이 '투키디데스의 함정(Thucydides Trap)'에 빠지면서 패권 전쟁을 벌일 것을 경고한다. 미중 전쟁이 정말로 일어난다면 1945년 2차대전의 종식 이후 그보다 더한 3차대전이 벌어진다는 것을 의미한다. 그리고 주 무대는 동북아를 위시한 아시아가 될 가능성이 크다. 미중 전쟁이 아니더라도 동북아를 둘러싼 움직임도 심상치 않다. 일본의 우경화와 더불어 부상하는 중국은 동남아는 물론 대만을 비롯한 일본과의 영토 분쟁에도 점점 더 상성한 목소리를 내고 있다. 중국이 영유권을 주장하는 센카쿠 열도에 대한 분쟁은 19세기 말 청일전쟁 이후 중국이 대만을 일본에 뺏기면서 시작되었다. 현재 중국이 핵심 이익으로 규정하는 대만 문제도 청일전쟁 이후 일본이 대만을 50여 년간 식민 지배한 역사적 유산이다. 여기에 일본이 대만 독립을 적극 지지하는 모습을 보이면서 중일 간의 충돌 가능성도 좌시할 수 없는 상황이다. 미중이 직접 전쟁을 원치 않더라도 중일 간 분쟁 또는 중국의 대만 독립에 대한 강경 대응은 여전히 미중 전쟁으로 이어질 수 있다.

한반도 상황도 여전히 불안하다. 1950년 한국전쟁이 발발한 지 70년이 넘었지만 남북은 정전협정에 의한 불안한 평화를 지속 중이다. 한국전쟁의 원인이 된 동서 냉전이 1990년대 초에 종식되고 30여 년이 흘렀지만, 한국전쟁은 아직 끝나지 않은 것이다. 한국전쟁에 관해서는 많은 연구와 다양한 시각이 존재한다. 대부분 한국인은 평화로운 일요일 새벽에 북한의 김일성이 탱크를 앞세워 무력 남침을 감행한 전쟁으로 기억한다. 반면에 북한과 중국은 미 제국주의에 항거한 자랑스러운 전쟁으로 정의한다. 이 두 시각에는 전쟁의 근본 책임에 대한 타협하기 어려운 입장이 존재한다. 1953년 사실상의 무승부로 타협한 정전협정 이후 지금까지 평화협정이 맺어지지 않은 이유다. 이러한 가운데 북한은 핵무기와 새로운 미사일 개발에 더욱 박차를 가하는 모습이다. 한국 정부가 종전선언을 추구하며 한반도 평화체제 구축을 추구하고 있지만 여전히 한국의 국방비도 가파르게 증가하고 있다. 북한이 핵무기를 포기하지 않는 한 이에 대한 미사일 방어 등 강력한 억제 수단이 필요하기 때문이다. 그러나 한미동맹을 위시한 한국의 북한 대비 10배가 넘는 국방비는, 가중되는 경제난과 고립 속에서도 북한이 핵을 포기하지 않고 새로운 무기를 개발하는 악순환의 고리를 초래하는 원인이기도 하다. 국제정치에서 이야기하는 전형적인 안보딜레마가 한반도와 동북아에 나타나고 있는 것이다.

현재 논의되는 종전선언과 평화협정은 단순히 남북 화해와 북미 핵 협상을 재가동하려는 정치적 수사뿐 아니라 한반도의 안보딜레마를 깨려는 중요한 시도로 이해되어야 하는 이유다. 왜 지금 평화협정인가, 어떻게 한국 전쟁을 끝낼 것인가 하는 문제는 그 책임 여부나 이념 논쟁을 넘어서 전쟁의 기본적 성격과 이유에 대한 기본적 성찰이 필요하다. 이번 장에서는 전쟁의 본질이 무엇인지에 대한 카를 폰 클라우제비츠의 논의를 살펴보고, 이어서 전쟁의 원인에 대한 국제정치 이론의 3가지 분석을 고찰한다. 이를 통해 과연 미래에 동북아를 비롯한 한반도에서 또 다른 전쟁이 일어날지, 어떻게 전쟁을 방지하고 평화를 구축할지 알아보고자 한다.

2. 클라우제비츠의 전쟁 이론

1) 전쟁을 하는 이유: 전쟁의 정치성

인간은 왜 파괴적인 전쟁을 일으키는 것일까? 인간 사회에서 전쟁은 어떠한 의미와 역할을 가지는가? 전쟁의 본질과 그 역할을 이해하는 것은 전쟁을 어떻게 하면 잘 수행해 가장 효과적이고, 확고한, 빠른 승리를 이끌어 낼 것인가 하는 질문에 연결된다. 이에 대한 대답을 본격적으로 시도한 책이 클라우제비츠의 『전쟁론(*On War*)』이다. 이론가 이전에 어릴 때부터 전쟁터에서 잔뼈가 굵은 군인으로서 평생의 경험을 바탕으로 전쟁의 실체적 모습을 보여 주고자 했던 그의 저서는, 과연 전쟁이란 무엇이고 어떻게 이해할지에 관해 최초로 과학적이고 심도 있는 분석을 한 연구로 인정된다(Clausewitz, 1993, viii). 18세기 유럽의 신흥 강국으로 부상한 프러시아 태생의 클라우제비츠는 12세에 견습생으로 군에 입대해 이후 25년을 당시 유럽을 휩쓴 나폴레옹전쟁에 참여한다. 전장에서 은퇴하고 38세의 나이에 사관학교 교장으로 임명된 후 10년이 넘게 전쟁에 관한 가장 체계적이고 방대한 연구를 했다. 집필 중 갑자기 병사하면서 미완성으로 남은 원고는 사망 1년 후 부인, 마리아 클라우제비츠가 정리해 1832년에 출간된다. 군인의 입장에서 '어떻게 하면 전쟁에서 잘 싸워 이길 수 있을까'라는 질문으로 시작된 클라우제비츠의 연구는 결국 '전쟁은 정치 행위다'라는 결론에 도달한다. 전쟁이 단순한 살상이나 파괴를 위한 무의미한 폭력의 사용이 아니라 "군사적 수단에 의한 정치의 연속(continuation of politics by military means)"이라는 것이다.

전쟁이 겉으로는 상대방을 물리적으로 완전히 제압 또는 제거하는 행위(절대 전쟁; absolute war)로 여겨지기 쉽다. 그러나 실제 전쟁은 상대방을 무차별적으로 파괴하기 위함보다는 항상 특정한 정치적 목표와 상황 속에서 일어난다. 특히 모든 전쟁의 수행과 그 진행은 현실의 여러 제약 속에 이뤄지기 때문에 완벽하고 절대적인 승리로 끝나는 경우는 드물다. 그리하여 클라우제비츠는 실제 전쟁은 제한적인 정치적 목표를 달성하고 타협하는 행위(제한 전쟁; limited war)라는 결론을 내린다. 현실의 전쟁에 제한이 있다는 것은 2가지를 의미한다.

첫째, 전쟁의 목표가 상대방을 완전히 제거하거나 파괴하는 것이 아니라 나의 특정한 요구를 상대방에게 관철시키기 위한 경우가 대부분이라는 점이다. 인류 역사상 한 전쟁에서 일부 부족이나 도시를 무자비하게 말살시킨 사례도 있다. 13세기 몽고군이 이슬람과 유럽 정벌 시에 당시 아비시드왕조의 바그다드 수도를 정벌하면서 시민 수십만 명을 몰살시키며 무자비하게 파괴했다. 그러나 여기서도 몽고의 무자비한 살상 행위는 여타 유럽과 이슬람 지역에 몽고군에 저항하지 말라는 메시지를 보내기 위한 정치적 의도가 있었다고 분석된다. 결국 전쟁의 목표는 상대방에게 특정한 정치적, 경제적 목표를 요구하기 위한 것이기 상대방 자체의 말살이나 체제의 멸망을 원한 경우는 흔치 않다는 것이다.

둘째, 전쟁의 목적이 적의 완전한 제거와 파괴에 있지 않는 한 그 수단도 제한적이어야 한다는 것이다. 즉 적군이나 적의 민간인을 완전히 말살하는 행위가 제한된다는 것이다. 시대와 문화를 막론하고 전쟁에서 무자비한 파괴나 살상은 비윤리적인 행위로 여겨졌다. 전시에도 필요 이상의 살상을 최소화하는 것이 시대와 문화에 상관없는 인류 보편의 상식으로 여겨지는 것이다. 더구나 전쟁은 항상 많은 위험과 부담을 수반한다. 아무리 강한 군대도 뜻밖에 상황에 의해 패전해 모든 것을 잃을 수 있다. 누구에게나 전쟁을 시작하는 것은 큰 모험이며 따라서 극단적인 경우가 아니면 피하게 된다. 되도록 전쟁 없이 정치적 목표를 달성하기 위해 항상 먼저 평화적 대화나 외교를 통한 해결과 타협을 시도하는 이유다.

따라서 전쟁 수행은 항상 내가 적에게 원하는 것이 무엇인지, 즉 전쟁의 정치적 목표와 한계를 정확히 이해하는 가운데 이뤄져야 한다. 전쟁의 목표를 합리적으로 세우고 그 목표에 대한 냉철한 이성적 태도를 견지해야 한다는 것이다. 문제는 전쟁이 가지는 폭력성과 불확실성(fog of war) 등으로 인해 실제 전쟁 수행을 이성적으로 수행하기가 매우 어렵다는 것이다. 전쟁의 지도자는 인간의 원초적 폭력, 증오와 같은 반이성적 감정의 영역, 도박성이나 개연성이 지배하는 전술 전략의 영역, 국가의 정책 목표를 이루려는 이성적 영역의 3요소가 종합된 전쟁의 정치성을 정확히 이해하고 전쟁 계획을 수립하고 신중하게 수행할 것이 요구된다. 클라우제비츠의 전쟁론은 근대민족국가의 성립 이후 나타난 국가 중심의 근대 전쟁을 이해하는 중요한 분석 틀을 제공한다.

2) 전쟁이 어려운 이유: 전쟁의 삼위일체와 불확실성

클라우제비츠는 삼위일체의 명제를 통해 전쟁은 싸워서 이기는 것보다 싸우지 않고 이기는 것이 가장 큰 승리라고 주장한다. 클라우제비츠에 따르면 전쟁의 수행은 세 주체에 의해 3가지 특징이 상호 작용하며 나타난다. 먼저 전쟁의 주체는 일반 국민, 장수와 병사, 정부 혹은 정치지도자로 구분된다. 전쟁의 수행에는 세 주체가 상호 작용하는데, 이 과정에서 전쟁의 3요소, 즉 '전쟁의 삼위일체(trinity of war)'가 나타난다. 첫째는 전쟁의 본질적 폭력성과 관련한 증오와 적개심이 작용하는 감정과 열정의 요소다. 둘째는 감정과는 별개의 개연성과 운이 작동하는 요소다. 셋째는 전쟁의 정치적 목적을 달성하기 위한 수단으로써의 합리적 판단이 작동하는 이성의 요소다.

전쟁 중에 타오르는 감정과 열정의 요소는 첫째 주체인 일반 국민에 의해 주로 표출된다. 전쟁의 무고한 희생자로서 겪는 일반인의 비극과 슬픔, 자식이나 형제를 전쟁터에 보낸 가족의 애타는 심정, 아군의 승리에 대한 갈망과 환희, 적국에 대한 증오와 복수심의 주요 주체는 국민이다. 둘째, 전쟁의 개연성과 운의 요소는 전쟁을 지휘하는 장수들과 그들의 군대가 가지는 용기와 능력에 의해 좌우된다. 아무리 그 수가 많고 무기 면에서 우세한 군대라도 항상 전쟁에 승리하는 것이 아니다. 객관적으로 열세인 전쟁도 지휘관의 능력이나 전략, 날씨나 지형지물, 병사들의 사기와 적의 오판 등 예기치 못한 변수로 하루아침에 전세가 역전될 수 있다. 열두 척의 전함으로 수백 척의 적선을 물리친 이순신 장군의 기적은 단순히 병력이나 무기의 수를 넘어서 지형지물과 전략, 전술을 복합적으로 잘 활용하는 우수한 지휘관이 전쟁에서 얼마나 중요한지를 극적으로 보여 준다.

마지막으로 전쟁의 궁극적인 정치적 목표를 달성하기 위한 이성적 판단은 정부나 국가지도자가 주로 담당하는 요소다. 아무리 용맹한 장수나 뛰어난 지휘관이라도 전쟁의 참여자로서 이성과 평정심을 유지하기란 쉽지 않다. 더구나 지휘관은 전쟁을 수행하기 위해 지도자에 의해 임명된다. 결국 전쟁의 궁극적 목표와 종결은 지도자의 정치적 판단의 몫이다. 임진왜란의 시작은 전국시대의 혼란에서 일본 통일 후 중국까지 점령해 천하의 황제가 되고자 한 도요토미 히데요시의 정치적 야심에서 기인했다. 인천상륙작전의 성공으로 한국과 미국 국민의 영웅으로 인식된 더글러스 맥아더 장군은 갑작스레 국경을 넘어 남하하는 대규모의 중국군에 핵폭탄 사용을 불사하며 공세적 전략을 주장했다. 그러나 한국전쟁이 중국 및 소련과의 전면적인 세계대전으로 번지는 것을 우려한 트루먼 대통령은 전시에 총사령관을 해임하는 고도의 정치적 결단을 내린다. 전쟁의 수행은 그 목표를 설정하고 전쟁의 개시와 종결을 담당하는 정부와 지도자, 실제 전장에서 전투를 수행하는 장군과 병사, 이를 후방에서 지켜보고 지지하는 국민이라는 3개 주체가 상호 작용하면서 진행된다. 문제는 그 과정에서 이들 간에 불협화음과 함께 많은 시행착오가 발생할 수 있다는 것이다.

인간의 원초적 폭력, 증오와 같은 반이성적 영역, 도박성이나 개연성이 지배하는 전술 전략의 영역, 국가적 정책 목표를 이루려는 이성적 영역의 3요소가 종합된 전쟁의 정치성을 정확히 이해하고 결정하는 것은 결국 정치가 즉 국가지도자의 영역이다. 수많은 인명이 달린 전쟁을 결정하고 그 계획을 수립하고, 또 계획을 감정이나 운의 요소에 휘말리지 않도록 최대한 이성적으로 신중하게 수행하는 것은 그 어떤 정치가에게도 결코 쉬운 일이 아닐 것이다.

전쟁 수행의 어려움은 삼위일체의 효과적인 통합 외에 인간이 통제할 수 없는 요소에 의해서 더욱 가중된다. 막상 전쟁이 진행되면서 겪게 되는 전쟁의 예측 불가능성, 즉 불확실성 때문이다. 아무리 정치지도자가 전쟁의 정치적 목표를 명확히 이해하고, 훌륭한 군대와 지휘관을 통해, 또 국민의 전폭적인 지지를 받는다 하더라도 실제 전쟁의 수행은 결코 쉽지 않다. 전쟁 수행은 인간의 통제를 벗어나는 너무나 많은 요소와 조건에 영향을 받기 때문이다. 그리고 이러한 모든 것을 사전에 파악하고 준비하는 것은 불가능하다. 클라우제비츠가 전쟁의 어려운 요소로 지적한 전쟁의 안개(fog of war)와 마찰(friction), 즉 전쟁의 불확실성을 경고하는 이유다. 아무리 좋은 첨단무기와 완벽한 전략으로 무장한 군대라도 예기치 못한 사막의 모래 폭풍이나 앞을 볼 수 없는 짙은 안개는 이러한 계획을 물거품으로 만들 수 있다. 물론 전쟁의 안개는 단순히 실제 안개만을 이야기하지 않는다. 보다 광의의 의미로 전쟁에서 아군과 적을 포함한 양측 모두의 능력과 전쟁 의지를 정확히 객관적으로 파악하기는 어려운 근본적인 불확실성에 관한 것이다.

설사 이러한 기본적인 조건과 상황에 대한 객관적 파악을 하더라도 막상 전쟁이 시작되어야 알 수 있는 요소도 너무나 많다. 수많은 병사가 서로 이성을 잃고 생사를 건 혈투를 벌이는 전장에서 벌어지는 역동성은 그 자체로 각본 없는 드라마다. 때로는 전혀 예기치 않은 요소로 순식간에 전세가 역전되거나 뒤집힐 수 있다. 엄청난 국력의 차이에도 오히려 장기전으로 갈수록 약소국이 유리한 경우도 무수하다. 1960년과 70년대에 세계 최강의 무기와 보급품으로 무장한 미국이 오합지졸로 보이던 베트남의 베트콩 게릴라에게 패할 줄 누가 예상했던가. 그러나 이러한 미군의 어려움은 21세기 초 20년간 싸운 아프가니스탄에서 탈레반 반군에 의해 되풀이되었다. 이전에도 아프가니스탄은 19세기 영국과 1980년대 소련의 원정군이 패배한 제국의 무덤으로 악명이 높았다. 클라우제비츠는 이러한 전쟁의 의외성과 혼란을 전쟁의 마찰로 정의한다. 전투나 전쟁 과정에서 발생하는 의외의 사건이나 요인에 의해 놀랍게도 원래 계획과는 전혀 다른 전쟁의 양상이나 결과가 나타나는 경우가 흔하다. 전쟁의 마찰로 인해 실제 전쟁(actual war)과 계획상의 전쟁(war on paper)이 다를 수 있다는 것이다. 전쟁의 계획이 실제로 작동하기 위해서는 수많은 조건과 요인이 맞아떨어져야 한다. 문제는 그 수많은 요인이 언제든 다르게 작동할 수 있다는 것이다. 혹은 사소한 순간의 실수나 착오가 모든 것을 수포로 돌아가게 만들 수 있다.

클라우제비츠의 전쟁론은 전쟁의 수행과 본질에 관한 동일한 통찰력을 제시한다. 전쟁은 인간사의 사활을 건 중대한 사건이기 때문에 매우 신중하게 다뤄져야 한다는 점, 이를 위해 최대한 이성적인 접근이 필요하면서도 동시에 피와 살상이 이뤄지기 때문에 가장 감정에 매몰되기 쉽다는 점, 또한 아무리 준비를 잘하더라도 전쟁의 안개, 마찰, 우연(chance)과 같은 수많은 불확실성 요소가 있어서 완벽한 전쟁 계획과 수행은 불가능하다는 점, 따라서 전쟁을 수행하는 것은 전장의 지휘관이나 정치지도자를 막론하고 학습할 수 있는 합리적 능력의 영역이 아니라 본능적으로 타고나야 하는 직관과 통찰력이 중요한 예술의 영역이라는 점 등에 대해 중요한 교훈과 성찰을 제공한다(Handel, 1991, 8). 클라우제비츠의 전쟁론은 무엇보다도 전쟁을 일으키지 않고 문제를 해결하는 것이 가장 좋다는, 시대와 문화를 초월한 교훈을 제시한다.

3. 국제정치학 전쟁 이론

클라우제비츠가 주장하는 것처럼 전쟁을 일으키지 않고 문제를 해결하는 것이 가장 좋은 해결책이라고 한다면 전쟁은 왜 발생하는가? 모두가 원치 않는 전쟁이 왜 발생하는가의 문제는 국제정치학의 가장 근본적인 질문이다. 국제정치학이란 학문 자체의 성립이 전쟁에 관한 질문에서부터 시작했다. 20세기 초 유럽 열강의 패권 다툼은 두 번의 세계대전을 초래한다. 1차대전 1,900만 명, 2차대전 5,900만 명의 사상자라는 이전에는 상상하지 못했던 살상과 파괴가 초래되자 유럽의 지식인들은 도대체 왜 이런 전쟁이 일어나게 되었는지, 어떻게 이러한 불행을 피하거나 방지할 수 있을지에 대한 심각한 질문을 던지게 된다.

영국의 역사학자인 에드워드 카(E. H. Carr) 와 호주 출신의 헤들리 불(Hedley Bull), 독일 출신 법학자인 한스 모겐소(Hans J. Morgenthau), 프랑스의 사회철학자인 레몽 아롱(Raymond Aron) 등 서구 근대 국제정치학의 1세대를 이룬 유럽 출신의 인문/사회과학자들이 공통적으로 던진 질문은 서구 계몽시대를 걸쳐 국내적으로는 공화정과 민주주의 정치 발전을 이룬 유럽 문명 세계의 합리적 근대 국가들이 왜 상호 간에 전례 없는 야만적이고 파괴적인 전쟁에 휘말리게 되는가의 문제였다. 이들의 관심은 전쟁의 주체가 되는 국가의 속성과 국가 간 관계에 대한 본격적인 연구로 이어졌다. '국가 간 관계(inter-national relations)' 혹은 '국가 간 정치(inter-national politics)'를 연구하는 국제정치학이라는 새로운 학문 분야가 양차대전 이후 미국과 유럽을 중심으로 탄생하게 된 것이다.

물론 인류 역사상 수많은 전쟁이 다양한 요인으로 일어났다. 중세와 봉건왕조 시대의 경우 지도자의 알력이나 개인적인 욕망, 탐욕, 허영심

등이 전쟁의 주요인이 되기도 했다. 근대 유럽의 전쟁도 나폴레옹이나 히틀러와 같은 절대지도자 개인의 욕망이 주요인으로 이해되기도 한다. 한국전쟁이 김일성의 적화통일 야욕이 가장 큰 원인으로 이해되는 것과 마찬가지다. 그러나 근대 국제정치학에서는 단순히 일개 지도자의 개인적인 욕망보다 국민국가의 형성과 더불어 전쟁의 구조적인 문제에 관심을 가지고 전쟁의 근본적인 원인을 찾으려는 노력이 진행되었다. 수백, 수천만의 생명을 파괴한 전쟁의 원인을 한 개인이나 우발적 사건의 탓으로만 돌리기에는 그 개연성이나 과학적 분석력이 충분치 않다는 것이다. 무엇보다 전쟁 방지의 가장 중요한 목적을 위해서는 우연적인 요소로만 설명해서는 안 된다. 그럴 경우 전쟁을 예측하고 방지하기가 불가능해진다.

1) 자유주의 전쟁 이론

양차대전 이후 서구의 여론과 주류 이론가들은 전쟁을 일으킨 국가의 과도한 탐욕, 특히 일부 지도자의 잘못된 욕망과 선택을 전쟁의 일차적 원인으로 지목했다. 오스트리아와 폴란드를 시작으로 주변 국가를 침공해 유럽을 재패하고자 2차대전을 일으킨 독일의 히틀러가 대표적인 사례다. 메이지 개혁 이후의 초기 공화정을 압살하고 전체주의적 군국주의를 표방하며 태평양전쟁을 일으킨 일본의 군부지도자들도 전쟁의 주범으로 전범 재판의 심판을 받았다. 이전의 유럽 열강의 주요 전쟁도 이러한 잘못된 지도자에 의해 시작된 것으로 해석될 여지가 충분하다. 19세기 초 나폴레옹전쟁도 말 그대로 프랑스 황제 지위에 만족하지 못한 나폴레옹이 유럽 재패의 욕망을 위해 일으킨 침략 전쟁에 영국과 러시아를 위시한 나머지 유럽의 국가들이 대항해 싸운 전쟁으로 이해된다.

이러한 특징은 동서고금을 막론하고 주요 전쟁의 원인으로 나타나는 듯하다. 고대 그리스의 알렉산더대왕, 몽골의 칭기즈칸, 중세 유럽의 십자군전쟁 등을 보면 거대한 전쟁의 뒤에는 항상 제국 건설의 야심을 가진 강력한 지도자가 등장한다. 이들의 공통점은 국내에 강력한 독재 권력을 수립했다는 점이다. 이는 곧 서구의 합리적 민주주의 발전을 신봉하는 자유주의 국가의 시민이나 학자들에게는 독재자나 독재체제를 국제사회의 평화를 위협하고 전쟁을 일으키는 주범으로 주목하게 한다. 국제정치학에서 자유주의 이론가들이 국내 정치 형태와 제도를 전쟁의 가장 중요한 근본 원인으로 주장하게 된 배경이다.

비민주적 정치 제도와 독재적인 지도자가 전쟁의 주원인이라면 전쟁을 방지하는 가장 근본적인 방법은 민주주의 제도와 정치가 모든 국가에 확산되는 것이다. 근대 서구의 계몽사상과 과학 발전에 따른 인간사회의 정치적, 경제적, 사회적 진보에 대한 신념을 가진 자유주의자들은 약육강식의 국제정치와 파괴적 전쟁이 민주적 제도에 의해 완화되고 국가 간 협력과 평화가 증진될 수 있다고 주장한다. 다시 말해 국내 정치에서 개인 간의 사회 갈등과 생존 투쟁을 조정하기 위해 발현된 법과 제도를 국제정치에도 도입해 전쟁의 가능성을 줄일 수 있다는 것이다.

이는 반대로 말하면 국제사회는 민주와 법치 제도의 성숙과 발전이 일천하기 때문에 전쟁이 발생한다는 것으로 이해된다. 영국의 사상가 존 로크(John Locke)와 같은 자유주의자들은 자연상태에서 개인 간의 사회협약이 무제한적 폭력의 위협을 줄였듯이 국가 간 협약을 통한 국제법으로 전쟁을 방지할 수 있다고 주장한다. 15세기 이후 유행하던 중상주의를 비판한 애덤 스미스 이후의 자유주의 경제론자는 시장 경제와 자유무역의 증진이 국가 간 비교우위에 바탕한 상호 경제적 편익 관계를 창출함으로써 분쟁보다는 협력을 증진한다고 믿는다. 즉 국제법이나 자유무역협약 같은 국제 제도가 전쟁을 막을 수 있다는 것이다.

전쟁을 방지하고 평화를 보장하기 위한 자유주의자들의 가장 대표적인 이론은 민주평화론이다. 이마누엘 칸트가 설파한 영구평화론(perpetual peace)은 국민들의 의사 결정의 주체인 공화정 즉 민주주의 국가는 구조적으로 전쟁을 싫어하거나 반대할 수밖에 없다고 주장한다. 이유는 간단하다. 전쟁이 발발할 경우 실제 전쟁터에서 목숨 걸고 싸우거나 희생당하는 사람은 일반 국민이다. 유럽에 공화정이 형성되기 이전의 절대왕정 혹은 오늘날의 독재국가에서는 정작 자신은 나가 싸우지 않는 왕이나 독재자가 전쟁 여부를 결정하기 때문에 쉽게 전쟁을 일으킬 수 있다는 것이다. 그에 비해 일반 국민의 경우 자신이 대가를 고스란히 책임질 전쟁에 찬성한다는 것은 자기모순이다. 따라서 국민이 궁극적인 의사결정권을 가진 공화정이나 민주주의 국가의 지도자는 여론을 거슬러 침략 전쟁을 일으키기가 쉽지 않다. 민주국가가 방어적 목적 외의 전쟁을 싫어하는 근본적인 이유다. 칸트는 전쟁에 임하는 것을 싫어하는 민주주의 국가들 사이에서는 전쟁이 일어나지 않을 것이며, 지구상의 모든 국가가 민주주의가 된다면 결국은 항구적인 평화가 온다는 "민주평화론"을 주장했다(Kant, 1957).

문제는 전쟁의 결정권이 그 책임과 희생을 지지 않아도 되는 개인이나 일부에게 독점된 정치체제를 가진 국가가 자의적으로 전쟁을 일으킬 가능성이 크다는 점이다. 자유주의(liberalism) 이론에 따르면 북한의 전체주의 독재는 한반도의 대결과 전쟁을 야기할 수 있는 가장 주요한 위협 요인이다. 북한에 사회주의 독재 정권을 수립한 김일성이 적화통일을 위해 남한을 침략한 한국전쟁은 자유주의 시각에서 보는 북한 위협론의 가장 주요한 근거다. 이후 김일성 주체사상으로 무장한 북한의 독재체제는 자본주의 경제성장과 민주화를 이룬 대한민국을 근본적으로 부정하는 적대세력으로 인식된다. 1990년대 소련을 위시한 동구의 사회주의 몰락 이후 경제난과 외교 안보 고립을 타개하기 위한 선군정치와 핵 개발은 남한을 무력으로 통일하기 위한 북한 독재체제의 의도를 반영하는 것으로 이해된다. 실제 북한은 남한을 미국 제국주의의 앞잡이로 매도하며 서울 불바다 발언을 하는 등 위협을 서슴지 않았다. 더욱이 냉전이 끝난지 10여 년이 지나서도 1999년, 2002년과 2009년 서해교전, 2010년 천안함 폭침과 연평도 포격, 2015년 군사분계선 목함 지뢰 매설 등 각종 군사도발을 자행했다. 역사적인 남북정상회담 20주년인 2020년에도 최고 존엄에 대한 탈북단체의 삐라 살포를 빌미로 우리 정부가 170억 원을 들여 개성에 건설한 남북공동연락소를 폭파했다. 한국전쟁 발발 후 70년이 지난 21세기에도 북한이 남한을 무력 통일을 시도할 수 있다는 시각은 북한체제의 호전성을 지적하는 자유주의 시각에 바탕한다. 이들에게 북한 정권의 핵 개발은 단순한 체제 방어와 생존의 수단이기보다는 다시 한번 남한을 무력으로 통일하기 위한 침략의 도구로 이해된다.

한편 자본주의적 경제 개혁과 국제무역을 통해 급속한 경제 발전을 이룬 중국의 정치체제가 여전히 공산당 일당독재를 중심으로 권위주의 체제를 고수하고 있는 것은 자유민주주의를 지향하는 한국, 일본 등의 주변국과 나아가 미국과 갈등을 겪을 수밖에 없는 근본 요인으로 분석된다. 실제 미국과 중국은 경제적으로는 협력 관계를 강조하면서도 인권이나 언론의 자유, 공정한 자유무역과 시장개방에 관해 날선 대립 관계를 보인다. 특히, 트럼프 행정부에서 대중 무역 전쟁을 벌이는 가운데 중국 국내의 소수민족에 대한 자치권과 인권 탄압, 홍콩의 민주주의 요구에 대한 국가보안법 제정과 같은 조치를 주도한 공산당과 지도부를 '파산한 전체주의 이데올로기'에 사로잡인 '프랑켄스타인'으로 비유한 폼페이오 국무장관의 연설은 자유주의 시각의 대표적인 모습이다(Pompeo, 2020). 한편, 같은 자유민주주의체제가 확고하게 자리 잡은 미국과 한국, 일본이 공동의 가치를 바탕으로 협력을 추구하는 것은 자유주의 이론에서는 매우 당연할 것으로 기대된다. 그런데 한국의 일부 대중은 중국보다도 일본을 더욱 싫어하고 의심하며 군사협력에 매우 부정적이다. 일본이 군국주의로 회귀해 한국을 또다시 침략할 수 있다고 믿는다. 미국의 정책 담당자들이 틈만 나면 자유민주주의를 공유하는 한국, 미국, 일본이 북한이나 중국에 공동 대응을 강조하는 바탕이 되는 서구의 자유주의 민주평화론 시각에서는 이해하기 힘든 현상이다. 그러나 최근 중국의 사드 보복 이후 한국 대중의 반중 정서가 높아진 것은 중국의 공산체제에 대한 반감과 더불어 중국의 패권적 행태에 대한 실질적 위험에 대한 현실주의적 반감이 나타나고 있는 것으로 해석된다.

2) 현실주의 전쟁 이론

국제정치의 주류 이론인 현실주의(Realism) 이론에서는 전쟁의 가장 중요한 요인으로 세력 전이와 그로 인한 힘의 불균형에 주목한다. 2차대전 이후 미국의 주요 대학을 중심으로 형성되기 시작한 현실주의 국제정치학은 자국 이익을 추구하는 국가의 속성과 이들 간의 관계가 근본적으로 불안정하고 위험한 현실을 직시해야 한다고 주장한다. 특히 현실주의자들은 중세 암흑기를 거쳐 르네상스와 종교개혁, 각종 과학 혁명 속에 전제정치를 타파하고 이성적이고 합리적인 계몽주의와 민주주의 혁명을 이룬 유럽의 근대 국가들이 왜 비이성적이고 상호 파괴적인 전쟁의 수렁에 빠져들었는지에 주목했다. 이들에 따르면, 유럽 주요 국가의 정치체제가 전제정에서 민주주의로 변화했음에도 전쟁이 지속적으로 발생했다는 사실은 전쟁이 개별 국가의 국내 정치 제도나 체제의 특성 때문이 아니라 다른 원인 때문에 발생한다는 사실을 보여 준다. 이들의 관점에서 볼 때 문제의 원인은 자유주의 민주평화론이 주장하는 것처럼 국가의 국내 정치 제도나 체제의 특성보다는 국제정치의 구조, 즉 국내 정치와 달리 국가 간 관계를 조정하는 국제정치에는 각 개별국가의 안전을 보장할 초국가적 중앙 정부나 경찰력이 존재하지 않는다는 현실이다. 만인의 만인에 대한 투쟁의 자연상태 또는 무정부 상태인 국제사회에서 각 개별국가는 끊임없는 안보 불안에 직면한다. 이를 해결할 궁극적인 수단은 힘의 배양을 통한 자위다. 힘이 강한 국가는 살아남고, 약한 국가는 항상 침략의 불안에 시달려야 한다. 자위의 추구는 힘의 추구로 이어지고, 힘의 추구는 안보를 달성하는 수단이자 국가의 가장 중요한 목표가 된다. 자유나 민주주의, 인권, 법치 등으로 요약되는 근대 국가의 국내 정치 원리는 국제정치에서는 작동하지 않는다. 대신 약육강식에 의한 정글의 법칙이 국제정치의 현실로 이해된다.

그런데 이러한 힘의 추구는 국가 간 세력 다툼(power struggle)과 패권 정치(power politics)로 이어진다. 이 과정에서 본래 방어를 위한 자위력의 강화가 상호 간 위협의식을 강화하는 안보딜레마를 초래한다. 북한의 핵 개발과 재래 무기에 대응하기 위한 한국의 F-35 최신예 전투기 구입을 북한이 중대한 도발 행위로 비난하는 상황과 한국의 사드 미사일 방어 배치에 중국이 강력하게 반발한 것이 좋은 예다. 전쟁을 방지하기 위한 조치가 전쟁을 일으키는 모순이 국제정치의 기본 동학으로 이해된다. 현실주의자에게 각 국가는 힘을 끊임없이 추구하는 가운데 이들 간 힘의 균형을 통해 불안한 평화가 유지되는 것이 국제정치의 본질로 이해된다.

그리고 힘의 균형(balance of power)에 이상이 생길 때 위험한 전쟁이 벌어질 가능성이 커진다. 특히 이들은 동서고금을 통해 역사상 강대국 간의 거대한 패권 전쟁은 현존하는 패권국과 이에 도전하는 신흥 패권국의 부상에 의해 기존에 존재하던 힘의 균형이 깨지고 세력 전이가 나타나면서 일어난다고 주장한다.

현실주의에서는 국가 간 힘의 균형과 변화가 시공간을 초월해 인류 역사상 전쟁, 특히 큰 전쟁의 원인과 가능성을 설명하는 가장 중요한 변수다. 여기에는 민주주의나 독재국가냐, 서양이냐 동양이냐, 고대나 근대 국가냐의 구분은 의미가 없다. 초기 고전적 현실주의자(classical realism)들은 각국의 힘의 추구와 패권 투쟁에 주의를 기울였다(Carr, 1940; Morgenthau, 1948). 그러나 케네스 왈츠(Kenneth Waltz)를 선구로 한 신현실주의(neo-realism) 구조주의자(structuralist)들은 개별 국가보다는 이들이 처한 무정부적 국제질서(구조)에 무게를 두었다. "전쟁은 아무것도 그것을 막을 수 없기 때문에 일어난다(War happens, because nothing can prevent it)"라는 것이다(Waltz, 1959). 개별 국가든 무정부적 국제질서든 전쟁의 가장 중요한 원인은 힘의 균형이 깨지는 것이다. 힘의 균형이 깨지는 가장 중요한 계기는 힘의 분포가 변하는 세력 전이(power transition)가 생길 때다(Waltz, 1979).

세력 전이를 초래하는 가장 대표적인 사례는 신흥 강대국의 부상이다. 새로운 강대국의 부상은 힘의 균형을 파괴할 뿐 아니라 현상 유지를 원하는 기존 패권국의 불안과 견제를 유발한다. 현존하는 패권국과 부상하는 신흥 강자 사이의 패권 경쟁은 이들이 원하든 원치 않든 결국 강대국 전쟁(great powers war)으로 이어진다. 왈츠 이후 가장 대표적인 현실주의자로 불리는 시카고대학교의 교수 존 미어샤이머(John Mearsheimer)

는 중국의 강력한 부상은 21세기 미·중 간의 패권 전쟁을 일으킬 것이라고 주장한다(Mearsheimer, 2001). 1960년대 미국과 소련 사이의 쿠바 미사일 위기 분석으로 유명한 하버드대학교의 교수 앨리슨도 최근 저서에서 미중 패권 전쟁의 가능성을 경고한다. 앨리슨은 2017년 『예정된 전쟁(*Destined for War*)』이라는 저서를 통해 지난 500여 년간 국제정치에서 기존의 최강대국 패권에 도전하는 신흥 강대국이 급속하게 부상한 사례가 16번 있었으며 그중 12번이 이들 국가 간 전쟁으로 이어졌다고 분석한다. 그는 현재 중국의 부상을 5,000년의 역사를 가진 13억 인구의 강력한 부상으로 정의한다. 역사상 그 어떤 세력 전이보다도 근본적이고 강력한 변화와 도전이 오늘날 벌어지고 있다는 것이다.(Allison, 2017)

앨리슨을 비롯한 근대 현실주의자들이 강대국 간 세력균형의 전이를 역사상 주요 전쟁의 가장 큰 원인으로 주목하게 된 계기는 기원전 5세기경 투키디데스가 스파르타와 아테네 사이에서 발생한 전쟁의 역사를 기록한 『펠로폰네소스 전쟁사(*The History of the Peloponnesian War*)』 때문이다. 투키디데스는 기원전 431년에서 404년의 27년간 패권국인 스파르타와 신흥 강자로 부상한 아테네를 중심으로 벌어진 전쟁에서 아테네의 장수로서 직접 해군을 이끌고 전투에 참전했다. 그러나 전쟁에서 패배한 투키디데스는 스파르타군에게 붙잡히게 되고 포로로 유배 생활을 하는 동안 아테네가 몰락하는 것을 목격한다. 한때 그리스 세계를 호령하던 아테네의 충격적인 몰락과 그리스 전체를 참화로 몰아넣은 전쟁의 기원과 전개를 자기 나름대로 객관적인 서술 분석을 시도한 투키디데스는 아테네의 무리한 패권적 정책과 페리클레스라는 탁월한 지도자의 갑작스런 죽음, 이후의 국론 분열과 선동 정치가의 실정을 아테네 몰락의 일차적 원인으로 기술한다. 동시에 이 모든 비극의 원인을 개인의 잘못이나 우발적 사건에서 찾기보다 급속하게 신장한 아테네의 세력과 이를 두려워하게 된 스파르타 간의 세력 전이라는 명제를 제시한다. 투키디데스는 8권으로 구성된 저서 1권에서 "대부분이 무시한, 전쟁의 진정한 원인은 아테네의 부상하는 힘과 이에 대한 스파르타의 위기의식이다"라고 분석한다 (Thucydides, 1972). 오늘날 부상하는 중국과 패권국인 미국 사이에 전쟁이 일어날 가장 위험한 가능성을 경고하는 "투키디데스의 함정"이라는 용어가 탄생한 배경이다.

한편 국가 간 힘의 균형에 초점을 둔 현실주의 전쟁 이론은 좀더 구체적이고 세분화된 전쟁 가능성에 대한 이론으로 전개되기도 했다. 현실주의 전쟁 이론 내부의 세분화 과정은 공격적 현실주의(offensive realism)와 방어적 현실주의(defensive realism) 간 논쟁으로 이어지기도 했다. 공격적 현실주의 학파의 대표 격인 미어샤이머는 전쟁의 원인을 분석함에 있어 강대국 세력 전이가 전쟁으로 이어진다는 것에서 더욱 나아가 세력 전이가 발생할 당시의 힘의 균형이 어떠한 형태로 이뤄져 있는지의 여리 다른 구조적 조건에 주목한다. 즉 세력 전이가 일어나는 당시의 국제구조에 따라 전쟁이 일어날 가능성이 상대적으로 높거나 낮을 수 있다는 것이다.

미어샤이머에 따르면 강대국 간의 세력전쟁 가능성은 국체체제의 구조상의 2가지 변수에 그 가능성이 좌우된다. 1차 변수로 국제체제가 양극이냐 다극이냐에 따라 강대국간 전쟁의 가능성이 달라진다. 단순히 2개 강대국이 존재하는 양극체제에 비해 3개 이상의 강대국이 존재하는 다극체제의 경우 이들 간 전쟁이 생길 경우의 수가 많아진다. 즉 2개의 강대국으로만 이뤄진 양극체제의 2의 조합은 두 강대국 사이 1개의 전쟁 가능성만 있지만, 3개 강대국이 존재하는 3극체제에서는 이들 3개국 간 6개의 전쟁 가능성이 있다. 따라서 첫째 변수로 양극체제나 3극 이상의 다극체제냐의 변수에 따라 세력 전이에 따른 강대국 패권 전쟁 가능성이 훨씬 높아질 수 있다는 것이다. 또한 다극체제는 2차 변수인 전체 체제를 불안정하게 만드는 국가 간 힘의 불균형이 생기기가 더욱 쉽다. 또한 서로 상대해야 할 대상이 많아지면서 이들 간 오해와 불신의 가능성도 커진다. 두 번째 변수는 이들 강대국 간 힘의 균형이 균등하냐 불균등하냐의 차이다. 즉 2차 변수로 같은 체제 내에서도 힘의 배분이 균등한지, 불균등한지에 따라 전쟁의 가능성 또한 달라진다. 힘이 불균등한 경우 잠재적 패권국이 더욱 큰 지역패권을 추구할 가능성을 높게 만들고 이는 패권 전쟁으로 이어질 가능성을 크게 만든다. 역으로 이러한 잠재적 패권국의 존재는 상대 국가들로 하여금 잠재적 위협에 대한 반패권 견제 심리를 강화시켜 결국은 예방 전쟁의 가능성을 높인다. 〈그림 1〉은 미어샤이머의 이론을 정리해 도식화한 것이다.

이 2가지 변수를 역대 강대국 전쟁의 사례에 적용할 수 있다. 미어샤이머는 1772년에서 1990년에 이르는 유럽의 역사를 양극체제, 균형적 다극체제, 불균형의 다극체제로 구분해 영국, 독일, 프랑스, 러시아, 오스트리아, 이탈리아 등 유럽의 주요 강대국을 중심으로 전쟁을 분석했다. 미어샤이머는 냉전 시기 미국과 소련처럼 힘의 배분이 균등한 양극체제가 가장 전쟁의 가능성이 적은 안정적인 국제체제라고 정의한다. 실제 냉전은 양국 간의 치열한 이념 대립과 군비 경쟁에도 이들 간의 직접적인 전쟁 없이 50여년을 유지하다가 소련의 붕괴로 막을 내렸다. 이에 비해 17, 18세기 유럽처럼 힘이 비교적 균등하지만 3개 이상의 강대국이 존재하는 다극체제에서는 강대국 간의 전쟁(great power wars)이 자주 일어났다고 분석한다. 특히 1, 2차 세계대전 직전 처럼 강대국 다극체제 속에서 이들 중 어느 한 국가의 힘이 급속히 성장하며 패권을 추구하는 불균형 다극체제

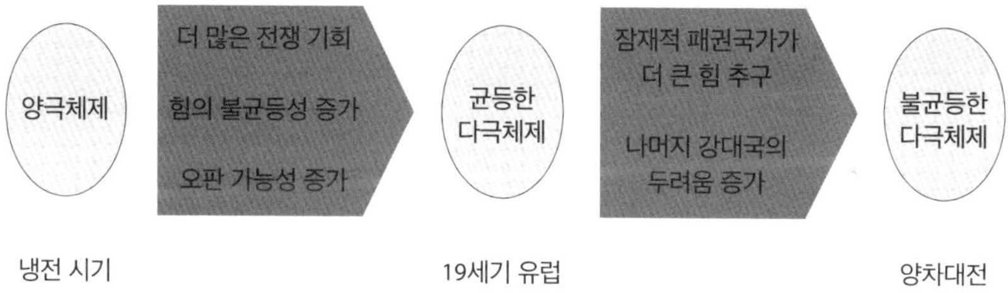

그림 1. 미어샤이머의 국제정치 구조에 따른 전쟁 가능성

가 나타날 경우 가장 위험한 세계적 전쟁(central wars)이 일어날 가능성이 커진다고 주장한다(Mearsheimer, 2001: 334-402).

한편 같은 국제체제 구조 내에서도 각국이 추구하는 무기 체계의 성격에 따라 선쟁의 가능성을 가늠하기도 한다. 로버트 저비스에 의하면 무기 체계의 성격이 공격이 방어에 비해 우세할 경우 전쟁이 더 일어나기 쉽고, 또한 공격과 방어의 구분이 불명확한 경우 그 위험성은 더욱 커진다고 분석한다(Jervis, 1978). 즉 공격적인 무기가 우세한 경우 혼돈 상태에서 서로 불신하는 국제체제의 특성상 유리한 공세적인 무기를 서로 구축하려는 군비경쟁이 일어나게 되고 그 과정에서 전쟁을 원치 않음에도 적의 선제공격에 대한 두려움으로 상호 전쟁을 시작할 가능성이 높아진다는 것이다. 공격이 최선의 방어라는 명제가 작동하는 것이다.

두 번째 변수는 공세적인 무기와 방어적 무기의 구분이 명확한지의 여부다. 상대방이 구축하는 무기 체계를 보면 평화를 원하는지 침공을 할지 파악이 비교적 쉽다. 그 결과 안보딜레마의 불안정이 줄어드는 효과가 나타나고 상호 불신에 의한 전쟁 가능성이 줄어들게 된다는 것이다. 문제는 현실에서는 공격용 무기와 방어용 무기의 구분이 종종 어렵다는 것이다. 2차대전 당시 대표적인 공격용 무기로 사용된 탱크는 용도에 따라 상

표 1. 저비스의 공격 방어 무기 체계와 전쟁 가능성

	공격 우위	방어 우위
공수 구분 불가능	위험한 전쟁 가능성 배가	안보딜레마가 있지만 안보 확보가 가능
공수 구분 가능	안보딜레마는 없지만, 공격이 있을 수 있고, 동시에 사전 위험 인지 가능	전쟁 감소 안정성 배가

대의 공격에 맞서기 위해 사용될 수 있다. 대부분의 무기가 그러하다.

이러한 두 변수에 따른 전쟁의 가능성을 분석하면 공격이 우세하고 공수의 구분이 없는 경우가 가장 전쟁이 일어날 위험과 가능성이 크다. 반대로 방어가 우세한 상태에서 공수의 구분이 명확하다면 서로 다른 이유에 의해 전쟁을 원하지 않는 한 전쟁이 일어날 가능성이 가장 적다. 〈표 1〉에 구분했듯이 공수 구분이 불가능하지만 방어가 우위에 있는 경우는 공수 구분이 불가능하기 때문에 방어용 무기 체계의 구축이 상대방의 의심과 군비경쟁을 일으키는 안보딜레마가 여전히 나타난다. 그러나 방어가 우위에 있기 때문에 공격 우위보다는 상대적으로 안심하고 안보 확보가 가능하고 서로 공격을 자제하는 상황이 나타난다. 반대로 공수 구분이 가능하지만 공격이 우위에 있으면 상대방의 무기 체계 확보에 대한 의도가 명확하게 구분되어 안보딜레마의 가능성은 적다. 문제는 공격의 우위로 인해 침략적인 국가의 공격 욕구가 강화될 수 있다. 동시에 그러한 국가의 무기 체계 확보나 구성 내용을 보고 사전에 공격 위험을 미리 인지해 대비할 수 있다.

그런데 매사추세츠공과대학교(MIT)의 정치학 교수 스티븐 반 에베라(Stephen Van Evera)는 현실에서는 방어가 공격에 비해 우세한 경우가 많다고 지적한다. 전통적으로 공수 구분에서 공격자는 상대방의 지역을 침공해 들어가야 하기 때문에 같은 조건이면 3배 정도의 군사력이 필요하다고 이해된다. 즉 방어가 공격에 비해 3배 정도 유리하다는 것이다. 또한 국제정치에서 안보딜레마가 작동하는 기저에는 대부분의 국가가 무력을 가지는 이유는 방어를 목적으로 한다는 전제가 있다. 즉 북한을 포함해 그 어떤 나라도 공식적으로 다른 나라를 침공하기 위해 군사력을 키우는 경우는 없다는 것이다. 따라서 실제 대부분의 국가가 방어를 추구한다는 현실과 일반적으로 방어가 공격에 우위에 있는 속성을 고려하면 전쟁이 막상 일어나기는 쉽지 않다는 것이다. 따라서 각국이 외부 위협에 대한 과도한 우려를 지양하고 이성적인 현실 파악만 된다면 실제 전쟁이 일어나는 것을 크게 걱정할 필요가 없다고 주장한다(Van Evera, 1998). 이러한 점에서 그의 주장은 방어적 현실주의로 이해된다.

3) 구성주의 전쟁 이론

구성주의(constructivism)는 국제정치를 이해하는 주요한 변수로 현실주의의 힘의 관계와 자유주의의 제도와 더불어 관념, 생각(ideas) 혹은 정체성(identity)의 중요성을 제시한다. 20세기 후반 핵전쟁의 공포 속에 영원히 지속될 것 같던 미소 경쟁과 냉전은 1990년대 초 소련의 갑작스러운 붕괴로 끝나게 된다. 문제는 국제정치의 이론의 양대 산맥으로 자리 잡은 현실주의와 자유주의 이론 모두 이를 전혀 예측하지도 또 그 이유를 제대로 설명하지 못한 것이었다. 현실주의 입장에서는 가장 안정적인 힘의 균형 상태로 여겨진 양극체제가 하루아침에 무너진 것을 설명하기가 어렵게 되었다. 비민주적 공산주의 독재체제와 자유민주 진영 간의 필연적인 전쟁을 예견하던 자유주의 입장에서도 소련의 일방적인 몰락은 이해하기 어려운 현상이었다.

결국, 소련의 몰락은 사회주의 계획경제의 고질적인 비효율과 부패구조를 개혁하려던 당시 미하일 고르바초프 공산당 서기장의 개혁개방정책이 의도하지 않은 체제 붕괴로 이어진 것으로 이해되었다. 1985년 54세의 젊은 나이로 소련 공산당 최고지도자에 오른 고르바초프 서기장은 사회주의 계획경제의 쇠락에 내부 개혁의 동력을 마련하기 위해 미국과의 군사 경쟁과 체제 대결을 지양하고 관계 개선을 통해 외부 압박을 줄이고 국내 문제에 전념하는 개혁개방정책을 추구했다. 고르바초프의 외교정책에 당시 로널드 레이건 대통령이 적극적으로 화답하면서 미소 간 정상회담은 물론 중거리 전략핵무기 감축 협상 등의 실질적인 군축으로 이어진다. 그러나 고르바초프의 개혁은 그동안 소련 내부에 축적된 정치, 경제 사회의 고질적인 병폐에 너무 급격한 변화를 가져오면서 뜻하지 않은 체제 균열을 가져왔다. 특히 소련의 강력한 통제하에 위성국가로 전락한 동유럽의 폴란드, 헝가리, 루마니아 등 주변 국가에서 자유주의 운동이 촉발되고 급기야 1989년 동서독의 베를린 장벽이 무너지자 1991년 소련연방도 해체의 길을 걷게 된다. 철의 장막으로 불린 소련과 동유럽 공산주의 체제의 붕괴와 함께 냉전의 종식이라는 거대한 변화가 일어난 것이다.

그 과정에서 주목된 것이 40년간 적대적 관계였던 미소 관계가 젊은 소련 지도자의 정책 변화로 인해 하루아침에 우호 관계로 전환된 것이었다. 어제의 적이 오늘의 친구가 된 것이다. 이를 통해 냉전의 거대한 구조가 무너진 데는 결국 국제정치의 구조나 자유주의 제도의 수립에 못지않게 국제관계를 바라보는 생각이나 시각, 특히 지도층의 사고와 결정이 매우 중요한 변화의 요인이 될 수 있다는 이론이 등장하게 되었다. 근대 국제정치 이론의 양대 산맥, 즉 힘의 현실주의와 제도의 자유주의 모두를 비판한 구성주의가 제3의 대안 이론으로 등장한 배경이다.

구성주의 이론가들은 사회학과 심리학에서 출발해 국제정치를 움직이는 주요 요인으로 국가나 국제체제에 작동하는 추상적인 힘의 구조나 제도보다 국가를 실질적으로 구성하는 인간의 사고와 관념에 주목한다. 국가 간 관계가 힘의 관계에 좌우된다는 현실주의나 국가 간 협력의 과정이나 제도의 확립을 중시하는 자유주의만으로는 국제정치의 다양한 변화를 설명하기 힘들다는 것이다. 특히 힘의 물질적 배분 관계를 중시하던 현실주의에 대한 대안 이론으로 국제정치는 단순한 힘의 배분에 못지않게 이를 바라보는 주관적 관념과 정체성 그리고 상호 인식의 형성이 중요함을 강조한다.

단적인 예로 냉전 중 미국이 소련이나 중국은 가장 위협적인 존재로 인식하지만 같은 핵을 가진 영국이나 프랑스는 가장 믿을 수 있는 동맹으로 여기는 것은 현실주의에서는 설명하기 어려운 현상이다. 마찬가지로 미국이 캐나다는 가장 우호적인 국가로 여기지만 같은 주변국인 쿠바는 냉전이 끝난 이후에도 최근까지 적대 관계를 유지한 것도 결국은 힘의 관계 차이에 의한 차이보다는 상호를 바라보는 불신과 적대의식에 기인하는 것으로 설명된다. 현실주의에서 국제관계의 가장 중요한 특징으로 설명하는 무질서 상태에서의 만인의 만인에 대한 투쟁 속에서도 서로의 인식과 상호 교류에 따라 적대 관계가 될 수도, 우호 관계가 될 수도 있다는 것이다.

"국제정치의 무질서는 그것을 어떻게 보느냐에 달렸다(Anarchy is what to make of it)"라고 정의한 구성주의의 대표주자인 알렉산더 웬트는 무질서가 국가 간 관계를 규정하기보다 국가 간 상호 인식이 무질서의 성격을 규정한다는 주장을 편다. 현실주의가 주장하듯이 국가 간 관계를 근본적인 경쟁과 불신으로 만드는 무질서가 영원불변한 것이 아니라 오히려 국가 간의 상호 인식과 교류에 따라 무질서의 성격이 적대적이거나 우호적일 수도 있다는 것이다(Wendt, 1992). 현실주의는 무질서 상태의 국제정치에서는 양자 혹은 다자와 같은 다른 구조의 힘의 균형이 국가의 행태와 관계를 지배한다고 주장한다. 반대로 구성주의는 오히려 국가 간의 상호 인식과 작용에 따라 무질서 구조의 성격과 국가 관계가 다르게 구성되거나 구축될 수 있다는 것이다. 상대를 적으로 대하면 적대적 무질서 관계가 성립되고, 친구로 대하면 우호적 무질서 관계가 형성된다는 것이다. 이 과정에서 특히 중요한 것은 국가지도자나 사회 지도층의 역할이다. 외교와 안보의 영역은 각종 사안과 정책 결정 과정이 복잡해 일반 국민의 의사가 사안별로 직접 작용하기 어렵다. 대신 국가를 대표하는 정책 전문가나 정책 결정자의 역할이 국내 정치에 비해 큰 비중을 가진다. 따라서 이들이 타국과 관계를 어떻게 인식하고 설정하느냐에 따라 국가 간 관계가 큰 영향을 받게 된다. 앞서 말한 고르바초프 서기장의 경우가 대표적이다.

한편 이러한 구성주의적 접근은 탈냉전 이후 새로운 전쟁의 가능성을 문명 간 충돌에서 찾은 하버드대학교 정치학과 교수 새뮤얼 헌팅턴(Samuel Huntington)의 '문명충돌론'에서도 드러난다. 헌팅턴은 『포린어페어스(*Foreign Affairs*)』 1993년 판에 게재한 "문명충돌(Clash of Civilization)"이란 제목의 논문과 후속 저서 『문명의 충돌(*The Clash of Civilizations and the Reclaiming of World Order*)』에서 탈냉전 이후 새로운 국제분쟁의 주요소로 서로 다른 문명 간의 전쟁 가능성을 주장했다. 그에 의하면 국제정치에서 분쟁과 전쟁은 17-18세기 유럽의 왕조 간 대립, 19세기와 20세기 초의 근대 국민국가 간 대립, 20세기 후반 공산주의 대 자본주의 이념 대립에서 21세기 역사, 종교, 언어 등으로 구분되는 문명 간의 충돌로 전이되리라 예측했다. 헌팅턴은 세계를 서구, 유교, 일본, 이슬람, 슬라브정교,

중남미와 아프리카의 7개 문명권으로 구분했다. 이들 문명은 한 사람이 2개의 국적을 가지거나 사회민주주의 이념을 받아들일 수 있지만 동시에 2개의 종교를 숭배하기가 어려운 것처럼 국가나 이념에 비해 타협이 어렵고 상호 배타적인 속성을 지닌다고 분석한다(Huntington, 1993). 문제는 20세기 정보통신기술의 발달로 문명 간 접촉과 갈등이 피할 수 없는 현실이 되었다는 것이다. 남녀 간 자유로운 만남과 접촉을 죄악으로 여기는 이슬람 종교를 믿는 무슬림 문명사회에 TV와 인터넷을 통해 전파되는 서구의 자유분방한 문화는 자신들의 가치를 위협하는 존재로 인식된다. 자유로운 이성 교제를 넘어 동성 간 연애를 허용하는 서구 문화가 전통의 가치를 고수하는 사회에는 자신들의 가치관을 무너뜨리는 치명적인 이단 행위로 여겨지는 것도 같은 맥락이다. 헌팅턴의 문명충돌론은 일본을 단일 문명을 볼 수 있는지, 같은 문명권 내 이라크-이란 전쟁을 어떻게 설명할지 등 많은 논란을 낳았다. 그러나 한편 2001년 미국의 강타한 9.11 테러와 이후 미국이 아프가니스탄과 중동의 이슬람 국가를 중심으로 한 지역에서 지구적 테러와의 전쟁에 나서면서 21세기 문명충돌적 현상이 나타나기도 했다.

4. 마치며: 21세기 동북아 전쟁과 평화의 미래

클라우제비츠는 전쟁은 그 무엇보다 파괴적이고 비극적인 결과를 초래하기 때문에 최대한 싸우지 말고 피하라고 경고했다. 그러나 우리는 현재 20세기 2차대전 이후 70년의 평화가 21세기 미중 패권 경쟁으로 이어지는 현실을 바라보고 있나. 그렇다면 현실주의에서 예상하듯 중국의 강력한 부상은 미중 패권 전쟁으로 이어질까? 미중이 전쟁을 벌일 경우 동북아와 한반도는 안전할까? 다행히 아직 미중 간에 군사적 무력 충돌의 움직임은 보이지 않는다. 미중 패권 전쟁이 발발하지 않는 이유에 대해 현실주의자들은 여전히 미국의 경제력이 우세한 상태에서, 미국이 압도적인 군사력과 강고한 동맹을 기반으로 동아시아에 강력한 역외 균형자로서의 역할을 하기 때문이라고 설명한다(Mearsheimer, 2001). 한편에서는 20세기에 등장한 핵무기가 냉전시기 미소 간 충돌을 막은 것처럼, 미중 간에도 직접 충돌을 막는 강력한 요인으로 작동한다고 분석한다. 그러나 동시에 미어샤이머는 냉전 이후 유럽과 동북아에 지속된 강대국 간의 평화가 2020년 이후까지 지속되지 않을 것이라고 예상한다. 특히 동북아의 경우 중국의 급속한 부상은 미국과의 패권 경쟁과 충돌로 이어질 가능성이 크다는 것이다. 따라서 미중 충돌을 막고 미국의 장기적 이익을 보호하기 위해서는 중국의 부상을 막고 봉쇄하는 정책을 추구해야 한다고 주장했다. 이는 반대로 미국의 국력이 상대적으로 쇠퇴하고 동맹에 대한 공약과 지도력을 상실할 경우 미중 간의 전쟁 가능성이 높아질 수도 있다는 것으로 이해된다. 2016년 트럼프 대통령이 미중 무역 전쟁을 시도한 것은 이러한 현실을 반영한 것으로 이해되기도 한다. 동시에 트럼프로 인해 미국의 지도력과 동맹정책에 대한 강한 의구심이 제기되는 것 또한 현실이다. 이후 들어선 바이든 행정부에서 트럼프가 추구한 대중 무역전쟁과 4자 안보 회담(Quardrilateral Security Dialogue, Quad)과 같은 봉쇄정책을 지속하면서 대만 등을 둘러싼 미중 갈등도 고조되고 있다.

민주주의와 더불어 시장, 제도를 강조한 자유주의 입장에서는 미중을 포함한 동아시아 국가 간의 증가하는 경제 교류와 상호 이해의 증진은 이들 간의 전쟁을 막는 가장 중요한 요소다. 애덤 스미스가 주장한 상생과 상호 의존의 선순환이 갈등과 분쟁을 막는다는 것이다. 동시에 이 과정에서 로버트 코헨(Robert Keohane)과 같은 신자유주의(Neo-Liberalism) 기능주의자(functionalist)의 입장에서는 동아시아 국가들이 제도적 틀 안에서 각종 의사소통과 정보교환을 통해 상호 협력을 촉진하는 기능을 가진 국제체제(international regime)를 발전시킴으로써 이들 간 상호 의존성과 소통을 강화해 갈등보다는 협력을 증진시킨다(Keohane, 2005). 문제는 미국 우선주의를 표방한 미국의 보호무역정책이 미중 무역은 물론 전 세계의 자유무역을 위축시켜 미국 주도의 자유주의 국제질서가 위험에 처했다는 진단이 나타나고 있는 것이다(차태서, 2019; Haass, 2021; Ikenberry, 2011). 그러나 동시에 한중일 간의 여전한 경제적 교류와 동아시아를 중심으로 재편되고 있는 역내포괄적동반자협정(Regional Comprehensive Economic Partnership, RCEP)이나 포괄적·점진적 환태평양 경제동반자협정(Comprehensive and Progressive Agreement for Trans-Pacific Partnership, CPTPP)와 같은 자유무역협정의 체결은 이 지역에서 여전히 경제적 상호 의존과 자유무역의 제도적 발전이 상호 충돌을 막는 주요한 역할을 할 가능성을 제기한다.

한편, 미중 간의 경쟁과 신냉전을 통해 자유민주주의를 중심으로 한 미국과 공산당 독재를 표방하는 중국의 정치제도 간 이념 대결 또한 격화되는 모습이 드러난다. 중국의 신장, 위구르를 둘러싼 인권 논쟁이나 홍콩, 대만의 자유민주주의에 대한 중국 정부의 태도를 비난하는 미국과 서구의 모습에서 민주주의 대 독재의 자유주의 전쟁 이론의 요소가 나타나고 있는 것이다. 만약 대만 독립에 대한 미국과 일본 등의 지지가 중국의 대만 침공으로 이어지고 여기에 미국을 위시한 자유 진영이 참전하게 된다면 자유주의 국제질서의 수호라는 자유주의 이론의 전쟁 이론이 다시 득세하게 될 수도 있다. 그러나 한편, 과연 미국이 자유 이념의 수호를 위해 막대한 인명 피해와 위험을 무릅쓰고 대만을 위해 중국과 전쟁에 나설지에 대한 의문 또한 제기된다(Glaser, 2021).

미중 경쟁과 동북아의 불안정한 정세를 마주한 한반도와 대한민국의 운명 또한 중대한 기로에 서있다. 김정은의 전체주의체제 아래 남한을 적대시하는 정책을 포기하지 않은 북한은 20세기 미소 간의 이념대립에 근거하는 전형적인 군사위협이다. 비무장 지대를 사이에 둔 남북의 군사 대치 상황은 기본적으로 변한 것이 없다. 독재자 김일성과 김정일을 이어 김정은 위원장까지 삼대를 세습한 북한은 핵을 6번 이상 실험하며 핵무장에 박차를 가하고 있다. 자유민주국가인 미국은 전체주의 김정은 정권의 핵 개발을 한반도와 동북아에 가장 심각한 위협으로 규정한다.

한편 21세기 중국이 부상이 본격화되면서 21세기 한반도와 동북아를 둘러싼 미중의 패권 경쟁이 한층 격화되고 있다. 공산당 일당 독재를 유지한 채 세계의 경제, 군사대국으로 부상하는 중국은 세계의 유일패권국 미국의 지위를 심각하게 위협하는 것으로 인식된다. 중국의 부상은 구한말 이후 100년 만에 한반도를 둘러싼 근본적인 세력 전이가 일어나고 있는 상황과 위험을 초래하고 있다. 동북아시아에서 자유주의와 현실주의에서 경고하는 2가지 전쟁의 위협이 동시에 전개되고 있는 것이다.

한국은 미국과 자유민주주의 가치를 공유하며 강력한 한미동맹을 통해 북한의 군사위협에 현실주의적 억지력으로 대응하고 있다. 동시에 남북 관계의 개선을 통해 적대 관계를 해소하고 반만년에 걸쳐 내려온 한민족의 평화적 공존을 추구하고 있다. 트럼프 대통령과 김정은 위원장의 극적인 만남은 한반도에도 1990년대 초와 같은 구성주의 냉전의 종식 가능성을 보여 주었다. 어떠한 전쟁도 좋거나 쉬운 전쟁은 없기 때문에 전쟁을 하지 않는 것이 가장 좋다는 클라우제비츠의 교훈은, 20년 만에 패퇴하는 미국의 아프가니스탄 철수에서 다시 한번 증명되었다.

한반도에도 예외는 없다. 자유민주주의와 한미동맹을 바탕으로 한반도 종전선언과 남북평화협정, 북미 관계 정상화, 한반도 평화체제 구축을 주도할 대한민국의 적극적인 역할이 그 어느 때보다 중요하다.

참고문헌

차태서. 2019.「예외주의의 종언? 트럼프 시대 미국패권의 타락한 영혼」.『국제·지역연구』28(3): 1-30.

차태서·서정건. 2017.「트럼프 행정부와 미국외교의 잭슨주의 전환」.『한국과 국제정치』33(1): 63-91.

Allison, Graham. 2017. *Destined for War: Can America and China Escape Thucydides's Trap?*. Houghton Mifflin Harcourt.

Biden, Joseph R. 2020. "Why America Must Lead Again: Rescuing U.S. Foreign Policy After Trump." *Foreign Affairs* (March/April).

Blinken, Antony J. 2001. "A Foreign Policy for the American People." US Department of State (March 3).

Carr, E. H. 1940. *The Twenty Years' Crisis, 1919-1939: An Introduction to the Study of International Relations*. London: Macmillan and Co., Limited.

Clausewitz, Carl von, ed. and tr. by Michael Howard. 1993. *On War*. London: Everyman's library.

Glaser, Charles L. 2021. "Washington Is Avoiding the Tough Questions on Taiwan and China: The Case for Reconsidering U.S. Commitments in East Asia." *Foreign Affairs* (April 28).

Global Times. 2021. "Quad Mechanism Turning into 'Sinister Gang of Indo-Pacific" (September 23). https://www.globaltimes.cn/page/202109/1234988.shtml.

Haass, Richard N. 2021. "The Age of America First." *Foreign Affairs* (November/December).

Haass, Richard N., and Charles A. Kupchan. 2021. "The New Concert of Powers: How to Prevent Catastrophe and Promote Stability in a Multipolar World." *Foreign Affairs* (March 23).

Handel, Michael. 1991. "Sun Tzu and Clausewitz: The Art of War and on War Compared." *Professional Readings in Military Strategy*. No. 2, Strategic Studies Institute. U.S. Army War College. Carlisle Barracks. Pennsylvania. http://www.

dtic.mil/dtic/tr/fulltext/u2/a239084.pdf.

Huntington, Samuel P. 1993. "The Clash of Civilizations?" *Foreign Affairs*. 72(3): 22-49.

Ikenberry, G. John. 2011. *Liberal Leviathan: The Origins, Crisis, and Transformation of the American World Order*. Princeton: Princeton University Press.

Jervis, Robert. 1978. "Cooperation under the Security Dilemma." *World Politics* 30(2): 167-214.

Kant, Immanuel. 1957. *Perpetual Peace*. New York: Liberal Arts Press.

Keohane, Robert O. 2005. *After Hegemony: Cooperation and Discord in the World Political Economy*. Princeton: Princeton University Press.

Kupchan, Charles A., and Peter L. Trubowitz. 2021. "The Home Front: Why an Internationalist Foreign Policy Needs a Stronger Domestic Foundation." *Foreign Affairs*. 100(3): 92-101.

Lind, Jennifer, and Daryl G. Press. "Should South Korea build its own nuclear bomb?." The Washington Post. October 7. 2021

Mearsheimer, John J. 2001. *The Tragedy of Great Power Politics*, New York: Norton.

Mearsheimer, John J., and Stephen Walt. 2016. "The Case for Offshore Balancing: A Superior U.S. Grand Strategy." *Foreign Affairs*. 95(4).

Morgenthau, Hans J. 1948. *Politics among Nations: The Struggle for Power and Peace*. New York: A.A. Knopf.

Pompeo, Michael R. 2020. "Communist China and the Free World's Future" (July 23). https://www.state.gov/communist-china-and-the-free-worlds-future/.

Thucydides, tr. by Rex Warner and M. I. Finley. 1972. *History of the Peloponnesian War*.

Van Evera, Stephen. 1998. "Offense, Defense, and the Causes of War." *International Security* (Spring) 22(4): 5-43.

Walt, Stephen. 2021. "Is Biden's Foreign Policy Failing?" *Foreign Policy* (September 30).

Waltz, Kenneth N. 1959. *Man, the State, and War: A Theoretical Analysis*. New York: Columbia University Press.

Waltz, Kenneth N. 1979. *Theory of International Politics*. Reading: Addison-Wesley Pub. Co.

Wendt, Alexander. 1992. "Anarchy Is What States Make of It: The Social Construction of Power Politics." *International Organization* 46(2): 391-425.

White House. 2021. "Interim National Security Strategic Guidance" (March 3).

White House. 2021. "Remarks by President Biden before the 76th Session of the United Nations General Assembly" (September 21). https://www.whitehouse.gov/briefing-room/speeches-remarks/2021/09/21/remarks-by-president-biden-before-the-76th-session-of-the-united-nations-general-assembly/.

6 안보와 평화

국제정치학 안보 이론과 동북아시아 평화

전재성

1. 들어가며

전쟁의 소멸과 영구적인 평화를 향한 인간의 갈망은 전 역사를 통해 지속되었지만 인간이 전쟁과 폭력 없는 시대에 살 수 있는가는 여전히 미지수다. 유사 이래 인간이 행사해 온 폭력은 점차 줄어들었고, 인간의 존엄성과 인권에 대한 의식이 증가한 것도 사실이지만 국가 간 전쟁은 이어지고 있다. 특히 기술의 발달로 전쟁의 파괴력은 더욱 커져 앞으로 국가 간 전쟁이 발생한다면 피해는 막대할 것이다. 전쟁의 소멸뿐 아니라 외부의 억압 없이 개개인이 잠재력을 온전히 발휘하고, 서로 원하는 바를 실현하도록 협력할 수 있는 시대가 도래할지는 더욱 미지수다. 안토니우 구테흐스(António Guterres) 유엔사무총장이 2020년 7월에 제출한 '평화구축과 평화의 지속화(Peacebuilding and Sustaining Peace)' 보고서를 보면 인류의 고난은 가중되고 있다. 보고서에 따르면, 세계 인구는 지속적으로 증가하는 빈곤, 불평등, 배제, 평화와 안보에 대한 위협에 직면해 있다. 2019년 말 기준으로 '강제 실향민(forcibly displaced people)'은 7,950만 명에 이르렀고, 이는 지난 20년 동안 2배 증가한 수치다. 또한 2019년에는 어린이 1,900만 명이 분쟁과 폭력으로 '국내 실향민(internally displaced people)'이 되었다. 2018년 말 기준으로 분쟁의 영향을 받는 국가의 18%만이 기본 필요와 관련된 SDGs를 달성하는 궤도에 있는 것이 현실이다. 인간 개발의 불평등이 지속되는 가운데 코로나바이러스감염증(코로나19) 팬데믹과 기후변화로 인한 고통은 더욱 증가하고 있다.

여기에 더해 인간과 조직, 지도자들 간 신뢰의 격차는 점점 커지고 있다. 전 세계적으로 지난 10년 동안 대규모 시위와 불안이 증가했으며 2019년에는 그 강도가 더 높아졌다. 2019년과 2020년에 전 세계 시위는 여성의 권리뿐만 아니라 더 큰 포용, 평등, 기후행동과 정의를 요구해 왔지만 성과는 충분하지 못하다. 인종차별은 더욱 심화되고 있으며, 정의와 지속 가능한 개발 및 평등에 대한 위협은 더욱 만연해지고 있고 또 체계적이다. 이러한 상황에서 안전보장과 평화가 개선될 것으로 보기는 어렵다. 냉전 종식 이후 30년이 경과되면서 많은 국가는 세계화의 문제점, 빈부 격차의 심화, 자국 우선주의와 인종주의 등 새로운 문제에 직면해 왔고 이에 대한 국제협력은 충분하지 못한 상황이다. 2022년 미국과 중국, 러시아 등 강대국들의 갈등은 점차 심화되고 군비경쟁과 군사력 건설, 전쟁 준비도 속도를 더해 가고 있다. 이들 간의 이해관계 충돌로 세계 어느 지역에서건 국지전이 발생하면 점차 긴장이 상승되어 핵무기를 가진 국가 간 전면전으로 발전하지 않는다고 장담하기 어렵게 되었다. 더구나 4차 산업혁명의 새로운 기술을 활용한 군비경쟁은 향후 전쟁의 놀라운 파괴성을 예고하고 있다. 인공지능, 양자컴퓨터, 무인전투장비, 로봇, 사이버 무기, 전자기 무기, 극초음속 무기, 우주 무기 등 놀라운 파괴력을 가진 무기들이 급속한 속도로 개발되고 있으며 이를 관리할 규제 레짐(regime)이 만들어지려면 시간과 노력이 많이 필요할 것이다.

전쟁을 막는 안전보장, 즉 안보의 목적은 평화에 비하면 소극적이고 제한된 목표다. 안보의 문제와 별개로 인간이 보다 행복한 삶을 살 수 있는가, 즉 소극적 평화를 넘어 적극적 평화를 이룰 수 있는가의 문제는 더욱 어렵다. 빈곤과 인권, 여성, 개발, 기후환경, 팬데믹 등 산적한 문제 속에서 개별국가 차원의 대응은 한계가 있고 유엔과 같은 국제기구의 노력이 더욱 절실한 때다. 유엔은 어느 때보다 시급하게 공동의 다자주의적 비전을 구축하고, 연대를 증진하고, 국제 제도 시스템 전반에 걸쳐 역량을 강화해 포괄적이고 지속 가능한 개발을 달성하고 평화를 유지하려는 노력을 기울이고 있다. 그럼에도 미래의 비전은 여전히 미지수다.

이러한 상황에서 안전의 보장과 평화는 중요한 주제다. 안보 연구와 평화 연구는 국제정치학을 비롯해 여러 분과에서 연구되고 있으며, 상당 부분 중복되는 연구 분야와 비전을 간직하고 있으면서도 연구의 목표나 범위, 방법을 둘러싸고는 일정한 차이와 거리를 가지고 있다. 일반적으로 국제정치학은 국가 간 전쟁과 안보 연구에 집중하는가 하면, 평화 연구는 사회과학은 물론 인문학의 여러 분야의 학제적 연구로 이뤄지는 경향이 강하다. 이 장에서는 안보 연구와 평화 연구가 각각 어떠한 내용을 담고 있는지, 현재까지 발전의 궤적이 어떠한지, 향후 안보와 평화의 가치를 어떻게 함께 달성할 수 있을지에 대해 살펴보기로 한다.

2. 안보 연구와 평화 연구

1) 안보 연구

우리가 살고 있는 세계는 주권국가를 단위로 하는 국제정치체제로 이뤄져 있다. 주권국가로 인정된 정치체는 일정한 영토와 국민 그리고 이를 책임지는 효율적인 정부를 가지고 있다. 일단 주권국가로 인정되면 다른 국가와 국제사회의 어떠한 명령에도 종속되지 않는 최고의 권위와 정당성을 소유한다. 무엇보다 주권국가는 정당하게 폭력, 즉 군사력을 독점할 수 있기에 자국의 이익을 위해 폭력을 조직적으로 생산하고 행사할 수 있다. 즉, 국가들은 전쟁을 수행할 능력과 권한을 소유하게 되는 것이다. 이는 국제정치가 국내 정치와 차별되는 가장 큰 특징이다. 국내 정치에서는 정부가 모든 폭력을 행사하기 때문에 국내 행위자들은 자의적으로 정당한 폭력을 소유할 수 없다.

근대 국제정치에서 전쟁은 국가만 수행할 수 있는 독점적인 권한이다. 막스 베버의 정의에 따라 국가는 정당하게 폭력을 소유할 수 있는 유일한 조직이기 때문이다. 물론 국가들의 전쟁 행위가 국제법적으로 모두 정당화되는 것은 아니다. 국제사회는 1차대전을 겪고 나서 전쟁의 비참함에 대해 깊이 성찰했고 전쟁을 불법화하는 노력을 기울였다. 1928년 8월 27일 미국의 국무장관 프랭크 켈로그(Frank Kellogg)와 프랑스 외무부 장관 아리스티드 브리앙(Aristide Briand)은 전쟁을 불법화하는 국제법안을 발의해 길을 열었다. 현재는 유엔에서 규정하는 바와 같이 방어적 목적이 아닌 전쟁은 국제법적으로 정당하게 인정받을 수 없다.

그럼에도 부당한 전쟁에 대한 국제법적 제재 수단이 여전히 결여되어 있고 전쟁 개시의 정당성을 놓고 객관적으로 명확한 판결을 내리기도 쉽지 않다. 정당한 전쟁이라도 일단 시작되면 막대한 폭력이 행사되기 때문에 평화는 무너질 수밖에 없고, 인명이 손상된다. 전쟁이 근절되지 않은 상황에서 국가들은 최고의 주권을 소유하고 있으므로 국가의 안전보장을 위해서는 자국의 군사력에 의존하는 것이 불가피하다. 즉 항시적 전쟁상태를 상정한 대외정책을 펼 수밖에 없는 것이다. 국가들이 폭력을 행사할 수 없는 제도적인 이유는 스스로 맺은 조약에 의해 국제법의 규율이 만들어질 때 이를 준수하는 경우다. 결국 국가들의 결정이 폭력 사용의 가장 중요한 기준이 된다. 이러한 상황에서 전쟁이 없는 평화상태는 쉽게 이뤄지기 어려운 것이 사실이다.

20세기에 들어 탄생한 현대 국제정치학은 국가 간의 관계, 특히 폭력이 사용되는 군사 관계를 중시하므로 국가들이 다른 국가의 폭력으로부터 어떻게 안전하게 보전될 수 있는가를 가장 중요한 문제로 여긴다. 즉, 국가의 안보를 국제정치 연구의 주된 가치로 삼는다는 것이다. 만약 자국의 안전을 보장하면서 국가들이 서로 소통하고, 공통의 이익을 보진하고, 전쟁을 방지하는 상태가 이뤄진다면 가장 이상적인 상태일 것이다. 그러나 전쟁이 불가피할 경우 전쟁을 해서라도 자국의 안전을 지키는 것이 최고의 가치가 된다.

전쟁이 없는 안전한 상태를 이룬다는 것이 바로 안전보장, 안보의 의미다. 안전, 안전보장을 의미하는 영어 security는 라틴어 *securus*에서 비롯된 것으로 없음을 뜻하는 *se*, 근심과 불안을 뜻하는 *cura*(cure)의 합성어다. 16세기 전후 중세 영어에서 안전과 안보를 뜻하는 영어 단어로 자리잡은 security는 불안, 근심, 위협, 폭력이 부재한 상태를 의미하게 되었고, 오늘날 안보 연구의 핵심 단어가 되었다.

이러한 안전한 상태, 전쟁 부재의 상태는 국가가 추구할 수 있는 매우 큰 목표지만 안보가 곧 완전한 평화를 의미하는 것은 아니다. 지속 가능한 평화의 기초가 이뤄지고 국가가 더 이상 군사력 건설과 이에 필요한 과도한 지출을 하지 않을 때 국가의 안전과 국민의 복지가 보다 완벽하게 향상될 것이 자명하기 때문이다. 만약 평화의 개념을 적극적으로 해석해 평화가 단순히 폭력이 부재한 상태가 아니라 인간의 잠재력을 개발하고 자기실현의 목적을 달성해 가는 적극적이고 긍정적인 과정으로 이해한다면 평화는 전쟁의 부재로만 정의될 수 없고 안전보장보다 더 적극적인 목적을 지향해야 한다(Richmond, 2008).

2) 평화 연구

평화는 전쟁이 발생한 인간 역사의 시원부터 항상 연구되어 온 중요한 주제였지만 현대의 평화 연구 역사는 그리 길지 않다. 1차대전이 종식되고 국제정치학이 현대 분과 학문으로 자리 잡으면서 전쟁의 재발을 막기 위한 노력을 기울였지만 본격적인 평화 연구로 자리 잡지는 못했다. 곧바로 2차대전이 발발하고 평화를 추구하기보다는 전쟁을 방지하는 것이 급선무가 되었기 때문이다. 평화를 추구하는 것이 너무나 이상적이고 달성하기 어려운 목표로 자주 확인되었기 때문에 평화학보다는 안보학이 더 핵심이 된 셈이다. 오히려 평화 연구는 국제정치학 외의 학문 분과, 예를 들어 철학, 사회학, 윤리학, 국제법학, 인문학 등에서 더욱 활발하게 논의되었고 하나의 분과에 국한되지 않는 학제적 모습을 띠었다.

현대 평화 연구의 출발점을 논할 때 요한 갈퉁을 빼놓을 수 없다. 갈퉁이 1959년 설립한 오슬로의 평화연구소에 이어 1966년 스웨덴에 스톡홀름국제평화연구소(Stockholm International Peace Research Institute, SIPRI)가 설립되면서 평화 연구 분야의 제도화에 획기적인 이정표가 세워졌다.

또한 영국 브래드포드대학교(the University of Bradford)에 1973년 평화연구학과가 설립되어 현재 세계 최대의 대학 평화연구기관이 되고 있다. 평화 연구가 분과 학문으로 등장하는 계기가 마련된 셈이다.

평화 연구는 안보 연구와 기본적인 전제들을 놓고 다른 의견을 개진한다. 즉 인간은 본성적으로 평화를 추구하고 지속할 수 있는 능력을 가지고 있다고 본다. 그런 면에서 평화 연구는 현재의 폭력 상황에 대한 분석뿐 아니라 향후 인간과 사회가 추구해야 할 평화상태를 위한 규범적 논의를 제시하고 있다. 안보 연구가 평화를 원한다면 전쟁을 준비하라고 한다면, 평화 연구는 평화를 원한다면 평화적 수단을 강구하라고 제안한다. 한편 안보 연구가 전쟁 발발의 불가피성, 원인, 전개 과정과 결과에 대한 과학적 연구를 지향하는 데 반해 평화 연구는 전쟁 회피와 갈등 해소의 가능성과 필요성에 대해 논의한다.

몇몇 학자는 안보 연구가 상정하는 전제들을 비판하는데, 1986년 11월 16일 제25차 유네스코에 의해 채택된 '폭력에 관한 세비야 선언(The Seville Statement)'은 평화 연구의 대전제를 잘 보여 준다. 유엔 평화의 해에 발표된 세비야 선언은 여러 연구 분야의 학자들의 의견을 종합해 사회과학자들이 작성한 것으로, 평화의 비전에 대한 전제들을 잘 보여 주고 있다. 이 선언에서 작성자들은 폭력과 전쟁을 정당화하기 위해 사용되어 왔던 다수의 근거 없는 생물학적 연구 결과를 비판하면서 5개의 명제를 제시한다. 첫째, 우리가 동물 조상으로부터 전쟁을 발발하는 경향을 유전받았다고 말하는 것은 과학적으로 옳지 않다. 둘째, 전쟁이나 여타 폭력적 행위가 유전적으로 우리의 본성에 갖춰져 있다고 말하는 것은 과학적으로 옳지 않다. 셋째, 인류의 진화 과정에서 다른 종류의 행위보다 공격적 행위가 선택되어 왔다고 말하는 것은 과학적으로 옳지 않다. 넷째, 인간이 폭력적 두뇌를 가졌다고 말하는 것은 과학적으로 옳지 않다. 다섯째, 전쟁이 본능이나 다른 어떤 단일한 동기에 의해 발생한다고 말하는 것은 과학적으로 옳지 않다. 결국 전쟁은 인간 본성에 기초한 것이므로 근절될 수 없고 회피할 수 없다는 생물학적 비관주의를 극복해야 하며, 폭력은 인간의 노력으로 극복할 수 있고 평화를 달성할 수 있다고 선언한다. 전쟁이 인간의 마음에서 시작하듯이 평화 역시 우리의 마음에서 시작한다는 결론이다.

20세기 사회과학 전체를 통해 안보 연구를 주로 하는 국제정치학과, 평화 연구를 주로 하는 평화학의 차이가 자리 잡으면서 안보와 평화 연구의 관계 설정이 주된 관심사로 대두하게 되었다. 안보 연구에서도 평화는 가장 중요한 목표이며 평화를 논할 때에는 갈등의 평화적 해결과 전쟁 방지, 전후의 안정적 처리도 중요한 부분이다. 따라서 안보와 평화 연구를 적절히 조화해 진정한 평화를 이룰 길을 찾아가는 것이 중요하다.

3. 국제정치학의 다양한 이론과 안보 연구

국제정치학에서 안보를 논할 때, 안전의 기본 단위는 국가이며 국가는 국민이 다른 국가의 폭력으로부터 보호되는 상황을 유지해야 할 책임을 가진다. 전쟁을 방지하기 위해 다양한 방책을 강구하고 안정적인 국제정치 환경을 이루는 것을 목표로 한다. 국제정치학은 안보를 우선적으로 이야기하지만, 동시에 평화의 목표도 논하고 있으며 이때 평화는 국가 간 전쟁 부재뿐 아니라, 전쟁을 방지하고 대비하기 위한 평화 시의 군사적 노력을 최소화하고 이에 필요한 재원을 국민의 복지와 개발, 발전에 사용할 수 있는 적극적 상태를 의미한다. 현대의 국제정치학은 다양한 이론적 갈래를 가지고 있는데 대표적으로 현실주의, 자유주의, 구성주의 등의 이론가들은 안보에 대해 각자의 견해를 제시하고 있다.

1) 현실주의와 힘에 의한 안보

현실주의는 자유주의와 함께 국제정치학 이론의 두 축을 이루는 이론으로 발전해 왔다. 1차대전이 종식된 이후 미국의 윌슨주의와 영국의 국제정치학이 자유주의 또는 이상주의적 경향을 가지고 출현했는데 이를 비판하는 이론으로 발전해 중심 이론으로 자리 잡았다. 20세기 현실주의 국제정치학 이론을 정초한 이론가들로 카, 라인홀드 니버(Reinhold Niebuhr), 한스 모겐소 등을 꼽지만, 20세기 이전에도 현실주의 경향을 가진 철학자, 역사가 등은 존재했다. 서구 역사에서 그리스 도시국가 시대에 투키디데스로 소급하기도 하고, 이후 니콜로 마키아벨리, 토머스 홉스, 장 자크 루소, 카를 폰 클라우제비츠 등 다양한 이론가가 현실주의 이론의 발전에 지적 자원을 제공했다. 이들이 공통적으로 가진 문제의식은 전쟁과 폭력으로 어떻게 인간 사회의 폭력을 제어하고 인간 집단 간 전쟁과 같은 비참한 상황을 막고 안전을 보장할 수 있는가 하는 것이었다.

현실주의 이론가들이 공통적으로 가지는 이론적 가정은 다음과 같다. 첫째, 인간 본성에 대한 가정으로 인간은 기본적으로 이기적이며 권력 지향적이라고 본다. 인간의 자기중심성은 역사를 통해 불변의 본성으로 존재해 왔고 부분적인 이타성이 존재할 수는 있지만 생존과 안전을 추구하고 권력을 극대화하는 본성을 가진다고 본다. 20세기 이전 마키아벨리나 홉스와 같은 정치철학자들, 니버나 모겐소와 같은 이른바 고전현실주의자들이 가지는 가정이다.

둘째, 인간이 집단을 이루면 인간 집단은 집단의 이익을 추구하고 이를 위해 권력을 극대화한다는 것이다. 개인적 차원에서 인간은 이타적인 행동을 할 수 있지만, 인간 집단이 형성되면 집단을 이끄는 지도자는 책임윤리를 가지고 자기 집단의 이익을 위해 노력할 수밖에 없다고 본다. 대표적인 인간 집단은 국가로서, 국가는 국민 개인들의 안전과 생존을 위해 다른 국가와의 관계에서 권력을 추구할 수밖에 없다고 여긴다. 고전현실주의와 2차대전 이후 케네스 왈츠와 같은 미국의 신현실주의자들이 공유하는 가정이다.

셋째, 17세기 유럽에서 시작된 주권국가체제는 무정부상태 조직 원리에 기초하고 있다는 것이다. 주권국가는 대내적으로 최고의 권위를 가지고 대외적으로는 배타적이고 독립적인 권위를 가지므로 주권국가들을 통제하고 제어할 초국가적인 권위가 존재하지 않는다. 자신의 안보를 스스로 책임져야 하는, 이른바 자력구제(self-help)의 원칙하에서 국가들은 권력, 특히 군사력을 극대화할 수밖에 없다.

넷째, 국가들은 자신의 권력을 극대화하려 하며 이 과정에서 국가 간의 신뢰와 상호 이익을 도모하는 데에는 한계를 가진다. 무정부상태에서 국가 간의 약속과 조약은 쉽게 파괴될 수 있고 이를 강제할 수단이 없다. 따라서 국가들은 여타 국가들과의 권력 격차를 최대한 벌리고, 상대적 이득을 추구하며, 군사력에 기반을 둔 안보 전략을 추구할 수밖에 없다. 결국 국가들이 대외적으로 독립적인 힘인 주권을 가지고 다른 국가들과 관계하기 때문에, 국가 간의 갈등이 완전히 사라질 수는 없고 군사력의 사용도 근본적으로 제거하기가 어렵다고 본다. 국가 간의 이익이 상충될 뿐 아니라 국력의 크기가 다르기 때문에 국력을 사용해 다른 국가를 압박하는 것이 가능하기 때문이다(Waltz 1979; Mearsheimer 2001).

이러한 가정은 안보의 측면에서 큰 함의를 가진다. 국가들은 다른 국가들의 침략과 공격을 막기 위해서는 스스로 힘을 키우는 방법밖에 없다. 즉, 세력균형은 국가 간의 안정을 도모하기 위한 중요한 수단이다(Nexon 2009). 국가들은 전쟁이 발발할 경우 자신이 승리할 것이라는 확신이 없으면 전쟁을 일으킬 수 없기 때문에 국가 간의 군사력 균형이 확보되는 한 전쟁의 부재상태가 유지될 수 있다.

다른 국가들에 맞먹는 군사력을 확보하는 방안은 스스로의 군사력을 증대하는 것이다. 그러나 이는 상당한 국력이 필요하고 오랜 시간이 걸리는 것이 통례다. 스스로의 힘으로 다른 국가들의 군사력에 대항할 수 없다면 다른 국가들과 군사적으로 연합해 평형을 유지할 수 있다. 대표적인 방법은 군사동맹을 맺는 것이다. 타국과 방어 또는 공격을 위한 동맹을 맺어 타국의 공격으로부터 자신을 방어하고 또 다른 타국을 공격하는데 타국의 군사력을 함께 활용할 수 있다. 자신보다 큰 힘을 가진 국가와 동맹을 맺을 경우 쉽게 안보를 확보할 수 있지만 정치적 정당성이 약화되는 교환 관계를 가지는 경우가 많다. 근대국제체제의 역사에서 이러한 세력균형이 일반화된 경우가 존재한다. 18세기 유럽의 국제체제가 전형적인 예로 논의된다. 국가들은 서로의 군사력 균형을 최대한 추구하면서 압도적인 힘을 가진 초강대국의 등장을 막고 국가 간의 안정을 도모한 것이다.

여기서 문제는 국가 간의 군사력 균형을 명확히 계산하기가 어렵다는 것이다. 전쟁이 일어나기 이전에 서로의 군사력을 평가해서 비교하기 어렵고 상대방에 대한 오인과 오해도 가능하므로 세력균형을 유지하기 위해서 국가 간 소통과 암묵적 합의가 필요하게 된다. 즉, 세력균형이 안정을 가져올 수 있다는 의견의 일치가 있어야 인위적 노력으로 세력균형이 유지될 수 있다는 것이다.

현실주의 관점에서 안보를 추구할 때 중요한 문제는 국가들이 팽창적이거나 공격적인 의사가 없어도 국가 간 의사소통과 합의를 강제할 수단이 없으므로 안정과 평화의 지속이 불가능하다는 점이다. 이른바 '안보딜레마론'으로서, 국가들이 방어적이고 평화를 원해도 서로의 안보를 확보하기 어려운 딜레마가 작동한다는 것이다. 국가들은 상대방의 의도를 확인할 길이 없고, 상대방 국가가 가지고 있는 군사력이 과연 방어를 위한 것인지 공격을 위한 것인지 명확하지 않기 때문에 이에 대비하기 위해 언제나 군사력을 증진하지 않으면 안 된다는 것이다(Tang, 2010). 방어적 의사를 가진 두 국가라 하더라도 결국 군사력을 증진하다가 군비경쟁에 휘말리고 서로의 안보는 더욱 취약한 상태로 귀결된다는 것이다.

신현실주의 이론은 공격적 현실주의와 방어적 현실주의로 통상 구분해서 논의하는데, 방어적 현실주의는 이러한 안보딜레마에 주목한다. 만약 국가 간의 소통과 노력으로 안보딜레마를 감소시키고 서로의 정책을 검증할 수 있는 메커니즘을 만들 수 있다면 두 국가의 안전이 보장될 수 있다고 본다. 그러나 안보정책의 목적이 단순히 생존이 아니라 안보이익의 극대화, 군사력 증강으로 정해져 있다면 안보딜레마는 쉽게 해결될 가능성이 없다. 안보딜레마는 국가들의 생존과 방어 목적을 전제한 개념이기 때문이다. 한 국가가 다른 국가들에 비해 압도적인 힘을 가지고 안보를 추구한다면 안보딜레마를 넘어서는 더 큰 문제에 봉착하게 된다. 국가들이 안보를 획득하는 확실한 방법은 최대한 다른 국가들과 군사력 격차를 벌리는 방법으로, 다른 국가들에 비해 압도적인 군사력을 가지고 리더십을 발휘하는 국가를 패권국가라고 한다. 패권국은 무정부상태의 국제사회에 질서를 부여하고 국제적인 공공재를 생산해 국가 간의 협력과 합의를 가능하게 한다.

이러한 상황에서 국가는 자신의 안보를 확보하고 국제질서에 안정을 가져올 수 있다. 19세기 영국이 자유주의 국제경제질서를 유지하는 한편, '영광된 고립정책'으로 국가 간의 세력균형을 유지하는 균형자의 역할을 한 것이 한 예다. 2차대전 이후 냉전기 자유 진영에서 미국이 그러한 역할을 했으며, 냉전이 종식된 이후 1990년대부터 현재에 이르기까지 미국은 세계 최강의 국가로 국제질서의 안정과 전쟁 방지에 노력을 기울였다고 본다. 물론 패권국가가 이타적 동기에서 패권적 정책을 추구하는 것은 아니며, 단기적 투자를 통해 장기적인 국가 이익을 확보할 수 있기 때문이다(Cooley and Nexon, 2020).

존 미어샤이머는 패권에 의한 안보를 추구하는 것이 강대국 안보 전략의 핵심이라고 주장하는데, 이를 공격적 현실주의라고 부른다. 국가들은 타국과 격차를 벌리고 상대적 이득을 취하고자 한다. 현실에서 지구적 패권을 온전하게 유지하는 것은 불가능하므로 자신의 지역에서 지역적 패권을 유지하면서 다른 지역에서 지역패권이 출현하는 것을 막는 것이 강대국 안보정책의 핵심이라고 본다. 다른 지역에서 패권국가가 나타나면 결국 자신에게 도전하는 지구적 패권이 될 가능성이 존재하기 때문에 그러한 가능성을 미연에 방지해야 한다는 것이다. 따라서 강대국의 패권 전략은 자신의 지역의 패권 기반을 다지고 타지역의 강대국을 견제하는 안보 전략의 특성을 가진다.

현실주의 관점에서 볼 때 국가 간 경쟁과 전쟁 발발 가능성 그리고 안보딜레마 때문에 지속 가능한 평화는 실현하기 어려운 일이다. 결국 현실주의자들은 국력의 팽팽한 균형과 패권적 능력의 축적으로 안보가 가능하다고 본다. 현실주의에서는 국가의 중심성, 국가들이 가지고 있는 폭력의 중요성, 국가 간의 의사소통의 어려움 때문에 국제정치에서 지향할 수 있는 목표로 지속 가능한 평화보다는 안정과 전쟁의 부재 상태를 추구하게 된다. 이 과정에서 무조건적인 패권을 추구해 국력을 소진하거나 과도하게 팽창하는 것은 자국의 안전을 해칠 수 있기 때문에, 항상 정확하고 현실적인 상황을 파악하고 과대 팽창을 경계하는 자제와 자성의 '실천지(實踐智; prudence)'를 강조하는 경향이 있다.

2) 자유주의와 제도에 의한 안보

자유주의 국제정치학 이론과 안보 이론은 현실주의와 마찬가지로 국제정치학이 하나의 학문 분과로 자리 잡은 1차대전을 그 기원으로 잡을 수 있다. 1차대전 중에 미국의 우드로 윌슨 대통령은 1917년 참전을 선언하면서 14개 조항을 발표했고 더 나아가 1차대전이 끝날 무렵인 1918년 1월 8일 미국 의회에서 행한 연설에서 세계 평화를 위해 "유일하게 가능한" 계획으로 14개 항을 제시했다. 그 내용을 보면 "평화를 위한 절차가 시작될 때, 그 절차는 완전히 공개되어야 하며, 지금부터는 어떠한 종류의 비밀 양해도 포함하거나 허용해서는 안 된다는 것이 우리의 소원이자 목적"이 된다고 하여 민주주의적 절차에 의한 평화구축의 원칙을 제시했다. 제1항이 '민주평화론'에 관계된 것으로 "공개적으로 합의에 도달한 뒤에는 외교를 제외하고, 어떤 종류의 비밀 국제 조약도 있어서는 안 되는 공개적인 평화협약을 언제나 솔직하게 대중이 보는 가운데서 진행시킨다"라는 것이다.[1]

윌슨의 기획에서 가장 중요한 항목은 공개외교 이외에도 통상의 자유, 국제연맹의 창설 등을 포함하고 있다. 다른 영토 조항과 달리 향후 국제정치와 안보에 대한 장기적 전망을 담은 이 항목들은 1차대전의 전후 처리에 중요한 원칙이 되었고 이후 미국이 영국을 대체해 패권국가가 되면서 미국 주도 질서를 유지하는 핵심 원칙이 되었다. 2차대전 이후 미국은 소위 자유주의 규칙 기반 질서를 만들고 현재까지 국제질서를 만들어 오고 있는데 국가 간의 안정과 평화의 초석으로 민주주의 국가 간의 협력과 평화, 자유주의 국제질서에 기반을 둔 안정 기반 확보, 유엔을 위시한 다양한 국제 제도에 힘입은 규칙 기반 질서를 강조해 오고 있다.

자유주의 국제정치학 이론이 출현하기 이전 서구에서 자유주의 정치철학이 발전하면서 그 흐름이 정착되었다. 길게는 인간의 이성에 낙관적 희망을 걸었던 고대 로마의 스토아 학파로 소급해 갈 수도 있지만, 근대 자유주의 정치철학의 효시는 역시 영국의 존 로크라고 할 수 있다. 로크보다 앞서 홉스는 인간들의 자연상태가 "만인의 만인에 대한 투쟁"이라고 상정했지만, 로크는 자연상태에서 인간은 서로의 생존을 보장하고 사회를 이뤄 협력적 공존을 이뤄 간다고 달리 가정했다. 개인들이 이성을 가지고 협력적 본성을 가지고 있기 때문에 재산권을 보장하고 사회계약을 맺어 평화로운 사회를 이룰 수 있다고 본 것이다. 사회를 이룰 때 개인들의 합리성과 사회성을 신뢰하듯이 국가 간에도 협력과 공존이 가능하다는 비전이 자유주의 정치철학에 내재해 있다고 볼 수 있다.

현실주의 국제정치학 이론이 개인보다는 국가의 주권에 초점을 맞추고 무정부상태를 가정하는 것과 달리 자유주의 이론은 국가를 구성하는 것은 결국 개인이고, 주권은 개인에 있으며 사회적 차원의 다양한 개

1 https://kr.usembassy.gov/ko/education-culture-ko/infopedia-usa-ko/living-documents-american-history-democracy-ko/woodrow-wilson-fourteen-points-speech-1918-ko/

인이 국제정치에 영향을 미칠 수 있다고 본다. 자유민주주의 국가를 만들어 민주주의 국가들끼리 사회적, 국가적 차원에서 소통할 수 있고 그럼으로써 안보를 확보할 수 있다고 본다. 또한 국가가 아닌 사회 차원의 경제적 행위자들이 자유롭게 무역 활동을 하게 되면 국가들의 전쟁을 막는 평화의 전도사 역할을 할 수 있다고 본다.

민주주의 또는 공화주의라는 정치체제를 통해 평화를 달성하고자 하는 희망은 20세기 이전에도 존재했다. 대표적으로 선구적 논의는 이마누엘 칸트가 저술한 『영원한 평화』다. 칸트는 국민들의 의사에 의해 법을 제정하고 이를 바탕으로 정책을 실행하는 공화주의 국가는 전쟁에 매우 신중할 수밖에 없으며 역사가 진행되면서 점차 영원한 평화를 향해 나아갈 수밖에 없다는 견해를 제시한 바 있다. 보다 많은 국가가 민주주의로 변화되면 국제질서도 점차 평화로워지고 국가 간의 전쟁도 줄어들며 안보가 확보되리라는 희망을 제시한 것이다.

이러한 논의는 20세기 국제정치학에 계승되는데, 마이클 도일과 같은 학사들은 지속 가능하고 영구적인 안전보장, 더 나아가 평화의 가능성을 제기한다. 이른바 '민주평화론(democratic peace theory)'으로, 민주주의 국가들은 서로 간에 전쟁을 하지 않는다는 가설이다. 민주주의 정부는 국가 내 다양한 행위자의 목소리에 귀를 기울일 수밖에 없는데, 일단 전쟁이 발발하면 그 피해는 전 국민에게 돌아가기 때문에 민주 절차를 통해 전쟁을 일으키려면 많은 제약이 발생하고 정부는 더욱 신중해질 수밖에 없다(Doyle 1983). 비국가 행위자들이 국가를 제어할 수 있는 힘은 행정부에 대한 의회의 견제가 뿌리 깊은 민주주의 사회에서 더욱 증폭된다(Moravcsik, 1997). 만약 전쟁을 발발할 수 있는 다양한 요인, 예를 들어 영토분쟁이 발생했더라도 경제적 행위자들이 국가들의 전쟁 발발을 만류하는 노력을 기울이고, 양국의 경제행위자들이 협력할 수 있다면 전쟁 발발 가능성은 더욱 줄어들게 된다. 더구나 분쟁 당사국인 두 국가가 민주주의 국가일 경우 각자가 전쟁 개시에 많은 제약을 받고 신중해질 뿐 아니라, 국내 정치에서 협력과 토의에 익숙한 두 국가의 정치 문화를 생각해 볼 때 갈등 국가 간의 대화와 분쟁 해결 노력을 기대해 볼 수 있다. 이와 같이 자유주의 국제정치 이론에서는 민주주의 국가 간의 평화, 즉 민주평화의 가능성에 주목한다.

그러나 민주평화론을 무비판적으로 활용해 민주주의 정치체제의 인위적인 이식 또는 외부의 간섭이 일어나면 안보와 평화를 증진하기는커녕 역효과를 발휘할 수 있다. 민주주의 정치제제의 기반이 자연스럽게 갖춰질 때 비로소 민주주의 평화가 성립하고 국제관계의 안정이 성립할 수 있다. 미국은 9.11 테러 이후 중동 지역에 민주주의 전파정책을 추구했고 2010년 튀니지의 민주혁명에 이어 중동국가들이 민주주의로 변환되는 듯했다. 그러나 곧이어 민주주의 역풍이 불어 권위주의로 회귀하는 현상이 나타났다. 사회 전반에 민주주의가 뿌리내리지 못할 때 민주주의 확장은 어렵다는 사실을 보여 준다. 현실주의자들은 민주평화론에 근거한 지나친 자유주의적 시도가 안보와 평화에 역효과를 가져올 수 있다고 본다 (Mearsheimer, 2019).

민주평화론과 함께 자유주의 안보론의 핵심은 시장평화 또는 상업평화 이론이다. 국가 간의 자유로운 경제행위를 기초로 한 국제질서가 안정을 가져온다는 이론이다. 국가들은 군사적 관계만 가지는 것은 아니며 서로 간에 경제적 상호 작용을 할 수밖에 없다. 비교우위를 위해 무역을 하고, 더 나아가 직접 투자를 통해 생산망이 연결되면 국가 간의 관계는 더욱 긴밀해진다. 일단 상업적으로 연결된 국가 간의 관계는 정부뿐 아니라 경제적 행위자들이라는 비국가 행위자들을 중심으로 이뤄지기 때문에 시장을 매개로 한 긴밀한 관계가 형성된다. 이럴 경우 비록 국가 차원의 충돌 요인이 있어도 장기적인 상호 간의 경제적 이익을 위해 평화를 유지할 강력한 동기가 생길 수 있다. 앞서 논의한 윌슨 대통령의 14개 조항도 이러한 내용을 제시하고 있다. 3항에서 "평화에 동의하고 그 유지에 관여하는 모든 국가 사이에서 가능한 한 모든 경제적 장벽을 제거하고 대등한 통상 조건을 수립"해 평화를 도모할 수 있다는 것이다.

시장평화 이론이 본격적으로 발전한 것은 1970년대의 일로, 로버트 코헨과 조지프 나이(Joseph Nye)는 국제관계가 군사관계뿐 아니라 경제, 환경 등의 비군사적 요인으로 상당 부분 결정된다는 시각을 제시했다. 이후 국제정치경제가 안보에 미치는 영향이 본격적으로 논의되었고, 안보의 비군사적 요인에 대한 연구가 활발해졌다. 결국 자유주의 국제정치 이론은 이와 같이 국가 간의 군사적 차원의 관계뿐 아니라 경제적 차원의 관계에 주목하며 비국가 행위자들의 역할에 대해서도 강조하고 있다. 만약 비국가 행위자들이 정부의 군사력 행사를 막는 강력한 영향력을 행사할 수 있다면 전쟁을 막고 평화를 이룰 확률이 증가하게 된다.

민주주의 국가 간의 안정과 평화 그리고 경제 영역에 기반을 둔 안보가 일회적으로 그치지 않고 지속될 수 있다면 전쟁 방지와 지속 가능한 평화에 한 발 더 가까이 가게 된다. 국가들은 협력을 제도화하기 위해 많은 국제기구와 국제법, 국제규범을 생산할 수 있다. 일단 제도화된 협력이 지속되면 국가들은 단기적으로 갈등과 분쟁이 발생하더라도 제도적 협력에 의존하는 노력을 기울일 수 있다. 점차 국가들의 학습효과가 강화되고 협력을 통해 상호 이익을 도모할 수 있다는 확신을 가지게 된다. 제도주의적 안보와 평화의 이론이다. 현실주의자들이 논의하는 무정부상태에서 갈등과 대립의 상태를 극복하고 전쟁의 부재와 같은 목적을 달성할 수 있는 상황이 만들어지는 것이다. 이러한 협력을 촉진하는 요인으로 시장에 기초한 상호 이익, 민주주의 국가 간의 대화와 협력, 협력을 제도화하는 국제 제도의 성립 등을 생각해 볼 수 있다.

현실주의자들은 국가안보는 스스로의 힘에 의해서만 지켜진다는 이른바 자력구제(self-help)의 원칙을 제시하고 있다. 그러나 국가 간의 협력이 발생하고 협력이 제도화될 때 개별 안보가 아닌 집단안보도 가능하다고 보는 것이 자유주의의 견해다. 대표적인 것이 국제연맹과 유엔의 집단안보제도다. 1차대전이 종식되고 나서 미국의 우드로 윌슨 대통령은 국제연맹이라는 지구적 차원의 보편적 국제 제도의 수립을 제안했고 그 속에서 집단안전보장이라는 새로운 제도를 실현하고자 했다. 그 정신은 국제연맹 규약에 실현되어 있다.

11조 1항을 보면, "어떤 전쟁이나 전쟁의 위협은, 연맹의 회원들에게 즉시 영향을 미치든 아니든 간에, 이로써 전체 연맹이 관심사로 선인되고, 연맹은 국가의 평화를 지키기 위해 현명하고 효과적인 조치를 취해야 한다"라는 것이다. 2항의 내용은 "국제 평화를 방해하거나 평화가 공존하는 국가 간의 좋은 이해를 저해할 우려가 있는 국제관계에 어떤 영향을 주든 총회나 이사회의 관심을 끌 수 있는 우호적인 권리가 각 연맹 구성원에 있다고 선언된다"라는 것이다. 따라서 연맹 회원국 간의 모든 분쟁은 중재나 이사회의 심의로 해결해야 한다고 선언하고 있다. 그리고 "연맹 회원들은 수여될 수 있는 어떠한 중재안에도 전적으로 선의로 수행할 것이며, 그것을 따르는 연맹 회원과의 전쟁에 의지하지 않을 것이라는 데 동의한다"라는 것이다.

이러한 집단안보의 정신과 설자는 1945년에 출범한 유엔에 계승되었다. 국가 간의 이상적 관계를 지향하는 유엔헌장은 이러한 2가지 목표를 공히 서술하고 있다. 유엔헌장은 안보의 대원칙을 다음과 같이 설정하고 있다. 즉, "국제평화와 안전을 유지하기 위해 우리의 힘을 합하며, 공동 이익을 위한 경우 이외에는 무력을 사용하지 아니한다는 것을, 원칙의 수락과 방법의 설정에 의해, 보장"한다는 것이다. 이러한 안보의 목적은 인간안보 혹은 적극적 의미의 평화와도 관련된다. "모든 국민의 경제적 및 사회적 발전을 촉진하기 위해 국제기관을 이용한다는 것을 결의하면서, 이러한 목적을 달성하기 위해 우리의 노력을 결집할 것을 결정"하고 "더 많은 자유 속에서 사회적 진보와 생활수준의 향상을 촉진할 것을 결의"한다는 것이다.

보다 구체적으로 제1조를 보면 안보에 관한 부분은 1항에 적시되어 있는데 "국제평화와 안전을 유지하고, 이를 위해 평화에 대한 위협의 방지·제거 그리고 침략 행위 또는 기타 평화의 파괴를 진압하기 위한 유효한 집단적 조치를 취하고 평화의 파괴로 이를 우려가 있는 국제적 분쟁이나 사태의 조정·해결을 평화적 수단으로, 정의와 국제법의 원칙에 따라 실현"한다는 것이다.

2조와 3조는 적극적 평화의 목적을 규정하고 있다. 즉, "사람들의 평등권 및 자결의 원칙의 존중에 기초해 국가 간의 우호 관계를 발전시키며, 세계 평화를 강화하기 위한 기타 적절한 조치를 취한다"라는 것이고, "경제적·사회적·문화적 또는 인도적 성격의 국제 문제를 해결하고 인종·성별·언어·종교에 따른 차별 없이 모든 사람의 인권과 기본적 자유에 대한 존중을 촉진하고 장려함에 있어 국제적 협력을 달성한다"라는 것이다.

집단안보의 구체적 적용을 위한 절차도 제시하고 있다. 우선 제6장

분쟁의 평화적 해결을 보면 33조에서 "어떠한 분쟁도 계속되어 국제평화와 안전의 유지를 위태롭게 할 우려가 있는 경우, 그 분쟁의 당사자는 우선 교섭·심사·중개·조정·중재재판·사법적 해결·지역적 기관 또는 지역적 약정의 이용 또는 당사자가 선택하는 다른 평화적 수단에 의한 해결을 구한다"라고 전제하고 있다. 제7장 평화에 대한 위협, 평화의 파괴 및 침략 행위에 관한 조치에서 제39조는 집단안보를 실행하는 방안에 대해 논하고 있다. 즉, "안전보장이사회는 평화에 대한 위협, 평화의 파괴 또는 침략 행위의 존재를 결정하고, 국제평화와 안전을 유지하거나 이를 회복하기 위해 권고"하거나 구체적인 조치를 취한다는 것이다. 가장 중요하게는 "국제평화와 안전의 유지 또는 회복에 필요한 공군·해군 또는 육군에 의한 조치를 취할 수 있다"라는 것이며 "그러한 조치는 국제연합회원국의 공군·해군 또는 육군에 의한 시위·봉쇄 및 다른 작전을 포함할 수 있다"라는 것이다.

결국 유엔도 자유주의 국제정치 이론의 큰 흐름에서 국가 간의 전쟁 부재와 폭력 사용 예방과 같은 상황을 주된 목표로 삼고 있다. 이러한 안정 속에서 자유, 사회적 진보, 생활수준의 향상, 인권의 증진 등을 추구하는 것을 이상적인 상황으로 삼는 것이다. 이와 같이 자유주의가 논하는 적극적인 평화의 상태는 국가 간의 안전과 평화가 보장되지 않으면 도래하지 않는다는 점에서 평화와 안보는 매우 긴밀한 관계임을 알 수 있다.

3) 구성주의와 규범에 의한 안보

구성주의 국제정치학 이론은 현실주의와 자유주의 그리고 마르크스주의에 기반을 둔 세계체제론 등의 국제정치학 이론을 비판하면서 등장했다. 기존 이론이 국가, 세계체제 등에 대해 고정적인 개념을 가진 것을 비판하고, 개인, 사회, 국가, 국제체제 간 분석 단위의 상호 구성성이 있다는 측면에 초점을 맞춘 이론이다. 국가나 국제정치체제 모두 역사를 통해 변화할 수 있기 때문에 국가를 무조건 자신의 이익만을 중시하는 이기적인 합리주의자로 가정하거나 국제체제를 무정부상태와 자력구제의 안보 원칙으로 규정하는 것을 비판한다.

구성주의 이론은 국가들의 정체성, 규범적 지향성 등이 중요하다고 본다. 현실주의와 자유주의가 상정하는 것처럼 국가들이 자국의 이익과 권력만을 추구하는 냉정한 주체가 아닐 수도 있다는 것이다. 국가 간의 협력 관계 속에서 정체성이 변화되고 서로가 중시하는 규범과 규칙을 지키는 국가로 점차 변화될 수 있다고 본다. 또한 국가의 이익과 정책이 고정된 것이 아니라 국가 간의 상호 관계와 국제정치의 구조에 따라 변화될 수 있다고 본다. 더 나아가 이러한 구조 또한 변화될 수 있다고 본다. 무정부상태가 기본적인 국제정치의 원리라 해도 국가 간의 협력이 장기간 지속되면 보다 많은 규범이 만들어지고 규범을 내재화하면 국가들의 정체성 또한 바뀔 수 있기 때문이다. 예를 들어 핵무기를 개발해 핵전쟁을 대비하더라도 핵전쟁이 일으키는 막대한 피해와 비인간적인 상황을 점차 절감하게 되면 핵전쟁은 피해야 한다는 규범이 형성될 수 있다. 핵을 사용하지 않는 것이 비단 억제효과 때문만이 아니라 핵 사용 금지의 규범이 내재화된 결과라는 것이다. 국가의 정체성은 국가 간의 관계와 국제 구조의 변화에 기초한 규범에 따라 점진적으로 변화된다. 정체성이 변화하면 국가들이 자신의 이익의 내용을 규정하는 방식과 정책도 따라서 변화한다. 그렇게 되면 국제정치의 기본 구조가 무정부상태라고 해도 국가 간의 협력이 더욱 촉진되는 결과가 가능하다는 것이다.

대표적인 구성주의 이론가 알렉산더 웬트는 무정부상태를 보다 세분화해 홉스적 무정부상태와 로크적 무정부상태, 칸트적 무정부상태로 제시한다(Wendt, 1999). 같은 무정부상태라는 구조가 존재해도 그 구조 속에 다른 분위기의 세분화, 다른 문화의 무정부상태가 출현 가능하다는 것이다. 홉스적 무정부상태가 서로를 적으로 대하는 적대적 상태라고 한다면 로크적 무정부상태는 서로를 경쟁자로 대하는 상태라고 할 수 있다. 경쟁적 상대는 최소한 상대방의 존재 근거 자체를 문제시하지 않고, 규칙과 규범에 근거한 경쟁에서 서로의 관계를 협력적으로 발전시킬 단초를 가지게 된다. 칸트적 무정부상태는 서로를 우호적인 친구 관계로 규정하는 가장 유순한 무정부상태다. 따라서 무정부상태가 협력을 배제하는 것이 아니며 협력 또한 이익에 근거하기보다 협력적인 집합 정체성에 근거하는 것이기에 평화의 지속 가능성이 높다.

국가 간의 안보적 관계, 예를 들어 동맹 관계에서도 동맹 파트너 간의 정체성이 중요하다고 본다. 동맹 파트너들이 민주주의 정치체제를 공유하면 다른 동맹들보다 민주주의 공통 정체성에 기반해 더욱 견고한 동맹을 유지할 수 있다. 적대국 역시 마찬가지로 오랜 기간 적대적 관계가 형성되면 협력 관계의 실마리가 마련되어도 정체성의 갈등 때문에 쉽사리 상호 협력과 안보의 상황으로 접어들기 어렵다고 본다.

이와 같이 구성주의는 기존 이론들의 기본 가정을 재검토하고 현실주의와 자유주의를 넘어서는 안보에 대한 시각을 제시하려고 한다. 구성주의에 따르면 현실주의가 더욱 공고화되고 고착될 수도 있고, 현실주의적인 갈등을 넘어 자유주의적인 협력과 안정으로 나아갈 수 있다. 그러한 면에서 인간의 실천과 노력에 대해 보다 열려 있는 입장을 견지한다. 협력과 안정이 국가 간의 정체성에 규범으로 자리 잡을 때 평화가 가능하다는 점에서 안보 연구와 평화 연구의 다리가 만들어질 수 있다.

4. 평화 연구와 적극적 평화라는 목표

국제정치학의 안보 연구와 대조적으로 평화 연구자들은 안보 연구가 제한된 목적을 달성하는 데 그치며 세상에 대한 비관적 시각을 가지고 있다고 본다. 안보 연구에서 말하는 평화는 세력균형에 의한 평화, 패권적 평화, 제한된 타협에 의한 평화 또는 안정만을 의미한다. 물론 국제정치학에서도 평화는 중요하며 미래 국제정치의 규범, 당위의 목표로 평화가 상정되곤 한다. 그러나 국제정치학은 적극적 평화를 구체적으로 연구하지는 않는다. 인간이 자신의 가능성을 충분히 실현하기 위한 조건으로 어떠한 국제정치를 필요로 하는가 하는 문제로 연구의 목적을 넓히면 국제정치학 자체의 학제적 일관성이 약화되기 때문이다.

평화는 추상적 개념으로 인간이 추구해야 할 이상적인 상태라고 쉽게 생각할 수 있다. 그러나 막상 평화를 정의하려고 하면 많은 문제가 따른다(Webel and Galtung, 2007). 첫째는 평화의 반대로 폭력 상황 혹은 전쟁을 상정할 수 있다. 전쟁이 없는 상황이 평화라고 쉽게 상정할 수 있다. 전쟁은 조직된 폭력의 사용으로 인한 대량살상의 상황을 상정하는 것으로 정치적 목적을 달성하기 위해 2개 이상의 조직이 충돌하는 상황이다. 그러나 전쟁 이하의 폭력 상황, 중강도 혹은 저강도 분쟁도 존재한다. 폭력이 사용될 수 있는 다양한 차원과, 폭력 사용을 근본적으로 관리하고 막을 수 있는, 폭력 사용 위협이 근본적으로 사라진 상황이 도래하기 전까지 평화라고 할 수 없다.

갈퉁은 전쟁의 부재 상태를 소극적 의미의 평화로 상정한다. 그러한 상태가 일단 달성되면 지속될 수 있는가 하는 것은 쉽지 않은 문제다. 갈등은 존재하기 마련이고 그러한 갈등을 폭력을 수단으로 해결하고자 하는 노력은 지속되기 때문이다. 한편 적극적 의미의 평화가 구조적 폭력의 부재 상태를 뜻할 수도 있다. 갈퉁의 설명에 따르면 구조적 폭력은 정치적 억압, 경제적 불평등과 착취와 같이 개별 행위자의 직접적 폭력이 아닌 간접적이고 체계적인 폭력을 의미한다. 여기에 상징적 폭력을 더할 수 있다. 언어와 상징 체계를 통해 자유와 평등을 억압하는 구조를 의미한다 (정천구, 2011).

적극적 평화가 너무 광범위하고 근본적인 목표라는 점에서 오히려 비현실적이라고 주장할 수도 있다. 소극적 평화와 적극적 평화의 중간 단계로 안정적 평화를 개념화하기도 한다. 전쟁의 부재 상태지만 쉽게 깨지지 않는 견고한 안정상태이기 때문에 단지 소극적 평화상태보다 경제적 상호 의존, 신뢰구축과 같은 많은 목표를 추구할 수 있는 기반이 되는 상황이다(이상근, 2015).

평화 연구는 다음을 염두에 두어야 한다. 첫째, 인간 간의 갈등은 불가피할 뿐 아니라 때로는 건강한 것일 수 있다. 갈등의 발생과 전개 자체를 피하려고 하거나 부정적인 것으로만 볼 수는 없다. 둘째, 평화는 모든 갈등이 부재하거나 갈등이 완전히 해소된 상황을 의미하지는 않는다. 갈등이 끊임없이 발생해도 이를 평화적 방법으로 대화하고 토론할 수 있는 동태적 기제가 마련된 상황을 의미한다. 갈등 해소를 위해서는 법적, 제도적 준비가 되어 있어야 하는 한편, 갈등 당사자들이 폭력을 사용하지 않고 문제를 해결하고자 하는 마음의 준비도 되어야 한다. 이를 위해서는 갈등의 평화적 해결 규범에 대한 내재화, 교육이 사전적으로 필요하다. 셋째, 갈등을 해소하려면 발생할 수 있는 갈등에 대한 선제적 대응이 필요하다. 갈퉁은 갈등에 대해 진단하고, 이론에 기반을 두고 향후의 전개 상황을 예측하고, 이를 해결하는 3단계 해법(diagnosis-prognosis-therapy)을 제시하고 있다. 여기서 진단에 해당되는 부분이 우선 정확해야 하는데 이를 위해서는 이미 발생한 문제를 진단하는 것을 넘어 앞으로 발생할 수 있는 문제들을 예측하고 대비하는 것이 평화를 추구하는 중요한 방법이다(Galtung, 1996). 넷째, 구조적 폭력의 부재 상태를 평화로 놓는 것은 갈등 해소를 위한 진단과 해결에 관련되는 부분에 한정하는 것이 적절하다. 평화 이외의 가치, 즉 사회의 정의, 자유, 평등, 초월 등은 평화와 구별해서 논의할 필요가 있고 평화의 정의를 지나치게 확장하면 앞의 갈등 해소의 동적 기제 확보라는 목표가 흐려질 수 있다. 물론 갈등의 발생 자체를 막기 위해서는 적극적 평화가 중요하기는 하지만 모든 갈등의 근원을 해소하는 것을 평화의 목적으로 삼기는 어렵다. 다른 가치들과의 관련 속에 평화의 가치를 한정해 논의하는 것이 필요하다.

평화 연구는 안보라는 소극적 평화보다 구조적 폭력의 소멸과 인간 잠재력의 실현을 추구하는 적극적 평화를 강조한다. 그렇다면 적극적 평화의 구성 요소를 보다 구체적으로 어떻게 보아야 하는가 하는 문제가 대두한다. 경제평화연구소(Institute for Economics & Peace)는 적극적 평화를 측정하는 정량적 접근 방식으로 적극적 평화 지수(Positive Peace Index, PPI)를 제시한 바 있다. 여기서 적극적 평화는 보다 평화로운 사회로 이끄는 태도, 제도, 구조로 정의되며 지수가 높은 국가는 평화를 구축하고 유지할 수 있다고 상정된다. 적극적인 평화 지수 데이터 세트는 평화를 구축하고 유지하는 과제에 있어 한 국가의 성공을 측정하기 위해 만들어진 것이며, 적극적인 평화는 갈등을 예방하고 사회가 갈등을 생산적으로 해결하는 데 도움이 되는 회복력 있고 적응력이 있는 공동체를 만드는 기초라 할 수 있다(Institute for Economics & Peace, 2019).

적극적 평화 지수는 8개 영역을 기반으로 제시하고 있다. 첫째, 타인의 권리 수용이다. 이를 위해 국가는 기본적인 인권과 자유, 양성 평등, 근로자의 권리를 보장할 수 있는 공식 법률을 보유해야 한다. 둘째, 자원의 공평한 분배다. 이는 모든 사람이 교육, 건강과 같은 자원에 동등하게 접근할 수 있도록 한다. 셋째, 정보의 자유로운 흐름이다. 이것은 시민들이 정보에 접근할 수 있는지, 언론이 자유롭고 독립적인지에 의해 측정된다. 넷째, 이웃 국가들과의 좋은 관계다. 한 국가와 다른 국가의 관계는 국가가 얼마나 평화롭고 정치적으로 안정적인지를 나타내는 중요한 지표다. 다섯째, 높은 인적 자본 수준이다. 청년 인구의 고용률과 연구 활동에 종사하는 사람의 수로 한 국가의 사회적 자본 수준을 나타낸다. 여섯째, 낮은 수준의 부패다. 높은 수준의 부패는 필수 서비스에 대한 자금 부족으로 이어져 사회에 불안을 야기한다. 일곱째, 건전한 사업 환경이다. 이는 좋은 사업 환경을 지원하기 위한 규제 시스템과 국가 공식 기관의 존재로 측정된다. 여덟째, 정상적으로 기능하는 정부다. 수준 높은 공공 및 시민 서비스를 제공하고, 신뢰와 참여를 창출하고, 정치적 안정을 유지하고, 법치주의를 촉진하는 정부는 평화로운 국가의 지표라고 본다.

이러한 적극적 평화를 추구할 때 다양한 사업 분야가 필요하며 유엔의 여러 기구는 이를 실현하기 위해 노력하고 있다. 대표적으로 유엔개발계획은 『인간개발보고서』를 발행해, 적극적 평화의 상황을 위한 지수를 개발해 평화의 촉진을 추구하고 있다. 이 지수는 각 국가의 실질국민소득, 교육 수준, 문맹율, 평균수명 등 여러 가지 인간의 삶과 관련된 지표를 조사해 각국의 인간 발전 정도와 선진화 정도를 평가한 지수다. 이상의 노력에서 볼 수 있듯이 구조적 폭력이 부재한 상태는 바람직한 상태겠지만 평화의 개념을 지나치게 넓히다 보면 일관된 규범 연구의 체계가 성립되기 어려울 수 있다. 평화의 개념을 인간 사회의 거의 모든 문제를 해결한 상태로 설정하면 다른 가치들과의 관계, 이를 이룰 수 있는 전략 등에 대한 논의가 지나치게 확장될 수도 있다.

5. 마치며: 동아시아와 한국의 안보와 평화

분단국가인 한국은 국가안보가 매우 중요한 나라다. 1950년 발발한 한국전쟁은 종전되지 않은 채 정전상태에 있고, 한국은 여전히 전쟁을 진행중이라는 사실을 말해 준다. 남북한은 한반도에 대한 주권을 주장한 채로 자신 중심의 통일을 가장 중요한 전략적 목표로 삼고 있다(서보혁, 2015). 이러한 상황에서 현실주의 안보론에서 이야기하는 세력균형 혹은 압도적인 군사력에 의존하는 안보정책을 벗어나기는 어렵다. 남북한이 상당한 군사력을 가지고 통일을 추구한다는 것은 다른 측의 생존을 위협하는 것으로 받아들여질 수밖에 없다. 설사 남북한이 서로를 공격할 의도를 가지고 있지 않더라도 '안보딜레마론'에서 논한 바처럼 서로의 의사를 확인하지 못한 채 군비경쟁을 추구할 수밖에 없는 국제정치적 딜레마에 처할 수밖에 없다.

남북한이 서로의 방어적 의도를 확인하고 군사적 투명성과 의사소통을 공고히 하려는 노력이 없던 것은 아니다. 1991년 남북한 간 기본합의서가 체결되고 여기서 "정치군사적 대결상태를 해소해 민족적 화해를 이룩하고, 무력에 의한 침략과 충돌을 막고 긴장완화와 평화를 보장"하기로 합의했다. 보다 구체적으로 5조에서는 "남과 북은 현 정전상태를 남북 사이의 공고한 평화상태로 전환시키기 위해 공동으로 노력하며 이러한 평화상태가 이룩될 때까지 현 군사정전협정을 준수한다"라고 명시했다. 이를 위해 남북 군사공동위원회를 구성, 운영하고 "대규모 부대이동과 군사연습의 통보 및 통제 문제, 비무장지대의 평화적 이용 문제, 군인사 교류 및 정보교환 문제, 대량살상무기와 공격 능력의 제거를 비롯한 단계적 군축실현 문제, 검증 문제 등 군사적 신뢰 조성과 군축을 실현하기 위한 문제를 협의, 추진"하는 등 구체적인 방안을 제시한 바 있다. 이는 방어적 현실주의와 자유주의에서 논하는 상호 의사소통과 협력, 협력의 제도화를 통해 상호 안보를 달성하려는 노력이다.

2018년 판문점선언 역시 이러한 노력을 보여 준다. "남과 북은 한반도에서 첨예한 군사적 긴장상태를 완화하고 전쟁 위험을 실질적으로 해소하기 위해 공동으로 노력해 나갈 것"을 약속했고, "한반도의 항구적이며 공고한 평화체제 구축을 위해 적극 협력해 나갈 것"을 제시했다. 평화체제는 상호 안보를 기반으로 평화로 나아가는 로드맵이므로 매우 중요한 사안이다. 그럼에도 남과 북은 여전히 군사적 세력균형과 상호 신뢰에 대한 합의를 온전히 이루지 못하고 군비 증강과 방어에 힘을 기울이고 있다. 구성주의가 논하는 바처럼 남과 북은 오랜 분단과 한국전쟁을 거치면서 상호 불신과 적대의 갈등적 집합 정체성을 내재화했고 상호 합의를 이뤄도 여전히 상대방을 큰 위협으로 받아들이고 있다.

이러한 인식은 한국의 국방백서에도 표현된바, "북한은 2011년 정권세습 이후 남북관계 주도권 확보 노력과 함께 핵 개발에 따른 제재 및 고립국면 탈피를 위한 외교활동에 주력"해 왔고, "핵과 탄도미사일을 비롯한 대량살상무기 개발, 재래식 전력 증강, 접적지역 무력 도발, 사이버 공격과 소형 무인기 침투 등 지속적인 도발을 해왔으나, 2018년 들어 한반도 비핵화 목표를 표방하면서 남북 및 대외관계 개선 등을 통해 평화적 이미지를 부각하며 국제 사회에서의 위상 정립에 주력하고 있다"라는 것이다(국방부, 2018; 18).

한국 안보 전략이 가지고 있는 큰 과제와 더불어 동북아시아 지역의 안보 상황 역시 한국에게는 큰 도전이다. 동북아의 안보 환경은 다른 지역, 특히 유럽에 비해 더욱 경쟁적이고 군사적 대립이 심하다. 강대국이 몰려 있기도 하지만, 미중 간의 전략 경쟁의 장이 동북아와 서태평양 지역이기도 해서다. 흔히 미중 충돌의 전장으로 불리는 동중국해, 대만해협 그리고 한반도 모두가 동북아 지역이고 한국의 주변 지역이다. 남중국해 역시 중동으로부터 원유 수입에 절대적으로 의존하는 한국으로서는 중요한 수송로상의 지역이며, 동남아 국가들 역시 한국의 중요한 경제 파트너다. 따라서 동아시아와 한국의 안보를 논할 때에는 적극적 평화보다 전쟁의 부재, 즉 소극적 평화를 논하는 것이 더욱 절박하다.

2018년 한국의 국방백서는 이러한 한국 안보와 평화의 환경을 다음과 같이 요약하고 있다. "우리의 안보를 위협하는 도전 요인은 다변화"되고 있으며, "범세계적으로 영토, 종교, 인종 등과 같은 전통적 갈등 요인으로 인한 안보위협이 지속되는 가운데 테러, 사이버 공격 등과 같은 초국가적, 비군사적 위협이 증대되고" 있다는 것이다. "특히, 동북아 역내 국가 간 동맹과 협력, 그리고 갈등 관계가 지속되면서 불안정성과 불확실성이 더욱 증대되고" 있다고 평가한다(국방부, 2018; 8).

보다 구체적으로 "미국이 중국, 러시아의 영향력 확대를 견제하고 안보위협에 대응하기 위해 동맹국 및 우방국들과의 협력체계를 구축"하고 있고, "중국이 '일대일로 구상'을 추진하는 가운데 미국은 일본, 호주, 인도와의 협력을 중심으로 하는 '인도-태평양 전략'을 구체화하는 과정에 있다"라고 평가한다.

향후 상당 기간 미중의 치열한 전략 경쟁은 지속될 것이며 경쟁은 군사, 안보적 측면으로 발전할 수도 있다. 결국 한국은 분단 상황에서 남북 간의 현실주의적인 군사적 세력균형 위에서 점차 상호 소통과 신뢰, 평화체제를 위한 노력 속에 자유주의적 안보, 구성주의적 안보를 추구해 나가야 한다. 전쟁의 부재, 폭력 상황의 방지라는 소극적 평화가 안정적으로 확립될 때 남북 상호 간의 소통과 협력의 제도화를 통해 보다 적극적인 평화의 기초를 만들 수 있을 것이다. 동북아 지역에서 한국의 안보 전략은 더욱 많은 과제를 안고 있다. 미중 간 갈등과 경쟁이 군사적 대립으로 화하지 않도록 미중 간 현실주의적 세력균형 위에 지역적 협력을 도모할 수 있는 국제 제도들을 만들어 가야 할 것이다. 미중은 보건, 환경, 핵 비확산과 같이 운명 공동체로서 협력해야만 하는 이슈들을 가지고 있다. 현재는 민주주의 대 권위주의라는 정체성의 정치도 진행 중이지만 점차 자유주의적 제도화된 안보협력을 거쳐 공통의 정체성을 만들어 가는 노력도 해야 한다. 그 중간에 처한 한국은 미국과 중국 모두를 이해하고 협력의 다리를 놓는 협력촉진자의 역할을 해나가야 한다.

한국은 증가된 국력과 국제적 위상으로 강대국 정치의 위험을 극복하고 국가의 안보를 확보하며 더 나아가 지역과 세계 평화에 기여하는 중견국의 목표를 추구하고 있다. 테러, 경제위기, 코로나19 사태, 기후변화 등 인류 공통의 문제가 인간의 적극적 평화를 위협하는 오늘, 한국은 안보와 소극적 평화를 넘어 적극적 평화를 추구하는 중견국으로서 보다 많은 역할을 하도록 다양한 정책을 모색해야 할 것이다.

참고문헌

대한민국 국방부. 2018. 『국방백서 2018』.

서보혁. 2015. 「한국 평화연구의 현황과 과제」. 『한국과 국제정치』 제31권 제2호: 115-148.

이상근. 2015. 「안정적 평화 개념과 한반도 적용 가능성」. 『한국정치학회보』 49-1: 131-155.

전재성. 2012. 『정치는 도덕적인가: 라인홀드 니버의 초월적 국제정치사상』. 서울: 한길사.

정천구. 2011. 「평화의 두 가지 개념에 관한 논쟁: 적극적 평화와 소극적 평화」. 『서석사회과학논총』 제4집 1호(통권 제7호): 39-69.

Allhoff, Fritz, Nicholas G. Evans, and Adam Henschkem. 2013. *Routledge Handbook of Ethics and War: Just War Theory in the 21st Century*. New York: Routledge.

Cooley, Alexander, and Daniel Nexon. 2020. *Exit from Hegemony The Unraveling of the American Global Order*. Oxford: Oxford University Press.

Doyle, Michael. 1983. "Kant, Liberal Legacies, and Foreign Affairs, Part 1." *Philosophy and Public Affairs* 12(3): 205-35.

Galtung, Johan. 1996. *Peace by Peaceful Means: Peace and Conflict, Development and Civilization*. London: Sage.

Institute for Economics & Peace. 2019. *Global Peace Index 2019: Measuring Peace in a Complex World*. Sydney.

Kant, Immanuel. 1983(1795). *Perpetual Peace: A Philosophical Sketch*, in Humphrey, T. (tr.). *Perpetual Peace and other essays on Politics, History, and Morals*. Indianapolis: Hackett Publishing.

Keohane, Robert O. and Joseph S. Nye. 1989(1975). *Power and interdependence*. New York : Harper Collins, 1989).

Mearsheimer, John J. 2001. *The Tragedy of Great Power Politics*. New York: Norton.

Mearsheimer, John J. 2019. "Bound to Fail The Rise and Fall of the Liberal International Order." *International Security* 43(4): 7-50.

Moravcsik, Andrew. 1997. "Taking Preferences Seriously: a Liberal Theory of International Politics." *International Organization* 51(4): 513-553.

Nexon, Danel. 2009. "The Balance of Power in the Balance." *World Politics*. 61(2): 330-359.

Pinker, Steven. 2011. *The Better Angels of Our Nature: The Decline of Violence in History and Its Causes*. London: Allen Lane.

Richmond, Oliver P. 2008. "Reclaiming Peace in International Relations." *Millennium: Journal of International Studies* 36(3): 439-470.

Tang, Shiping. 2010. *A Theory of Security Strategy For Our Time: Defensive Realism*. New York, Palgrave.

Waltz, Kenneth N. 1979. *Theory of International Politics*. Reading. MA: Addison-Wesley.

Webel, Charles, and Johan Galtung. 2007. *Handbook of Peace and Conflict Studies*. New York: Routledge.

Wendt, Alexander. 1999. *Social Theory of International Politics*. Cambridge: Cambridge University Press.

7 해양분쟁과 평화

동아시아 해양분쟁 사례를 중심으로[•]

구민교

1. 들어가며

해상을 통한 무역이 시작되면서 평화와 분쟁의 역사 또한 시작되었다. 바다는 인류에게 번영을 가져다 주었지만, 그 대가로 갈등과 전쟁도 뒤따랐다. 원거리 해상교통로는 부를 낳는 황금알이었지만, 누가 그것을 차지하느냐를 두고 치열한 경쟁과 갈등이 이어졌다. 그리스 연합군과 페르시아 사이에 벌어진 살라미스 해전(기원전 480)과 그리스-페르시아 전쟁(기원전 499-기원전 450), 강대국 간 예정된 전쟁의 비유로 많이 회자되는 '투키디데스 함정'의 기원인 아테네와 스파르타 간 펠로폰네소스 전쟁(기원

• 이 장은 「일대일로와 인도-태평양 전략: 평가와 전망」(한국해로연구회 편, 『일대일로와 인도-태평양 전략: 평가와 전망』, 서울: 오름, 2019), 「미중 간의 신 해양패권 경쟁: 해상교통로를 둘러싼 '점-선-면' 경쟁을 중심으로」(『국제·지역연구』, 제25권 3호, 2016, pp. 37-65) 등 저자의 기출판 논문을 바탕으로 추가 연구를 통해 작성된 것임을 밝힌다.

전 431-기원전 404)도 결국 지중해, 특히 에게해의 교역로와 해상교통로를 둘러싼 갈등의 결과였다. 그리스 신화에 등장하는 트로이전쟁(기원전 12세기)도 트로이의 왕자 파리스가 그리스 스파르타의 왕비 헬레네를 납치해 야반도주하면서 시작된다는 설정이지만, 그 이면에는 지중해 해상무역을 둘러싼 두 왕국 사이의 갈등이 있었다. 근대 이후 유럽 국가들이 전 세계 패권을 장악하는 과정에서도 해상무역과 해상교통로를 둘러싼 많은 분쟁이 있었다.

이처럼 해상무역과 해상교통로를 확보하기 위해 지난 수천 년 동안 지속되어 온 해양 분쟁이 최근 동아시아 지역에서도 유사한 형태로 나타나고 있다. 2차대전 이후 동아시아의 해양질서는 안정적이었다. 역내 대부분 국가가 연안국이지만 일부 도서 영유권 및 해양경계 분쟁, 자원 개발 문제를 둘러싼 국지적 갈등을 제외하면 냉전 기간 동아시아의 안정된 해양질서는 막강한 해양 투사력으로 구소련 극동함대를 압도한 미국의 패권에 의해 유지되었다. 20세기의 마지막 10년도 마찬가지였다. 그러나 이러한 균형이 21세기 들어 요동치고 있다. 냉전 이후 시작된 미국의 상대적 쇠퇴와 그로 인한 힘의 공백을 중국의 공격적 해양정책이 급속히 채우고 있기 때문이다. 미중 간 해양력 경쟁은 과거 냉전기 태평양과 인도양의 제해권을 두고 미소 양 진영이 벌였던 해양 군비경쟁과는 전혀 다른 양상으로 전개되고 있다. 미소 간 경쟁은 전략과 전술 측면에서 미국의 압도적 우위 가운데 전개되었지만 미중 간 해양패권 경쟁은 미국의 절대적 우위가 유지될지 가늠하기 어렵다(구민교, 2016a, 2017a).

미중 간 신(新)해양패권 경쟁은 최근 아시아-태평양 권역과 아시아-인도양 권역을 아우르는 인도-태평양 지역을 두고 벌어지고 있다.[1] 미국의 아시아로의 회귀(pivot to Asia), 공해전투(air-sea battle), 공역 접근 및 기동을 위한 합동 개념(Joint Concept for Access and Maneuver in the Global Commons, JAM-GC), 다영역 작전(Multi-Domain Operation, MDO), 자유롭고 열린 인도-태평양 전략(Free and Open Indo-Pacific, FOIP) 등에 대해 중국은 반접근/지역거부 전략(anti-access area-denial, A2/AD), 일대일로 구상, 제1, 2도련선 등으로 대응하고 있다(구민교, 2019: 15-16).

최근 큰 논란이 되는 것은 중국의 일대일로, 그중에서도 '일로', 즉 '21세기 해상 실크로드' 전략이다. 이는 아프리카, 유럽, 오세아니아, 동남아시아의 주요 무역항로를 연결하려는 것으로, 중국 광저우에서 시작해서 아시아 연안을 따라 연결되며 말레이시아 콴탄, 인도네시아 자카르타, 스리랑카 콜롬보, 파키스탄 과다르 항구 등이 중간 거점 역할을 한다. 2013년부터 중국의 시진핑 주석이 의욕적으로 추진해 온 일대일로 구상을 반기는 국가가 있는가 하면 중국의 의도를 우려하고 견제하는 국가도 있다. 미국과의 갈등에 공동으로 대응하고 있는 러시아와 이란, 튀르키예 등은 일대일로 구상을 선호하는 그룹에 속하고 미국을 비롯한 서방의 주요 국가와 일본은 중국의 군사적 의도를 경계한다(구민교, 2019: 16-17).

이러한 해양 인식의 공간적 확장은 행위자의 다양화와 이슈 영역의 다변화를 의미한다. 냉전기 동아시아 해양 권역에 대한 역내 국가의 인식과 참여는 미국과 소련의 해양경쟁에 압도되어 크게 부각되지 않았다. 한국과 일본은 1950년대 초반부터, 중국과 필리핀은 1990년대 중반부터

1 태평양과 인도양이라는 글로벌 해양 공간에 대한 인식을 결합하는 데 중요한 역할을 한 것이 역내 국가 전체 무역량의 80% 이상이 통과하는 남중국해와 동중국해의 해상교통로(Sea Lanes of Communication, SLOC)다. 이 지역 물동량은 수에즈 운하의 3배, 파나마 운하의 2배에 달한다.

도서 영유권 분쟁 및 중첩수역의 경계획정 문제를 두고 갈등을 벌여 왔지만, 미소 간 해양경쟁에 비하면 매우 제한적 수준에 머물렀고 지정학적 중요성도 상대적으로 작았다. 각 해양분쟁의 역내 파급효과도 작았음은 물론이다. 탈냉전 직후까지만 하더라도 미국은 가장 강력한 해양세력으로서 힘의 균형을 유지하는 군사적·전략적 행위자였지만, 도서 영유권과 해양경계 등을 둘러싼 외교적·역사적·법적 문제에 대해서는 일관되게 중립적 입장을 취했다. 그러나 2000년대 들어 미중 간 해양패권 경쟁이 본격화되고 해양대국으로서 중국의 인식과 행동에 대한 주변국의 우려가 커지면서 일본, 한국, 베트남, 필리핀, 인도네시아 등 동아시아 주요 해양국가는 물론 인도와 호주를 넘어 프랑스, 영국, 독일 등 서유럽 국가까지 중요 참여자로 부상하고 있다(구민교, 2016a, Koo 2021).

동아시아 지역에서 해양 공간, 해상교통로, 자원, 힘의 투사를 놓고 역내외 국가가 벌이는 유례없이 치열한 각축전은 당분간 계속될 전망이다. 그 논란의 중심에는 중국의 일대일로 구상과 미국의 인도-태평양 전략의 경쟁이 있다. 이하에서는 역내 해양분쟁의 창발 과정과 미중 간의 해양력 경쟁이 주변국에까지 확산되는 경향을 분석하고 해양분쟁의 평화적 해결을 위한 방안을 제시한다.

2. 동아시아 해양분쟁의 창발 과정

1) 유엔해양법협약과 동아시아 해양분쟁

1982년에 타결되어 1994년부터 발효된 유엔해양법협약(United Nations Convention on the Law of the Sea)은 연안국이 해저지형은 해상대지의 연장이라는 논리로 해양과 해저에 대한 관할권을 확대하려고 하자 영해, 접속수역, 배타적 경제수역, 대륙붕의 경계를 성문화함으로써 이를 연안국 관할구역으로 인정했다. 동시에 공해 및 배타적 경제수역에서의 항행의 자유와 영해에서의 무해통항권(無害通航權, right of innocent passage)을 명문화해 자유해양론과 폐쇄해양론 간의 균형을 유지하기 위해 노력했다(구민교, 2016a: 43).

좀더 구체적으로 살펴보면, 우선 유엔해양법협약 제17조는 모든 국가의 선박은 타국 영해에서 연안국의 평화와 안전을 해치지 않는 범위 내에서 계속적이고 신속한(continuous and expeditious) 통항을 의미하는 무해통항권을 갖는다고 규정하고 있다. 또한 제18조 2항은 외국 선박은 통상적인 항해에 부수되는 경우, 조난으로 인해 필요한 경우, 구난작업에 필요한 경우를 제외하고 타국 영해를 무해통항하는 중에 정박을 하거나 닻을 내릴 수 없다고 규정하고 있다.[2]

이러한 유엔해양법협약 규정과 관련해 동아시아 해양안보의 관점에서 중요한 쟁점은 군함이 타국 영해에서 무해통항권을 갖느냐의 여부다. 군함의 무해통항권 인정 여부는 1930년 헤이그법전화회의나 1958년 제네바해양법회의에서도 논란이 되었으나, 해양 강국과 개도국의 대립으로 인해 명문으로 해결하지 못했다. 현행 유엔해양법협약 역시 군함이 연안국 법령을 준수하지 않는 경우 즉시 퇴거를 요구할 수 있다는 조항(제30조)만을 두었을 뿐, 군함의 무해통항권 인정 여부에 대해 특별한 규정

2 한편 타국 영공에서의 항공기의 비행은 무해통항에 포함되지 않는다. 잠수함은 무해통항을 위해 수면으로 부상해 국기를 게양하고 항해해야 한다(유엔해양법협약 제20조).

을 두지 않고 있다(정인섭, 2016: 604).

오늘날 미국은 2차대전 이전과는 달리 군함의 무해통항권을 강력히 주장한다. 반면 중국은 1992년 발효한 자국의 「영해 및 접속수역법」에 따라 무해통항 시 사전 허가를 요구하고 있다(정인섭 2016, 605). 물론 중국이 무해통항 자체를 부인하는 것은 아니다. 예를 들어 2015년 9월 중국 해군 소속 함정들이 알래스카 인근 미국 영해를 무해통항한 바 있다. 미국 정부는 국제법에 따라 이를 묵인했다. 미국도 같은 해 10월 26일에 해군 구축함을 남중국해상 중국이 영유권을 주장하는 수비 환초(Subi Reef)의 12해리 이내를 통항시켰다. 이에 중국은 미 해군이 사전 허가 없이 불법적으로 자국영해를 통항했다고 반발했으나 추가 조치는 취하지 않았다.

한편 12해리 영해 외측의 수괴(water column)에 대한 주권적 권리와 대륙붕에 대한 주권적 권리를 결합한 200해리 배타적 경제수역의 명문화는 유엔해양법협약의 가장 중요한 혁신이다. 이는 연안에 대한 통제 강화를 원하는 국가와 최대한 넓은 공해를 확보하려는 국가 사이의 정치적 타협의 결과였다. 유엔해양법협약 제57조에 의하면, 연안국은 기선으로부터 200해리까지 배타적 경제수역을 주장할 수 있다. 이 구역 안에서 연안국은 수괴, 해저(sea floor), 해저면(seabed)에 있는 생물이나 무생물 등 천연 자원의 탐사(explore), 개발(exploit), 보존(conserve), 관리(manage)를 위해 주권과 구분되는 '주권적 권리(sovereign right)'를 갖는다. 연안국은 또한 배타적 경제수역 내에서 인공섬의 설치 및 관리, 해양 과학 조사 및 환경 보호 등에 관한 '관할권(jurisdiction)'을 갖는다(제56조 1항). 그러나 배타적 경제수역 내에서 타국의 항행의 자유와 상공의 비행, 해저 관선이나 전선 부설 등을 제한할 수 없다(제58조 1항).

이러한 유엔해양법협약 조항에 따라 '폐쇄해' 또는 '반폐쇄해'로 구성된 동아시아 대부분의 해역이 연안국의 배타적 경제수역으로 편입됨에 따라 이 수역에서 타국의 군사적 활동 가능성 역시 논란의 대상이 되고 있다. 현행 유엔해양법협약은 배타적 경제수역 내에서 외국 선박과 항공기의 항행의 자유와 상공비행의 자유 등을 보장하고 있으나, 군사적 목적의 활동이 보장되는지에 대하여는 구체적인 언급을 피하고 있다. 앞서 언급한 무해통항권과 마찬가지로 미국은 타국의 배타적 경제수역 내에서 미 해군의 군사 활동도 관습국제법과 유엔해양법협약에 따라 보호되어야 할 '핵심 이익'으로 규정한다. 이에 맞서 중국은 자국의 배타적 경제수역 내에서 사전 허가 없이 외국 군함이 군사훈련이나 작전을 수행하지 말 것과 군사시설을 배치하지 말 것을 요구하고 있다.[3]

이처럼 동아시아 해양안보 이슈는 1994년 유엔해양법협약 발효 이후 지난 30여 년간 일련의 창발 과정을 거쳐 왔다. 유엔해양법협약 발효와 함께 새로운 해양질서가 도래할 것이라는 기대와는 달리 개별국가 단위의 미시적인 이해관계들이 복잡한 상호 작용을 통해 거시적 단계에 이르러 그 규범적 모호성이 두드러지게 나타난 것이다. 특히 미국과 중국이 해양에서의 자국의 핵심 이익을 놓고 벌이는 힘의 대결의 결과에 따라 동아시아의 해양질서는 새로운 '자기조직화' 과정을 거치고 있다(김상배, 2016).

3 배타적 경제수역은 경제적 목적을 위해 도입된 제도지만 '주권적 권리'와 '관할권'의 개념적 모호성으로 인해 동 수역에 관한 연안국의 권한이 강화되는 추세, 즉 영토화 경향은 쉽게 줄어들지 않을 것이다. 따라서 향후 연안국의 경제수역 내에서 이뤄지는 타국의 활동에 더 많은 실효적 제약이 가해질 것으로 보인다. 특히 민감한 문제인 군사적 이용 범위에 대하여는 연안국과 타국이 쉽게 합의를 보기 어려울 전망이다(정인섭, 2016: 626).

2) 중국의 해양굴기와 미국의 억지 전략 등장

동아시아 해양안보 이슈의 임계점은 무엇보다 2015년 여름부터 불거진 중국의 남중국해 도서의 인공섬 및 군사기지화 정책이 제공했다. '모래장성(the Great Wall of Sand)'으로 불리는 남중국해상 일련의 인공섬 조성과 군사기지화의 결과 중국은 이 지역을 점점 효과적으로 통제하고 있다. 이는 곧 남중국해에 대한 중국의 군사력 투사 능력의 증대를 의미한다. 특히 전략적 요충지인 남중국해에 대한 중국의 통제력 강화는 인도양은 물론 태평양 지역에서도 유사시 중국의 외교적·군사적 강압 능력이 비약적으로 확대되는 것을 의미한다. 중국이 최근 들어 대양해군 건설에 박차를 가하는 것도 단순히 적대적 세력의 해상교통로 봉쇄에 대한 방어적 성격에 기인하는 것이 아니다.

군사·안보적 고려뿐만 아니라 경제적 고려도 인공섬을 둘러싼 중국의 마찰적 해양정책에 영향을 미쳤다. 에너지와 원자재를 수송하는 해상교통로를 확보하는 것이 정책의 우선순위가 되었기 때문이다. 특히 1993년 중국이 원유 순수입국이 되면서 에너지 문제는 남중국해와 동중국해 분쟁의 주요 원인이 되었다(Calder 1996). 소요 원유를 확보하기 위한 중국의 전략은 세계 원유시장의 구조에 큰 변화를 가져왔다. 또한 중국의 원유 확보 전략은 동아시아의 에너지 안보는 물론 경제적·전략적 안보 문제와도 밀접하게 연계되어 있다.[4]

4 중국은 2012년과 2013년 하루 평균 540만 배럴과 560만 배럴의 원유를 각각 수입했는데, 이는 국내 소비의 절반에 해당하는 양이었다. 이후 수입량은 급격히 늘어 2019년 하루 평균 1,020만 배럴을 넘어섰다. 미국 연방정부 산하 에너지정보부(EIA)에 따르면 중국은 2040년까지 자국 내 총소비의 72%에 달하는 원유를 수입에 의존할 것으로 예상된다. 원유 수입이 급증함에 따라 중국은 원유 수입선 다변화를 위해 노력하고 있으나, 여전

한편, 국제통화기금의 무역 통계에 따르면 2020년 중국은 미국을 따돌리고 유럽연합의 최대 상품 교역국이 되었다. 연간 총상품무역 규모는 6,800억 달러에 달한다. 이는 같은 해 미국의 대중국 총교역 규모인 5,900억 달러보다 많다. 중국은 유럽뿐만 아니라 여러 아프리카 국가의 최대 교역 상대국이기도 하다. 2020년 중국의 전체 상품무역 규모는 4조 3,000억 달러로 전 세계에서 가장 크다. 3조 7,000억 달러인 미국보다 많고 한국의 4배에 이른다(IMF Direction of Trade Statistics).[5] 이는 곧 원유 수송과 수출입 물동량 수송을 위한 동중국해-남중국해-인도양-아라비아해를 잇는 해상교통로가 중국의 사활이 걸린 문제가 되었다는 것을 말한다.

이러한 맥락에서 중국은 대륙-해양복합국가를 지향하기 시작한 것으로 평가된다. 시신핑 정부는 출범과 동시에 2012년 18차 당 대회 보고에서 해양강국 건설을 국가발전전략목표로 제시했다. 해양자원 개발능력을 제고하고, 해양경제를 발전시키고, 해양 생태 환경을 보호하고, 국가 해양권익을 확고히 수호하고, 해양강국을 건설하자고 역설한 것이다(이농률, 2014). 자국의 해상교통로 보호와 확보를 위해 동남아와 인도양의 주요 항구를 하나씩 꿰어 연결하는 차항출해(借港出海; 타국 항구를 빌려 해양 진출) 전략을 펼치는 것도 그 일환이다. 시진핑은 인도양 요충지에 중국 자본과 기술을 투입하기 위한다는 명분으로 2014년 9월 중국 최고지도자로는 각각 42년과 28년 만에 처음으로 인도양의 섬나라 몰디브와 스리랑카를 방문했다. 그가 제안한 일대일로 구상에 따라 육로와 해로를 연결하

히 대부분 원유를 중동과 아프리카 지역에서 수입하고 있다(구민교 2016a; https://www.ceicdata.com/en/indicator/china/crude-oil-imports 참조).

5 https://data.imf.org/?sk=9D6028D4-F14A-464C-A2F2-59B2CD424B85

는 기반 시설이 완성된다면 이는 유라시아 대륙과 중동 그리고 아프리카 대륙의 60개 이상의 국가들과 44억 명의 인구를 연결하는 거대한 네트워크가 될 것이다(구민교, 2016a: 50-51).[6]

중국의 해양굴기가 방어적인지 공격적인지에 대해서는 논란의 여지가 있다. 그럼에도 중국의 일대일로 또는 실크로드 구상은 중국이 지금 누리는 경제적 번영을 지속하기 위한 필연적인 수단임을 부인할 수 없다. 군사적 측면에서 중국이 추진 중인 A2/AD도 그 속성상 방어적인 것이다. 그러나 대양해군을 지향하는 중국의 구상이 실현될 경우 중국이 여전히 '선량한(benign) 패권국'으로 남을지에 대해서는 의문이 커지고 있다. 해양강국으로서 중국의 부상은 동아시아 해역에서의 세력균형은 물론 전 지구적인 힘의 균형에 막대한 영향을 끼칠 것이다(Koo, 2017).

물론 중국의 구상이 지정학적 진공상태에서 쉽게 실현되지는 않을 것이다. 특히 미국은 중국의 인공섬 매립을 포함한 배타적 해상교통로 확보 전략에 반대하면서 전술적인 차원은 물론 국제법적 차원에서도 무력화를 시도하고 있다. 미국은 주변국과의 국방/군사 협력 강화, 남중국해 인근 미국의 군사력 배치, 남중국해상 중국의 A2/AD 극복을 위한 새로

---

6 시진핑 집권 2기가 시작된 2017년 이후 일대일로에 대한 역풍도 거세다. 아시아 저개발 국가들은 초기에 일대일로 구상을 전폭적으로 지지했지만 점차 중국에 경제적으로 종속될 것을 염려하면서 이러한 전략을 비판하고 있다. 일대일로 구상 초기에 중국 자본은 경제적 활력을 가져올 것으로 예상되었지만 파키스탄, 카자흐스탄, 키르기스스탄, 타지키스탄, 스리랑카, 미얀마 등 자본이 풍부하지 않은 국가는 부채 상환 능력이 부족해 채무에 허덕이거나 항만의 소유권을 중국에 넘기는 상황이 발생하고 있기 때문이다. 아프리카 국가도 경제적 종속에 따라 자원을 헐값에 매각하거나 중국의 군사시설 주둔을 요구받기도 한다. 일대일로 사업 중 중국 기업이 80% 이상의 프로젝트를 맡아 시행함에 따라 앞으로도 중국과 주변 경제 소국과의 불화가 커지고 있다. 소위 '부채의 덫 외교(debt trap diplomacy)'에 대한 비판은 중국으로서도 부담스러울 수밖에 없다(구민교, 2019: 17).

운 군사 전략 및 군사력 운용 개념 확립 등 국방 태세를 재검토하기 시작했다. 미국이 단계별로 공중·해상 정찰을 강화한 것도 이 때문이다. 미 국방부는 인공섬 12해리 안으로 정찰기와 함정을 보내는 방안을 수개월 동안 신중하게 검토한 끝에 2015년 10월 26일 미 해군 구축함 라센호(USS Lassen)를 파견해 수비 환초의 12해리 이내를 통과했다. 이는 미 해군이 남중국해 상에서 2012년에 마지막으로 항행의자유작전을 펼친 이후 처음으로 동 지역에서 행한 작전이었다.[7] 2015년 11월 괌에 전략폭격기 B-52를 투입해 실시한 '비행의자유작전(Free Flight Operation)'도 계속 시행되고 있다.

특히 중국이 건설하고 있는 인공섬 중에서 수비 환초와 미스치프 환초(Mischief Reef) 등은 자연상태에서 만조 시 수면 아래로 내려가는, 이른바 간조노출지(low-tide elevation)이기 때문에 국제법상 영해나 대륙붕 및 배타적 경제수역을 가질 수 없다. 남중국해상에서 중국이 주장하는 '남해 9단선'의 법적 지위와 효과도 논란이 되고 있다. 이들 지역에서의 '항행의 자유', 특히 군함의 지위와 권리를 놓고 미국과 중국은 치열한 법률전(legal

7 한편 미국의 국제법 및 안보 전문가 집단 내에서는 라센호의 파견 목적과 성격을 두고 많은 논란이 있었다. 라센호 파견 직후 미 국방부는 동 작전의 목표는 중국의 과도한 주장, 즉 수비 환초의 경우와 같이 애초에 수중암초였지만 인공섬으로 재탄생한 경우 일정한 안전구역(safety zone)외에는 영해나 배타적 경제수역과 같이 유엔해양법협약이 규정한 해양 공간을 가질 수 없음에도 중국이 영해를 주장하는 것을 견제하기 위한 것이었다고 설명했다. 그러나 곧 라센호의 항로는 수비 환초의 12해리 이내뿐만 아니라 주변의 다른 합법적인 무인 암초(unoccupied legal rock)의 12해리 내에 포함되었기 때문에 결국 타국 도서 영해 내에서의 무해통항(innocent passage)의 문제로 귀결되었다. 전술적인 측면에서는 물론이고 국제법적인 측면에서도 많은 혼란과 비판을 야기한 라센호 작전을 교훈 삼아 미 국방부는 2016년 1월 30일에 미 해군 구축함 커티스 윌버(Curtis Wilbur)호를 파라셀제도 내의 중국령 트리톤섬(Triton Island) 12해리 내에서 제2차 항행의자유작전을 펼쳤다. 이번에는 그 법적 성격을 중국의 사전 허가 없이 그 영해 내에서의 무해통항을 목적으로 했음으로 명확히 했다(구민교, 2016a: 51-52).

warfare 또는 lawfare)도 벌이고 있다.[8]

트럼프 행정부의 유산을 청산할 것을 선언한 바이든 행정부는 오히려 항행의자유작전의 강도와 빈도를 더욱 높이고 있다. 미국은 항공모함 전단을 동원해 필리핀 동쪽 해역과 남중국해상에서 공중방어 및 해상정찰 작전을 펼치고 있다.[9] 중국이 자국이 실효적으로 지배하는 남중국해 도서의 12해리 이내에서 항해하는 미국의 함정에 대해 영해 침입으로 간주할 것이라고 경고한 가운데 미국은 이들 작전을 '정기적 순찰 활동(routine operations)'으로 주장한다. 중국을 '장기 전략적 경쟁자(long-term strategic competitor)'로 규정한 미국은 도널드 트럼프의 '힘을 통한 평

8 이러한 배경에서 국제기구의 중재를 통해 문제를 해결하려는 노력도 등장했고 규범의 해석과 적용을 둘러싼 새로운 경쟁 양상이 나타났다. 대표적인 예가 2013년 1월 22일 필리핀이 중국을 상대로 유엔해양법협약상 국제중재재판소(International Arbitral Tribunal)에 남중국해 문제 해결을 요청한 것이다. 필리핀이 제기한 핵심 쟁점은 중국이 지정한 남해 9단선이 유엔해양법협약에 저촉되며, 따라서 중국이 주장하는 남중국해 도서 영유권은 국제법 위반이라는 것이다. 국제중재재판소는 2015년 10월 29일에 필리핀의 제소 사항에 대해 국제중재재판소가 관할권을 갖는다는 결정을 내렸다. 2016년 7월 12일에 내려진 국제중재재판소의 본안판정은 관할권 주장의 국제법적 근거, '도서'와 '암석'의 구분, 무분별한 어업 행위, 해양환경 보호를 위한 연안국의 의무 등과 관련된 해양법협약의 적용과 해석을 처음으로 명확히 했다는 점에서 의의가 있다. 그러나 중국 정부는 중재재판 개시 때부터 국제중재재판소는 이 분쟁에 대해 관할권이 없다는 주장을 고수했고 중재재판에도 참여하지 않았다. 관할권 판결은 물론 본안 판결 이후에도 중국은 동 판결이 "무효 (null and void)이며 중국에 대해 구속력이 없다"는 입장을 반복했다. 중국의 판정결과 이행을 담보할 수 있는 강제력이 부족하다는 점은 현 국제중재 제도의 명백한 한계다. 하지만 국제법상 중국의 반대 의사와 상관없이 중재 판결은 재판의 양 당사국 모두에 법적 구속력을 갖는다. 또한 중재 판결을 전면적으로 무시하는 행위는 중국이 국제사회에서 구축하고자 하는 '화평굴기' 이미지에 손상을 준다(김현정, 2016).

9 최근 몇 년 동안 미국 군함은 더 빈번하게 남중국해에 진입 및 통과함으로써 파라셀군도와 스프래틀리군도 인근에서 항행의 자유를 주장하고 있다. 바이든 대통령이 2021년 1월 취임한 이후, 미국 항모단은 이미 긴장이 고조되는 이 지역에서 두 번이나 작전을 수행했다. 보도된 바에 따르면, 루즈벨트와 레이건 항모단은 "고정익 및 회전익 항공기를 사용한 비행작전, 해상타격훈련, 수상부대와 항공부대 간의 통합전술훈련"을 포함한 "해상보안작전"을 수행했다(Reuters, 2021a, 2021b).

화(peace through strength)'를 넘어 조 바이든의 '더 나은 세계의 재건(Build Back Better World, B3W)' 전략을 통해 중국을 압박하고 있다. 이에 맞서 중국은 독자적으로 개발한 전략 수송기와 항공모함을 실전 배치해 남중국해의 '불침항모(不沈航母, 즉 인공섬)'의 방어 능력을 한층 강화하고 파라셀군도 주변 해역에서 대규모 군사훈련을 실시했다(Koo, 2020, 2021).

3. 미중 간 신해양패권 경쟁과 역내 파급효과

1) 점-선-면 해양 경쟁

20세기 중반 이전 내서양 시대는 20세기 중반 이후 태평양 시대로 대체되었고, 21세기 들어 다시 그 무게 중심은 인도-태평양 시대로 이동하고 있다. 아직 인도-태평양 전략이 구체화되지 않은 상황에서 미국은 역내 우호국들과 중국을 견제하기 위한 행보를 강화하고 있다. 일본, 아세안, 인도, 호주 해군과 공동훈련을 통해 남중국해 지역에서 활동을 강화하는 것이 대표적인 예다. 특히 미국이 인도-태평양 전략을 성공적으로 추진하기 위해서는 미국의 전통적 동맹국인 호주는 물론 미국과 새로운 군사협력을 모색하는 인도의 역할이 더욱 중요해졌다. 미국, 호주, 일본, 인도의 4자 안보 회담(Quad) 추진도 같은 맥락이다.

2000년대 들어서 중국은 도서 및 해양분쟁에서 '주권은 중국에게 있다(主權在我)'는 점을 분명하게 강조하고 있다(이동률, 2017). 해양경계가 확정되지 않은 상태에서 중국에 의한 해양 공간의 영토화(territorialization), 인공섬화(artificialization), 군사화(militarization) 경향은 그 규모와 지정학적 함의에서 비교 대상이 없을 정도다. 단적으로 중국의 정책은 남중국해의 지도를 바꾸고 있다. 남중국해에서 가장 큰 섬은 타이핑다오(Itu Aba, 면적: 0.56km^2)였으나 중국의 인공섬 건설에 따라 메이지자오(美濟礁, Mischief Reef, 면적: 5.58km^2), 융수자오(永署礁, Fiery Cross Reef, 면적: 2.74km^2), 주비자오(渚碧礁, Subi Reef, 면적: 2.4km^2) 등이 이보다 더 커졌다(구민교, 2019: 22-23). 중국은 이 인공섬들의 군사기지화에 박차를 가하고 있다. 중국에 의한 남중국해의 영토화, 인공섬화, 군사화는 중국이 주장하는 '남해 구단선'의 법적 지위 논란과 이들 지역에서의 '항행의 자유', 특히 군함의 지위와 권리를 놓고 미중 간 치열한 법률전의 직접적 원인이라는 점은 앞서 밝힌 바와 같다.

전통적 해양강국인 미국과 일본, 새롭게 해양대국으로 부상하는 중국, 동남아시아 지역의 해양축(maritime axis)을 자처하고 나선 인도네시아, 인도양의 맹주로서 '동방행동정책(Act East Policy)'을 펼치는 인도, 동아프리카 인도양 해역에서 주요 전략적 이익을 가진 서유럽 국가들, 유럽 국가 중 유일하게 태평양함대를 보유한 러시아, 강대국의 틈바구니에서 해양국가로서의 위상을 확보하기 위해 노력하는 한국 등 모두가 자국과 인류 공동의 해양 이익을 놓고 때로는 협력하고 때로는 경쟁한다. 이러한 협력과 경쟁의 양상은 점(point)-선(line)-면(plane) 전략의 관점에서 재구성할 수 있다(구민교, 2016a).

첫째, 점을 둘러싼 경쟁이다. 전통적 도서 영유권 분쟁은 거점 확보를 위한 경쟁이라고 해도 과언이 아니다. 역내 연안국이 유·무인 도서를 가릴 것 없이 영유권 확보를 위해 막대한 자원을 아낌없이 쏟는 이유는 1969년 국제사법재판소의 북해 대륙붕 사건에 대한 판결 이후 확립된 '육지가 바다를 지배한다(The land governs the sea)'는 원칙 때문이다. 바다에서 '점'을 확보하지 못하면 영해는 물론 배타적 경제수역, 대륙붕 등에 관한 관할권도 행사할 수 없다. 더 나아가 국제관습법과 유엔해양법협약에 보장된 무해통항권, 항행의 자유권 등 역외 국가의 권리도 침해될 개연성이 커진다. 중국의 인공섬 건설 노력과 미국의 동아시아 연안국가 내에서의 거점 확립 노력 등은 그러한 인식을 반영한다.

둘째, 선을 둘러싼 경쟁도 가속화되고 있다. 중첩수역에서의 전통적인 경계획정 문제가 이에 해당된다. 관련국 간 점을 둘러싼 경쟁 못지않게 선을 둘러싼 경쟁도 한 치의 양보도 없이 전개되고 있다. 동아시아 해양국가 대부분이 인근 국가와 경계획정 문제를 안고 있음에도 양자 간 협의 또는 국제적 중재 노력으로 경계가 획정된 사례는 지금까지 극히 드물다는 것이 선을 둘러싼 경쟁의 양상을 잘 말해 준다. 아울러 선을 둘러싼 경쟁은 좀더 전략적인 개념으로 진화하고 있다. 대표적 사례가 중국이다. 육상 및 해상 실크로드를 잇는 일대일로 구상과 차항출해 전략, 제1, 2도련선으로 상징되는 근해 및 원해 방어 전략은 중국의 '선 전략'이 어떻게 진화하고 있는지 잘 보여 준다. 2000년대 이전까지 연해방어 개념에 국한되었던 중국의 해군 전략은 근해방어 및 원해호위의 결합형으로 빠르게 변화하고 있다. 일대일로 구상은 육·해상을 아우르는 중국식 경제 전략이며, 군사안보 측면에서도 영향력을 확대함으로써 중국몽, 강군몽(强軍夢)을 실현하려는 것이다.[10] 중국의 새로운 선 전략은 미국을 비

10 중국은 2009년 오바마 행정부가 들어선 이후 기존의 불개입정책에서 적극 개입으로 정책 전환이 이뤄진 것으로 판단하고 있다. 아울러 중국은 일본이 일련의 미중 간 갈등을 이용해 중일 간 분쟁에 미국을 끌어들이려고 하고 있으며, 미국 역시 이 분쟁을 계기로 동아시아에서의 미국의 복귀를 촉진하고 중국의 부상을 견제하려는 의도가 있다고 보고 있다. 그렇기 때문에 미중 간 해양패권 경쟁 못지않게 중일 간 경쟁도 역내 해양질서에 중요한 영향을 미친다. 특히, 2010년 중국 어선 충돌 사태를 둘러싼 외교적 논란은 중국에 대한 일본의 민족주의 성향을 강화하는 촉매제 역할을 한 바 있다. 탈냉전기 일본에서는 이

롯한 주변국들의 새로운 선 전략 수립을 촉진하고 있다. 이러한 맥락에서 동아시아의 해상교통로와 항행의 자유의 중요성이 그 어느 때보다 커지고 있다.

셋째, 전통적인 영유권 및 해양경계를 둘러싼 경쟁과 갈등과 더불어 새롭게 등장한 점과 선에 대한 전략적 개념은 '면'을 둘러싼 경쟁으로 전개되고 있다. 우선 중국의 영토화-인공섬화-군사화 전략은 궁극적으로 태평양-동중국해-남중국해-인도양을 아우르는 전 해역에 걸친 '면' 전략으로 전개될 가능성이 크다. 중국의 전략 목표를 간파한 미국은 2012년부터 아시아로 본격적인 해양력 재배치 노력을 기울이고 있다. 이는 '상쇄 전략(offset strategy)'이라고 불리는 국방혁신구상에서도 잘 나타난다. 그 핵심은 아시아 지역에서 미국의 재래식 전력 투사 능력을 회복하는 것이다. 이는 '공역 접근 및 기동을 위한 합동 개념(JAM-GC)'으로 구체화되었다. 더 나아가 '다영역 작전(MDO)' 개념은 지상, 해상, 공중, 우주, 사이버-전자기 영역을 아우르는 미래 동맹 작전 수행 비전을 제시한다. 이들 전략은 해군과 공군 전력뿐만 아니라 지상군, 해병대 전력을 활용하고 상호 운용성을 높이는 데 중점을 둔다. 여기에서 주목할 점은 점-선-면 전략의 궁극적인 지향점으로서의 '공역(global commons)' 개념이 포함되었다는 점이다.[11] 다시 말해 미국은 동맹 및 우방국과의 합동 및 연합

미 전후 평화체제를 비판하거나 부정하는 보수담론이 왕성하게 전개되고 있다. 전후체제를 부정하는 극우운동도 활발하다. 중국과의 관계가 긴장을 더해 가면서 국가적 정체성을 재구성하려는 보수적 의식과 실천 의지도 강화되고 있다(구민교, 2018b).

11 공역이란 우주 공간이나 사이버 공간, 공해, 심해저와 같이 특정 국가에 귀속되지 않고 세계 어느 국가든지 다른 국가의 방해를 받지 않고 사용-활용이 가능한 국제적, 초국가적, 범국가적 영역으로 유엔해양법협약을 포함한 유엔 차원에서 널리 활용되는 개념이다.

전력 운용을 강조하는 전 지구적 관여(engaging partners across the globe)도 강조한다는 것이다(구민교, 2016a: 57-8; Koo, 2021).

2) 항공모함 확보 경쟁

중국은 미국 항모단의 작전을 넓은 지리적 영역을 포괄하고 중국의 핵심 해양 이익을 위협하는 공격적이고 전투 지향적인 행위로 본다(Guo and Liu, 2021). 미국의 무력 시위에 맞서 중국은 군사력을 강화하고 있다. 인공섬에 공군기지를 건설하는 것 외에도 중국은 2024년부터 운용될 것으로 예상되는 세 번째 항공모함을 건조하고 있으며 추가 항공모함 건조가 뒤따를 것이다. 중국의 첫 두 항모인 랴오닝호와 산둥호보다 눈에 띄게 더 큰 새 항모는 중국에 새로운 능력과 작전상의 유연성을 제공해 특히 파라셀군도와 스프래틀리군도의 전초기지에 효과적으로 전력을 투사할 수 있을 것으로 예상된다.[12] 확실히 중국이 항공모함 운영에 대한 충분한 지식과 경험을 습득하는 데는 시간이 필요할 것이다. 공산당이 집권 100주년을 맞이하고 미국을 추월할 것을 장담하는 2049년까지 세계 수준의 해군을 건설하기 위한 중국의 노력이 어느 정도 결실을 맺을 것이다(Chang, 2021; Pickrell, 2021).

항공모함은 육지 경계를 훨씬 넘어 공군력을 투사하기 위해 전진 배치된 부대로서 20세기 초반부터 진화해 왔다. 탈냉전 시대에 많은 해군

12 2022년 2월 진수된 중국의 세 번째 항공모함인 푸젠함은 수평 비행 갑판과 사출기 발사 시스템(Catapult Assisted Take Off But Arrested Recovery, CATOBAR)을 갖추고 랴오닝함과 산둥함보다 2배가량 많은 전투기를 탑재할 수 있을 만큼 커진 것으로 평가된다(Chang, 2021; Pickrell, 2021).

전문가는 침투형 센서와 정밀 유도 미사일이 개선되어 항공모함이 더는 침몰시킬 수 없는 전력은 아니며 전투 지역에서 압도적인 우위를 점하는 것도 아니라고 주장해 왔다. 예산의 제약도 항공모함 건조에 불리한 요인으로 작용해 왔다. 그러나 이러한 취약성과 관계없이 그 기동성과 화력은 항공모함 전투단이 현대 전투함대에서 타의 추종을 불허하는 외교 및 전술적 인지도를 여전히 누릴 수 있도록 한다(Gartzke and Lindsay, 2020).

전략적 영향력을 획득하기 위해, 적어도 이웃 항모 강국의 위협을 받지 않기 위해 인도-태평양 지역의 여러 국가 사이에서 항모 경쟁이 나타나고 있다. 2022년 10월 기준 미 해군은 11개의 대형 원자력 추진 항모를 보유하고 있다. 중국은 3척, 영국과 인도는 각각 2척, 프랑스와 러시아는 각각 1척의 항공모함을 운용하고 있다. 일본은 4척의 헬리콥터 항모를 운용하고 있으며 그중 2척은 본격적인 항공모함으로 전환 중이다.[13] 호주와 한국은 각각 2척의 헬리콥터 항모를 운용하고 있으며 태국도 1척의 헬기 항모를 보유하고 있다. 한국과 인도는 항공모함 건조를 계획하고 있다.[14]

중국의 야심에 찬 항공모함 프로그램을 고려할 때 해상 공군기지인 항모를 보유하기 위한 경쟁은 이 지역에서 안정적인 세력균형을 유지하

13 일본은 중국의 항공모함 건조에 촉각을 곤두세우고 있다. 동중국해에서 중일 간 적대 행위가 발생할 경우 일본의 최우선 과제는 오키나와에서 약 400km 떨어진 센카쿠 열도와 인근 해역을 방어하는 것이다. 따라서 경항모라도 항공모함을 획득하는 것은 일본으로서는 합리적인 선택이었다. 2018년 일본 정부는 2만 4,000톤 이즈모급 헬기 항모 2척을 F-35B의 이착륙이 가능한 항모로 개조하기로 결정했다. 두 항공모함 모두 중국 항공모함보다 능력이 뒤지지만 일본이 동중국해 및 그 이원에서의 군사작전을 보다 안정적으로 지원할 것이다(Chang, 2021).

14 호주는 1984년 마지막 항공모함을 퇴역시켰다. 냉전 이후 러시아는 극동함대의 항공모함을 폐기했다(Chang, 2021).

고 전쟁 가능성을 낮추는 데 도움이 될 수 있다(Chang, 2021). 중국의 잠재적 지배를 방지하기 위해 항모 개입에 의한 억제는 동아시아의 부국들이 취할 수 있는 선택지다. 자유롭고 개방된 인도-태평양을 유지하기 위해 공동으로 대응책을 전개할 수 있는 봉쇄 전략이기도 하다. 항모가 제공하는 여러 장점은 국가의 외교 역량 향상에도 이바지할 수 있다. 그러나 항공모함 전력은 국가 전략에 대한 모호성을 유발하고 불필요한 개입과 같은 과잉의 오류를 유발할 수도 있다. 비패권국 간의 해군 군비경쟁은 지정학적 불안정을 야기할 가능성이 훨씬 적다. 그러나 이미 돌이킬 수 없는 상황으로 가고 있는 동아시아의 지정학에 부정적인 영향도 미칠 수 있음에 유의해야 한다(Gartzke and Lindsay, 2020).

4. 해양분쟁의 외교적 해결 방식과 가능성[15]

1) 군사력을 통한 해결과 국제중재를 통한 해결 방식

역사적으로 국가 간 분쟁을 해결하는 가장 보편적인 방법은 군사력을 동원하는 것이다. 특히 영토 이슈가 관련되는 경우 국가 간 분쟁은 무력 충돌을 수반하는 경우가 많았다. 앞서 검토한 바와 같이 최근 동아시아 내에서 전개되는 해양 군비경쟁은 당사국들을 안보딜레마 상황에 빠뜨려 무력 충돌의 가능성을 높이는 것이 사실이다. 그러나 오늘날 무력에 의한

15 이 절은 주로 저자의 「해양안보의 중견국 외교」(손열·김상배·이승주(편), 『한국의 중견국 외교 역사 이론 실제』, 서울: 명인문화사, 2016)를 발췌하고 업데이트했다.

영토 문제의 해결은 극히 드물다. 특히 국제법적 원칙들을 준수하지 않고 선제적으로 무력행사를 한 국가는 대개 영토적 목표 달성에 실패했다. 동아시아도 예외는 아니다. 한일 양국과 중일 양국은 물론 중국과 동남아시아 국가들도 영유권 이슈를 놓고 군사적 충돌을 감수할 가능성은 극히 낮다. 사전적으로는 물론 사후적으로도 고려해야 할 국제규범의 억지 요인이 많기 때문이다. 아울러 중국-미국, 중국-일본, 중국-동남아시아, 중국-서유럽 국가 간 팽팽한 힘의 균형이 형성되는 상황에서 군사력을 동원한 갈등의 해결은 현실적 대안이 아니다.

동아시아 내에서는 국제사법재판소, 국제해양법재판소, 상설중재재판소 등 국제사법기구에 의한 중재가 여전히 주권 간섭으로 인식되는 경향이 강하다는 점에서 국제법에 의거한 해양분쟁의 해결 가능성 또한 낮다.[16] 무역과 투자 등과 같이 중재절차에 관한 국제규범이 비교적 잘 확립되어 있고 안정적인 이슈 영역의 경우에는 국제법에 따른 분쟁 해결이 활발하다. 그러나 동아시아 해양이슈 영역의 경우 불안정적 이슈 단계에 머물러 있다. 영유권이나 관할권과 관련된 국제사법기구들의 최근 판례는 형평성(equity)과 공평성(fairness)을 확보하기 위해 많은 노력을 하고 있다. 그러나 영합 게임 성격이 강한 불안정한 이슈 영역에서는 이를 확보하기가 어렵고, 그 때문에 최종적 법적 판단에 당사국이 불응(non-compliance)하는 경우가 많다.

16 동아시아 지역 내에서 지금까지 국제법에 의거해 영유권 문제를 해결한 것은 인도네시아-말레이시아 간 시파단섬/리기탄섬 분쟁 (국제사법재판소 2002년)과 말레이시아-싱가포르 간 페드라브랑카섬 분쟁(국제사법재판소 2008년) 사례뿐이다. 국제해양법재판소는 2012년 방글라데시와 미얀마 간 벵갈만 경계분쟁 사례를 중재한 바가 있다.

앞서 언급한 중국에 대한 필리핀의 제소에 대해 국제중재재판소가 관할권을 인정하고 중국의 주장을 무효화한 결정을 내린 것은 중대한 진전이다. 하지만 현 상황에서 국제중재 방식에는 여전히 많은 불확실성이 남아 있다. 무엇보다도 중국은 지속적으로 중재재판소 관할권의 무효를 주장함과 동시에 필리핀이 제소를 철회하도록 유·무형의 압력을 가했다. 중국에 유리하지 않은 판결이 내려졌지만 국제사법재판소나 국제해양법재판소의 판결에 비해 구속력이 약하고, 이행을 담보하기 위해서는 유엔안전보장이사회의 결의안에 의존할 수밖에 없다. 해양굴기를 추구하는 중국의 명분과 정당성에는 위신비용 때문에 어느 정도 흠집이 생기겠지만, 상임이사국인 중국은 안보리 결의안을 통한 재판소 판결의 이행 요구를 충분히 저지할 수 있다.

2) 외교적 노력을 통한 해결 방식

앞서 살펴본 바와 같이 전후 동아시아의 전 해역에 걸쳐 발생한 해양분쟁들의 특징은 극히 일부를 제외하고 전면적인 법적 해결이나 무력 충돌로 가지 않으면서 단속적으로 갈등이 분출되었다가 불완전한 형태로 해소되기를 반복한다는 것이다. 물론 최근 들어 그 이슈 범위가 확대되고 갈등이 동시다발적으로 분출되고 있지만, 그 본질적인 속성 자체는 변하지 않았다. 이는 대부분의 분쟁 당사국이 비용/편익 관점에서 볼 때 물리적 또는 규범적 수단을 통한 분쟁의 '완전하고 논쟁의 여지가 없는(complete and undisputed)' 해결보다는 현상 유지 또는 갈등 관리가 보다 유리한 것으로 판단하기 때문이다.

따라서 중장기적으로 영유권과 관할권을 둘러싼 분쟁의 해결은 외교적 노력에 의존할 수밖에 없다. 영유권과 관할권 이슈에 대한 관련국의

'인식'이 안정화되어 규범적 수단에 의한 해결이 가능해지기 전까지는 당사국들은 해상에서의 의도하지 않은 조우나 충돌이 더 심각한 충돌로 확대되는 것을 방지하기 위한 갈등 관리와 신뢰구축을 위한 외교적 노력에 초점을 맞춰야 한다. 물론 군사적 및 규범적 접근과 명확히 구분되는 '외교'만의 영역이 존재하는지에 대한 합의는 존재하지 않는다. 넓은 의미에서는 군사적 또는 규범적 수단 또한 외교적 접근의 일부일 수 있다. 그럼에도 상호 간 적대적 정체성(hostile identity)을 순화시키고 신뢰를 구축하는 노력은 물리적 압박이나 규범적 구속을 추구하는 것과는 구분되는 것으로서 외교적 접근의 고유 영역이다.

그러나 지금까지 당사국들이 기울여 온 외교적 노력은, 어느 정도 성과가 있었던 것도 사실이지만, 대개 양자외교에 국한되었기 때문에 그 의의는 제한적일 수밖에 없었다. 많은 경우 해양 이슈는 양자 관계를 넘어 지역 차원의 외부 효과를 갖기 때문이다. 일례로 한일 간 해양경계획정은 자연스레 한중은 물론 중일 간 해양경계획정에도 영향을 미친다. 효과적인 외교적 노력은 양자를 넘어 다자주의를 지향해야 한다는 주장이 제기되는 이유다(구민교 2011, 2015, 2016a).

물론 '작업 방식(*modus operandi*)'을 둘러싼 당사국 간 견해 차이는 크다. 무엇보다도 중국은 양자적 해결 원칙을 고수하는 반면, 미국과 동남아시아 국가들은 역내 소다자적 해결을 선호하고 있다. 예를 들어 중국과 동남아시아 국가들은 남중국해 해양 영토 분쟁 해결을 위한 협상의 결과로 지난 2002년 11월 남중국해 당사자간행동선언을 채택했지만 남중국해 도서 영유권 문제가 더 악화하는 것을 방지하기 위해 '구속력을 가진' 행동강령(code of conduct)을 체결하기 위한 추가 협상의 진전은 더딘 상황이다.[17] 그러나 향후 전개될 군사적, 국제법적 상황들을 고려할 때 중국이 양자주의를 고집할 수 있는 근거는 갈수록 약해질 것이고, 중국 역시 역내 소다자주의를 받아들일 수밖에 없을 것이다. 예를 들어, 중국-필리핀 사건에 대한 국제중재재판소의 결정은 중국의 견제와 반발 때문에 무력화되었지만, 향후 다른 분쟁 당사국들이 국제사법기구에 중국을 제소하는 것을 차단하기 위해 중국 스스로 보다 공식적이고 (최소한 정치적으로) 구속력 있는 다자간 역내 레짐을 받아들일 가능성이 있다.

영유권과 경계획정 이외에 자원 개발과 해상 안전 등의 분야에서는 역내 다자주의를 통한 문제 노력이 비교적 많이 축적되어 왔다. 해적 대책 분야가 대표적이다. 해적 문제는 해양에서 비전통적인 위협과 연계될 가능성 때문에 다자협력이 확대되고 있다. 동아시아 지역 내에서는 2001년에 일본 도쿄에서 열린 '해적대책아시아협력회의'에서 역내 최초의 해적 및 해상 강도에 공동 대처하기 위한 정부 간 협의체로 '아시아해적대책협력협정(Regional Cooperation Agreement on Combating Piracy and Armed Robbery against Ships in Asia, ReCAAP)'이 제안되었다. 이 협정은 2004년 11월에 체결되어 2006년 9월부터 발효되었다. 현재 한중일 3개국과 동남아 8개국(인도네시아와 말레이시아 비참여), 인도, 방글라데시, 스리랑카, 미국, 호주, 영국, 덴마크, 네덜란드, 노르웨이 등 20개국이 가입했다. 특히 2014년 9월 22일 미국이 20번째 회원국으로 가입함에 따라 협

---

17 2021년 6월 15일 화상으로 개최된 아세안국방장관회의(의장국: 브루나이)에서 참석자들은 남중국해에서의 긴장이 고조되는 상황에서 "국제법의 테두리 안에서 효과적이고 실질적인 남중국해 행동지침(CoC)의 조속한 타결"을 촉구했다. 당일 아세안 국방장관들과 웨이펑허 중국 국방장관 간에 이뤄진 비공식 회의에서 중국은 각국과의 안보협력을 중시하고 각국의 합리적인 관심사에 대해 충분히 이해하고 존중함을 강조하면서도 중국의 국가이익도 충분히 존중하고 수호해야 한다고 주문함으로써 여전히 견해의 차이가 존재함을 널리 알린 셈이 되었다(Iwamoto, 2021).

정의 중요성과 위상이 높아졌다.[18]

5. 마치며: 동아시아 해양분쟁과 한국의 역할[19]

여기서 한국의 역할은 무엇일까? 앞서 다룬 바와 같이 한일과 중일, 미중 양국은 물론 중국과 동남아시아 국가들이 영유권 이슈를 놓고 군사적 충돌을 감수할 가능성은 극히 낮다. 그럼에도 한국으로서는 유사시에 대비한 최소한의 군사적 억지력을 확보하는 것이 대단히 중요하다(박영준, 2015). 그러나 한국의 경제 규모로 볼 때 전력의 비대칭성 문제를 완전히 해소하는 것은 가능하지도 않고 바람직하지도 않다. 지나친 군비경쟁에 뛰어들지 않는 범위 내에서 해군 전력을 육성할 필요가 있다.[20]

해양력 육성 못지않게 중요한 것은 규범 담지자로서의 한국 외교의 역할과 역량을 강화하는 것이다. 중견국이 리더십을 보여 준 분야는 주로

---

18 https://www.recaap.org/about_ReCAAP-ISC.

19 이 절은 주로 저자의 「해양안보의 중견국 외교」(손열·김상배·이승주(편), 『한국의 중견국 외교 역사 이론 실제』, 서울: 명인문화사, 2016)를 발췌하고 업데이트했다.

20 한국 해양 안보외교의 가장 큰 도전이자 과제는 미중 간 신해양패권 경쟁 속에서 길을 잃지 않는 것이다. 지금까지 북한의 안보 위협 억제가 한국의 최우선 과제였다면, 이제 해양을 중심으로 요동치는 역내 안보 지형의 불확실성에도 대비해야 한다. 중견국 해양 안보외교정책으로 진화하기 위해서는 한국 해군의 역할이 매우 중요하다. 이러한 맥락에서 2022년 현재 한국 정부가 2033년 완성을 목표로 추진하고 있는 경항모 사업은 제주 해군기지 건설 이후 또 다른 신의 한 수가 될 것이다. '움직이는 다목적 군사기지'인 항공모함은 동아시아 해역과 그 이원에서 '책임 있는 이해 당사자'가 될 수 있는 물적 토대를 제공한다. 항모가 시대에 뒤떨어진 전략자산은 분명 아니지만, 압도적 억지력을 제공하는 '원샷원킬'의 무기 체계는 아니다. 그럼에도 주변국과의 전략적 비대칭성이 커지는 가운데 항모전단은 선택이 아닌 필수의 문제가 되었다(Koo, 2020, 2021).

자국의 하드파워를 통해 원하는 세계질서나 힘의 구조를 변경시키거나 관리하는 차원이 아니라 국제규범의 창출, 분쟁국 간의 평화적 중재, 경제, 개발협력, 환경, 인권 등의 연성 이슈였고, 이러한 분야에서 중견국이 기획자로서의 소프트파워를 발휘한다. 해양 분야도 마찬가지다.

그렇기 때문에 한국은 해양안보 이슈 영역에서 적극적으로 목소리를 낼 필요가 있다. 한국은 미국, 중국, 일본 그리고 동남아시아 국가 사이에서 안전장치 역할을 수행해야 한다. 새로운 동아시아의 해양 역학과 도전 속에서 중견국으로서의 한국이 중국의 급속한 세력 팽창에 맞서 미국에게 지나치게 의존함으로써 중국과 세력균형을 유지하려는 것은 좋은 정책 대안이 아니다. 중국의 영향권 아래로 빨려 들어가도 안 된다. 전통적인 해양강국인 일본의 재등장도 한국에게는 도전이자 기회다. 영토, 자원개발 그리고 경계획정의 문제를 포함하는 신해양질서의 구축은 궁극적으로 고도의 규범적인 행위지만, 단순한 자국 이기주의 이상의 것을 포함하는, 모든 관련국이 납득할 만한 근거를 담아야 하는 정치적 행위다 (구민교, 2011, 2016a).

중국이 강대국으로 부상하면서 한국은 한미동맹과 한중 전략적 협력 동반자 관계를 조화롭게 발전시켜야 하는 과제를 안았다. 역대 한국 정부는 중국과 미국 사이에서 선택을 강요당하는 상황을 피하기 위한 노력을 기울여 왔다. 두 강대국과의 관계를 조화롭게 발전시키기 위해서 대외정책의 영역별로 협력(cooperation), 헤징(hedging), 균형(balancing) 등 다양한 전략을 구사하기 위해 노력했고, 어느 정도 외교적인 성과가 있던 것도 사실이다. 특히 한국 정부는 동중국해와 남중국해 문제에 대단히 조심스러운 태도를 보여 왔다. 불가피한 상황이 아니면 견해 표명을 자제했고, 견해를 밝히더라도 중립적 태도를 유지했다. 안미경중(安美經中), 즉 안보는 미국, 경제는 중국의 영향이 큰 상황에서 어느 한쪽 편을 들기가 외교적으로 부담스러운 게 사실이었기 때문이다(구민교, 2016a).

미국의 역내 핵심 동맹국인 일본과 호주가 적극적으로 미군을 지원할 것으로 예상되는 가운데 한국이 어떠한 입장을 취하느냐의 문제는 향후 한미동맹의 미래와 한중 관계 발전에 큰 파장을 가져올 것이다. 과연 한국은 미국이 주도하는 한미일 또는 한미일호의 다자안보협력에 참여해 중국에 대한 균형정책에 동참해야 하는가? 한국 입장에서 동맹국인 미국의 동아시아정책에 호응하는 것은 비단 한반도의 안보를 공고히 하는 것 외에도 지역 안정과 평화를 유지하는 데에도 기여한다는 점에서 중요하다. 한중 간의 전략적 협력 동반자 관계는 이미 양국이 한미동맹의 존재를 서로 인정하는 것을 전제로 이뤄졌음을 고려한다면 한국이 미국의 동맹국으로서 다자안보협력에 참여하고 보편적 규범에 따라 국제사회의 건설적 이해 당사자의 역할을 확대하는 것을 회피할 이유가 없다. 다만 중국을 실질적으로는 물론 가상이라도 적으로 만드는 것에 대해서는 반대 목소리를 분명히 내야 할 것이다.[21] 한반도 평화 프로세스, 남북 관계 발전, 평화체제 정착, 북한 급변사태 대비, 한반도 통일 등 한반도 문제를 해결하는 데 중국의 협력과 역할이 필요하기 때문이다(구민교, 2016a).

21 미국의 쿼드 플러스(Quad Plus) 구상이 나오는 상황에서 강대국 주도의 다자간 안보협의체에 대한 역내 국가의 부담감이 높으므로 중견국 주도의 상시 참여형 다자간 안보협의체 구상의 공감대 확산이 가능하다. 동아시아 해양안보 상황을 고려할 때 아세안 국가를 아우르면서 미중 어느 한쪽에 기울지 않는 협의체를 구상할 적절한 시기이며 한국형 집단안보(K-Collective Security)를 국제 표준으로 정립할 기회를 삼자는 주장도 제시된다(임경한, 2021).

한국은 도서 영유권, 어업권, 배타적 경제수역 획정, 해양 환경오염 등의 복합적 문제를 놓고 일본 및 중국과 갈등과 긴장 관계를 주기적으로 반복해 왔다. 다른 한편으로 한국은 상생의 지역 해양질서를 찾기 위해 지속적인 노력을 해왔다. 역내 수역에서의 자원 공동 개발과 이용을 위한 정책이나 국제적인 환경 레짐과의 밀접한 연계를 통해 다자간 지역 해양환경 협의체 구성을 위한 한국의 노력, 역내 해적 퇴치를 위한 한국의 기여가 그간 저평가되어 온 것이 사실이다. 그럼에도 그간의 노력은 동아시아의 신해양질서를 모색하는 데 중요한 시사점을 준다(구민교 2011, 2015).

한국의 중견국 외교와 해양안보외교를 접목하기 위해서는 특히 다음 사항을 고려해야 한다. 첫째, 동아시아의 해양안보 위협은 양자관계를 넘어서 다자적 이슈 구조를 형성하고 있다. 적극적 해양안보 외교를 위해서는 다자외교를 더욱 강화해야 한다. 이를 위해서는 해양 관련 국제 및 지역 기구뿐만 아니라 아세안안보포럼(ARF), 아시아태평양경제협력체(APEC), 아시아-유럽정상회의(ASEM), 역내포괄적경제동반자협정(RCEP) 등과 같은 비해양 기구도 중요한 플랫폼으로 활용해야 한다. 아울러 전략적 해양거점국가들과의 긴밀한 협력과 공조를 강화해야 한다.

둘째, 다자외교의 의제설정 단계에서 한국의 역할과 위상을 강화하기 위해서는 패권국가가 아닌 규범의 담지자, 가치국가(value state)를 지향해야 한다. 해군이나 해경의 장비와 인력을 확충하는 것은 필요조건이지 충분조건이 아니다. 지식(knowledge)의 확보가 그 충분조건이다. 이를 위해서는 협의의 국익 추구를 넘어 국제사회에 신뢰, 정보, 가치와 같은 공공재를 제공할 의지와 능력을 배양해야 한다. 유엔해양법협약을 비준하지 않았음에도 국제규범을 강조하는 미국이나 비준했음에도 핵심적인 법의 정신이나 문구들을 자의적으로 해석하는 것을 마다하지 않는 중국과 일본에게 규범과 가치에 입각해 쓴소리를 주저하지 않는 외교적 용기가 필요하다.

아울러 해적과 해상 강도, 불법 어업 행위, 해상 테러리즘, 마약과 무기 밀거래, 해난 수색과 구조 등의 분야에서 고통당하는 개도국 및 최빈개도국에 해양 공적개발원조(official development assistance, ODA)를 제공함으로써 한국의 중견국 외교가 단순한 외교적 수사에 그치지 않는다는 것을 보여 줄 필요도 있다. 중국과 일본과 같이 항만을 건설해 주고 해상경비정 등을 제공하는 것만이 능사는 아니다. 심포지엄 개최나 교육 훈련 프로그램 등을 통해 이들 국가에게 필요한 정보와 지식, 기술 등을 제공하는 활동도 중요한 해양 공적개발원조가 될 수 있다.

어정쩡한 '균형외교'와 같은 소극적 자세로는 한국의 입지가 갈수록 좁아질 것이다. 오히려 한국은 적극적 자세로 미중일은 물론 동남아시아 국가들도 끌어안는 '중첩외교'를 펼쳐야 한다(윤영관, 2015). 해양 문제는 영토 문제, 자원 개발 문제, 경계획정 문제, 환경 문제를 중심으로 다층적인 이슈 구조를 형성하고 있다. 해양 문제는 난이도가 다른 의제들을 포함하고 있어 수월한 의제부터 협력을 시작해 신뢰를 쌓으면서 어려운 의제로 옮겨 갈 수 있다. 연성의제와 경성의제를 모두 포함하는 해양문제야말로 정치적 수사에 그치고 만 역대 정부들의 지역협력구상, 예를 들어 노무현 정부의 '동북아 균형자론', 이명박 정부의 '신아시아 구상', 박근혜 정부의 '동북아 평화협력 구상', 문재인 정부의 '신남방정책'과 윤석열 정부의 '글로벌 중추국가' 전략을 차별화할 수 있는 좋은 정책 실험장이 될 것이다.

끝으로 동아시아 해양 이슈와 관련해 한국이 제안하고 추진할 수 있는 가치외교의 방향은 '해양 CVID', 즉 완전하고 검증 가능하고 불가역적인 비영토화, 비인공섬화, 비군사화(Complete, Verifiable, and Irreversible De-territorialization, De-artificialization, and De-militarization) 비전이다. 미중 간 해양력 경쟁뿐만 아니라 일본, 인도, 호주, 러시아, 동남아시아 국가 모두가 해양 이익을 둘러싸고 첨예하게 대립하거나 경쟁하는 이면에는 해양 공간의 영토화, 인공섬화, 군사화 문제가 도사리고 있다. 물론 해양 CVID는 실천적인 구상이라기보다는 상징적이고 규범적인 전략이다. 역내 관련국 중에서 유일하게 한국이 규범적 우위를 점하고 있는 지점이기도 하다. 한국은 해양 공간의 영토화, 인공섬화, 군사화와 관련해 전혀 규범적인 부채가 없는 유일한 국가다. 이 문제와 관련해 미국(군사화), 일본(영토화, 인공섬화), 중국(영토화, 인공섬화, 군사화), 아세안 국가(영토화, 인공섬화, 군사화) 모두 자유롭지 않다. 해양 CVID는 많은 이가 제안하는 규칙지향적 해양질서(rules-based maritime order)보다는 더 구체적인 제안이기도 하다. 비영토화, 비인공섬화, 비군사화 조치 모두 유엔해양법협약이 직간접적으로 회원국에 주문하는 사항이다.

참고문헌

구민교. 2011. 「「국제 해양질서 체제의 진화」. 한국해로연구회 편. 『해양의 국제법과 정치』. 서울: 오름.

구민교. 2015. 「제1장. 서론」. 한국해로연구회 편. 『동아시아 해양안보 정세와 전망 2015-16』. 서울: 한국해양전략연구소.

구민교. 2016a. 「미중 간의 신 해양패권 경쟁: 해상교통로를 둘러싼 '점-선-면' 경쟁을 중심으로」. 『국제·지역연구』 25권 3호: 37-65.

구민교 2016b 「해양안보의 중견국 외교」. 손열·김상배·이승주 편. 『한국의 중견국 외교 역사 이론 실제』. 서울: 명인문화사.

구민교 2018a. 「동아시아 해양 현안에 대한 평가와 전망」. 한국해로연구회 편. 『2018 동아시아 해양현안에 대한 평가와 전망』. 서울: 나눅.

구민교 2018b. 「일본의 해양대국화와 해양분쟁의 정체성 정치」. 한국해로연구회 편. 『2018 동아시아 해양현안에 대한 평가와 전망』. 서울: 나눅.

구민교 2019. 「일대일로와 인도-태평양 전략: 평가와 전망」. 한국해로연구회 편. 『일대일로와 인도-태평양 전략: 평가와 전망』. 서울: 오름.

김상배. 2016. 「신흥안보와 메타 거버넌스: 새로운 안보 패러다임의 이론적 이해」. 『한국정치학회보』 50집 1호: 75-104.

김현정. 2016. 「필리핀-중국 남중국해 중재재판의 전망과 함의」. 『KIMS Periscope』 44. 6월 11일. https://kims.or.kr/issubrief/kims-periscope/peri44/.

박영준. 2015. 「미중 해군력 경쟁의 전망과 한국의 해양전략」. 전재성 편. 『미중 경쟁 속의 동아시아와 한반도』. 서울: 늘품 플러스.

윤영관. 2015. 『외교의 시대: 한반도의 길을 묻다』. 서울: 미지북스.

이동률. 2017. 「시진핑 정부 '해양강국' 구상의 지경제학적 접근과 지정학적 딜레마」. 『국제정치논총』 57권: 369-403.

임경한. 2021. 「미국의 해양전략과 한국의 경항모」. 한국해로연구회·해성국제문제윤리연구소· 대한민국해군 공동 주최 세미나—바이든 시대의 미중 해양 패권경쟁의 전망과 시사점—발표 논문. 5월 21일.

정인섭. 2016. 『신 국제법 강의: 이론과 사례』. 6판. 서울: 박영사.

Chang, Felix K. 2021. "Taking Flight: China, Japan, and South Korea Get Aircraft Carriers." *FPRI Analysis*. January 14. https://www.fpri.org/article/2021/01/taking-flight-china-japan-and-south-korea-get-aircraft-carriers/.

Gartzke, Erik and Jon R. Lindsay. 2020. "The Influence of Sea Power on Politics: Domain- and Platform-Specific Attributes of Material Capabilities." *Security Studies* 29: 601-636.

Iwamoto, Kentaro. 2021. "ASEAN Defense Ministers Urge Quick Work on South China Sea Code." *NikkeiAsia*. June 15. https://asia.nikkei.com/Politics/International-relations/South-China-Sea/ASEAN-defense-ministers-urge-quick-work-on-South-China-Sea-code.

Koo, Min Gyo. 2017. "Belling the Chinese Dragon at Sea: Western Theories and Asian Realities." *Ocean Development & International Law* 48(1): 52-68.

Koo, Min Gyo. 2020. "The Hegemonic Competition in the Indo-Pacific Region and the Making of South Korea as a Middle Sea Power." *Korean Journal of Defense Analysis* 32(1): 1-17.

Koo, Min Gyo. 2021. "The Making of the ROK Navy as an Aircraft Carrier Power: The Lessons from the British Royal Navy." Prepared for the presentation at the 15th International Seapower Symposium. September 1-2. Busan. Republic of Korea.

Pickrell, Ryan. 2021. "Photos of China's New Aircraft Carrier Are Leaking, and They Appear to Show a Modern Flattop in the Making." *Business Insider*. June 11. https://www.businessinsider.com/leaked-photos-show-chinas-new-aircraft-carrier-taking-shape-2021-6.

Reuters. 2021a. "U.S. Carrier Group Enters South China Sea amid Taiwan Tensions." January 24. https://www.reuters.com/article/us-southchinasea-usa-idUSKBN29T05J.

Reuters. 2021b. "U.S. Navy Says Carrier Group Operating in S. China Sea." June 15. https://www.reuters.com/article/us-southchinasea-usa-idUSKBN29T05J.

제3부

평화학의 새로운 쟁점

8 환경과 평화

지속가능발전과 기후변화를 중심으로

홍종호·윤순진

1. 들어가며: 평화와 환경의 연계성

평화를 파괴하는 상황은 전쟁만이 아니다. 갈등이 야기되고 해결되지 않은 채 지속되는 경우에도 평화는 지켜지기 어렵다. 환경오염과 파괴를 용인하거나 가중시키는 방식의 개발은 많은 사람의 삶에 고통을 가져다 준다. 건강과 안전, 심지어 생명에 위협을 받을 수 있고, 재산 가치 하락으로 경제적 피해를 입을 수도 있다. 예를 들어 보자. 오염물질을 다량으로 배출하는 공장이나 석탄화력발전소 주변에 거주하는 주민들은 건강을 위협하는 수질과 대기오염 때문에 고통받는다. 원자력발전소 입지는 주민 안전에 대한 우려를 높이며, 인근 지역의 지가를 낮춤으로써 경제 손실을 야기한다. 개발 사업 때문에 거주지에서 쫓겨나는 경우도 있다. 댐 건설로 수몰되는 지역 주민들은 대대로 살아 온 삶의 터전에서 강제 이주를 당한다.

개발에 따른 환경 파괴에 맞서 지역 주민들이 저항에 나서면 공동체가 붕괴하거나 사회 갈등으로 상당한 비용을 치르게 된다. 제련소와 같은 오염시설 입지에 반대해 싸우거나, 이미 입지한 시설로부터 야기된 환경 문제나 건강 문제 해결을 위해 집단행동에 나서기도 한다. 국내는 물론 해외에서도 환경오염이 야기한 갈등과 분쟁은 헤아릴 수 없이 많다. 이러한 사례들은 환경 파괴가 많은 사람의 삶을 피폐하게 만들 뿐만 아니라 사회 갈등을 유발할 수 있음을 보여 주고 있다. 환경 보전에 실패한다는 것은 곧 공동체 평화를 깨뜨리는 일이다.

특정 환경 문제는 한 지역이나 국가의 경계 안에 머무르지 않는다. 한 국가로부터 다른 국가로 피해가 전가되는 월경성(trans-boundary) 환경오염은 국가 간 갈등을 야기하고 분쟁의 씨앗이 되어 평화를 위협한다. 동북아 지역에서의 황사와 미세먼지, 과거 유럽에서 발생한 산성비 등이 환경 문제로 국가 간 갈등이 발생하는 대표적 사례다. 여러 국가를 가로질러 흐르는 하천의 상류에서 벌어지는 유역 개발이나 오염 행위는 하류에 위치한 국가들에 환경 피해를 미친다. 이는 국가 간 분쟁으로 비화될 가능성이 높고, 심지어 전쟁의 빌미가 되기도 한다.

공동체 안에서 발생하는 갈등 사례들을 살펴보면 환경 문제와 밀접히 연계된 경우를 종종 발견할 수 있다. 국가 간 분쟁 역시 마찬가지다. 바로 이런 문제 때문에 '지속가능발전(sustainable development)'이라는 개념이 고안되었다. 지속가능발전은 환경, 사회, 경제가 조화와 균형을 이루는 방식으로 공동체가 발전해야 함을 천명한 비전이자 전략이다. 환경, 사회, 경제의 3대 축이 효과적으로 공존하지 못하면 공동체와 지역, 국가의 평화를 유지하기 힘들어진다. 이 장에서는 지속가능발전 개념의 의미와 등장 배경을 통해 환경이 어떻게 평화 문제와 긴밀히 연결되는지 살펴본다. 특히 21세기 인류 생존의 가장 큰 위협으로 다가온 기후위기를 통해 환경 파괴가 어떻게 평화를 해칠 수 있는지 자세히 알아본다. 이를 통해 환경 보전과 경제활동을 조화함으로써 평화를 유지하고 증진할 가능성에 대해 성찰하도록 한다.

2. 지속가능발전과 평화

1) 지속가능발전의 개념과 의의

경제성장이 환경의 질을 악화시키느냐, 아니면 양자 간 조화가 가능하냐에 대해서는 상반된 관점이 존재한다. 전자는 '성장의 한계(Limits to Growth)'로, 후자는 '지속가능발전'이라는 개념으로 대표할 수 있다.

신고전학파 경제학(neoclassical economics)으로 대표되는 주류 경제학의 환경 문제에 대한 인식은 기본적으로 낙관적 관점에 기초하고 있다. 자원 고갈과 환경오염은 시장의 가격 기능이나 새로운 기술 개발로 극복할 수 있는 문제라는 것이다. 그래서 오랫동안 주류 경제학에서는 자원과 환경은 채굴과 이용의 대상으로 인식되었다. 다만 최근 들어 기후변화를 포함한 환경 문제가 심각해지고 복잡해지면서 주류 경제학계에서도 환경을 적절하게 관리하는 것이 중요하다는 인식이 확산되는 추세다.

1972년 로마클럽(Club of Rome)이 발간한 한 연구보고서가 주류 경제학의 낙관적 환경론에 경종을 울렸다. MIT의 교수 데니스 메도즈(Dennis L. Meadows) 등이 참여한 이 연구는 『성장의 한계(*The Limits To Growth*)』라는 책으로 출간되었다. 경제는 인구 증가, 농업 생산, 자연 자원, 산업 생산 등을 토대로 성장해 왔기 때문에 이러한 요소가 더 이상 증가하지 않는다면 성장은 멈출 수밖에 없다고 지적하고 있다. 성장을 결정하는 요인은 주로 화석연료와 같은 재생 불가능한(non-renewable) 자연자원이고, 이는 본질적 특성상 무한정 공급될 수 없기 때문에 경제성장도 한계를 가질 수밖에 없다는 것이다.

『성장의 한계』 저자들은 성장 과정에서 오염되고 파괴된 환경 때문에 경제성장과 환경 보전은 공존할 수 없다고 말한다. 나아가 자원 고갈과 환경 파괴에 의한 인류 종말을 피하기 위해서는 제로 성장을 감수할 정도로 획기적인 경제 시스템의 변화가 필요하다는 결론을 내린다. 이 책은 당시 지성계에 커다란 파장을 가져왔다. 주류 경제학계에서는 로마클럽의 주장이 자원 사용의 자율 조정을 가능하게 하는 시장 기능을 무시했을 뿐만 아니라, 기술혁신을 통한 자원 효율성과 환경 보전 가능성을 간과했다고 강하게 비판했다. 메도즈 등은 『성장의 한계』가 출간된 지 20년 후인 1992년 『한계를 넘어서(*Beyond the Limits*)』라는 제목으로 개정판을 선보였다. 여기에서도 현재와 같은 생산과 소비 방식이 계속되면 인류는 100년 내에 파국을 면치 못할 것이라는 기존의 결론과 동일한 비관론을 제시하고 있다(김홍균 외, 2013).

반면 지속가능발전은 경제성장과 환경 보전의 조화와 통합을 목표로 하는 발전 전략이라고 요약할 수 있다. 지속가능발전이라는 용어는 1980년대 초부터 사용되었으나, 그 개념에 대한 명확한 규정은 1987년 유엔 '환경과개발에관한 세계위원회(The World Commission on Environment and Development)'에서 발간한 '우리 공동의 미래(Our Common Future)'라는 보고서에서 이뤄졌다. 이 보고서는 당시 위원장이었던 노르웨이 수상 그로 할렘 브룬틀란의 이름을 따서 '브룬틀란(Brundtland) 보고서'라고도 불린다.

지속가능발전은 성장일방주의가 갖는 한계를 분명히 인식하는 데서 출발한다. 진정한 성장은 환경 보전과 병행해 이뤄지는 것이 바람직할 뿐만 아니라 장기적으로는 환경과 자연 자원의 보전이 뒷받침될 때 지속적 경제성장도 가능하다는 점을 강조한다. 성장 만능을 경계함과 동시에 '성장의 한계' 학파의 비관적인 주장과 달리 인간의 노력 여하에 따라 성장과 보전의 조화를 통한 미래 세대와의 세대 간 형평성 실현이 가능하다는 신중한 접근을 취하고 있다.

빈곤과 환경오염 극복은 지속가능발전을 가능하게 하는 핵심 요건이다. 그런데 곰곰이 살펴보면 빈곤과 환경오염은 복잡한 상호 의존적 관계로 연결되어 있음을 알 수 있다. 개도국에서 벌어지는 열대우림 파괴에서 보듯이 빈곤이 환경오염을 야기하기도 하지만, 그 반대 관계도 발생한다. 환경 파괴가 빈곤을 악화시키는 경우다. 뒤에서 살펴볼 기후변화 문제가 대표적인 예다. 기후변화로 폭염과 가뭄이 일어나 농산물 생산량이 급감해 저소득층의 삶의 질을 더욱 악화시키는 것이다.

한 걸음 더 나아가 환경오염으로 악화된 빈곤 문제가 환경 파괴를 더욱 심화시키는 상황도 관찰할 수 있다(Duraiappah, 1998). 열대우림 손실로 먹거리가 줄어들어 원주민 생존이 위협받게 되면 산림과의 공존에 관심을 두기보다 당장 먹고사는 문제를 해결하는 과정에서 환경 파괴가 더 일어나게 된다. 결국 빈곤과 환경오염은 악순환의 고리로 연결되어 있음을 알 수 있다. 빈곤과 환경 파괴는 궁극적으로 인간의 생존 조건을 악화시킴으로써 공동체의 평화를 깨뜨린다. 지속가능발전 방식이 평화를 유지하는 데 중요한 이유가 여기에 있다. 빈곤과 생태 파괴의 악순환을 극복하고 지속 가능한 사회경제로 나아가는 것이 지속가능발전이 지향하는 이념이고, 이를 통해 인간 사회의 평화를 증진시킬 수 있다.

2) 유엔 지속가능발전목표와 평화

유엔 창립 70주년이 된 2015년 총회를 통해 193개국이 합의한 SDGs는 새로운 1,000년을 맞이해 유엔이 2000년에 제시한 MDGs를 확장하고 대체하면서 불평등, 경제성장, 환경적 지속 가능성과 평화라는 포괄적인 가치를 포함했다.

우리는 SDGs가 평화 어젠다를 포함한다는 사실에 주목할 필요가 있다. 1992년 리오지구정상회의(Rio Earth Summit)에서 채택된 리오선언 제22항은 "평화, 개발, 환경 보전은 상호 의존적이고 불가분의 관계"임을 적시하고 있다. SDGs를 채택하는 과정에서 평화 이슈를 포함할 것인가를 놓고 논쟁이 벌어졌다. 평화 이슈 배제를 주장하는 측은 분쟁과 갈등의 원인은 빈곤과 불평등이기 때문에 SDGs는 저개발과 빈곤 문제 해결에 우선적인 초점을 맞춰야 한다고 강조했다. 반면 평화 이슈 포함을 주장하는 측은 부패와 폭력, 분쟁과 갈등이 존재하는 사회에서 경제 발전이 불가능한 것은 아니나, 이러한 상황에서의 발전은 지속 가능하지 않다고 지적했다. 장기적 관점에서는 평화가 지속 가능한 사회경제를 구현하기 위한 핵심적인 조건이라는 것이다.

중요한 사실은 평화로운 사회질서가 유지되기 위해서는 다양한 조건이 충족되어야 하는데, 무엇보다 사회 발전과 경제 발전의 기초가 되는 생물권 보전과 지속 가능성이 전제되어야 한다는 점이다. 흔히 지속가능발전에 대해 경제, 사회, 환경(생물권)의 세 차원을 균형 있게 추구하는 발전 방식이라고 언급하지만, 이 세 영역에는 위계가 있다. 〈그림 1〉에 나타나 있듯이 환경적 지속 가능성이 충족되지 않는다면 경제적 지속 가능성도, 사회적 지속 가능성도 성립하기 어렵다. 환경적 지속 가능성을 위한 SDGs로는 깨끗한 물과 위생, 기후행동, 수생생물과 육상생물의 보호

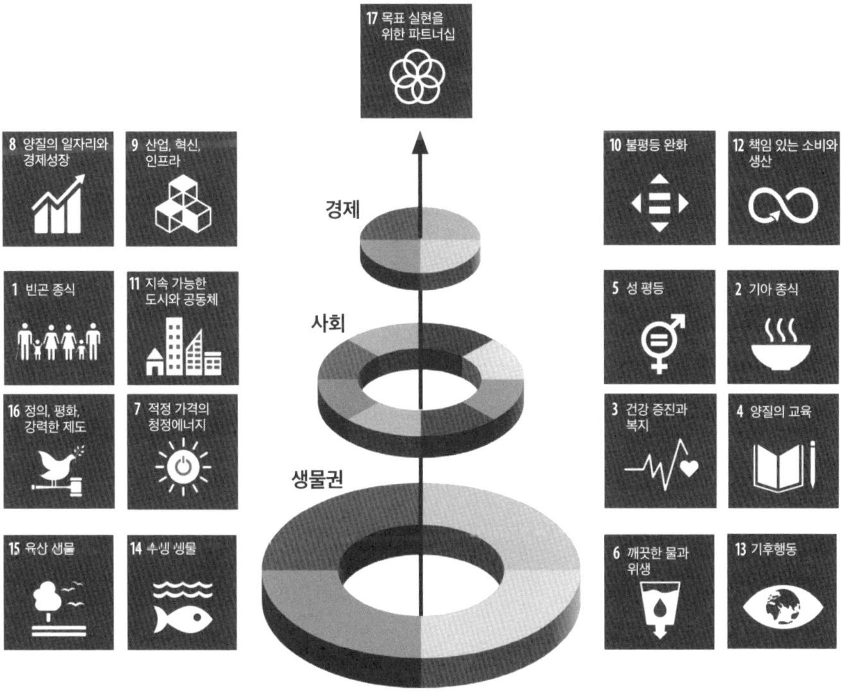

그림 1. 지속가능발전의 세 영역과 17대 목표
출처: WWF, 2018, Living Planet Report 2018 재구성

가 포함된다. 기후변화는 환경적 지속 가능성을 손상하는 대표적인 문제다. 21세기 기후변화 문제는 생태계 지속 가능성을 위태롭게 함과 동시에 대규모 경제 피해를 야기하고 사회 갈등을 촉발해 인류 평화를 위협하는 대표적인 요소가 되고 있다.

3. 기후변화와 평화

전 세계적으로 기후변화가 현실로 진행되고 있다. 기후변화란 장기간 일정하게 유지되어 온 기후패턴에 변화가 발생하는 것을 의미한다. 그간 관측된 지구 평균 기온과 해수 온도 상승, 눈과 얼음 융해, 지구 평균 해수면 상승 등 생태 환경 변화와 함께 극단적인 홍수와 가뭄, 폭염, 한파 등 이상(異狀)기상 현상의 진행으로 기후변화의 실재가 확인되고 있다. 지금 당장 기후변화에 대응하기 위한 적극적이고 전향적인 조치를 취하지 않는다면 인류를 포함해 지구에서 살아가는 생물종의 생존 자체를 위협하는 생태 재난을 야기할 전망이다. 기후변화는 가히 21세기 인류 생존을 위협하는 가장 강력한 위험 요소로 자리 잡고 있다.

기후변화는 환경을 교란하는 데 그치지 않고 환경과 연결된 모든 생명체의 삶에 영향을 미친다. 그 결과 국가 간, 국내 구성원 간 심대한 갈등을 야기하면서 평화를 깨뜨리는 결과로 이어질 수 있다. 또한 기후위기 대응을 위한 탄소중립[1]은 사회경제구조의 변화를 요구하기 때문에 탄소중립을 실현하는 과정에서 여러 갈등을 야기해 평화를 깨뜨릴 수 있다.

1 탄소중립이란 인간의 경제활동으로 발생하는 이산화탄소 배출량과 기술적 혹은 자연적 방식으로 흡수하는 이산화탄소 흡수량이 같아짐으로써 이산화탄소 순 배출량이 제로(carbon net zero)가 되는 상태를 의미한다. 여기서 중요한 점은 우선 이산화탄소 배출량을 최대로 감축하고 그래도 감축하지 못하고 배출하는 이산화탄소를 흡수함으로써 배출량과 흡수량을 일치시키는 것이다. 현재 흡수제거 방안으로는 조림이나 재조림, 갯벌과 해양식물 식재 등 자연 기반 흡수원 확대와, 탄소 포집, 활용, 저장(Carbon Capture, Utilization, and Sequestration, CCUS) 기술과 같은 인위적 노력을 들 수 있다. 탄소중립은 정확히는 이산화탄소를 대상으로 하지만, 일반적으로는 이산화탄소를 포함한 모든 온실기체의 순 배출량을 0으로 만든다는 의미로 사용한다. 온실가스 순 배출량을 0으로 만드는 것을 기후중립(Climate Neutrality)이란 용어로 구분해서 사용하기도 한다.

이 절에서는 기후변화의 발생 원인과 기후변화 대응을 위한 국제사회의 탄소중립 움직임에 대해 살펴본 후, 기후변화와 탄소중립이 평화와 어떻게 연결되는지 알아보도록 한다.

1) 기후위기 원인과 현황

기후변화와 평화의 문제를 생각해 보기 전에 기후변화의 원인과 전망, 기후변화 대응 현황을 살펴봐야 한다.[2] 현재 진행되는 기후변화는 지구온난화로부터 야기되었는데, 지구온난화는 온실효과(greenhouse effect)가 과도하게 일어나 지표면 온도가 상승하는 현상을 뜻한다. 온실효과란 지구를 둘러싸고 있는 대기 중에 온실가스가 배출됨으로써 야기된다. 온실가스는 태양으로부터 지구로 들어오는 짧은 파장의 태양 복사에너지는 통과시키고, 지구로부터 우주로 나가는 긴 파장의 적외 복사에너지 일부는 흡수한다.

온실효과로 복사에너지 일부가 대기 안에 갇히면서 지표면 온도가 일정하게 유지되어 왔다. 온실효과가 없다면 지표면 온도는 평균 -18℃ 정도로 낮았을 테지만 온실효과로 몇 만 년 동안 지표면 온도가 약 14℃를 유지해 왔다. 문제는 대기 중 온실가스 농도가 증가하면서 과거 수십만 년 동안 유지되어 왔던 지구 평균 온도가 상승하면서 물의 증

---

2 최근에는 기후변화라는 용어 대신 기후위기(climate crisis), 기후비상(climate emergency), 기후붕괴(climate breakdown) 등의 용어를 쓴다. 영국의 유력 일간지 『가디언(*The Guardian*)』은 2019년 5월 17일 "왜 가디언은 환경 관련하여 사용하던 용어를 바꾸고 있는가(Why the Guardian is changing the language it uses about the environment)"란 글에서 기후변화라는 말 대신 기후위기나 기후비상, 기후붕괴란 용어로 대체하자고 주장했다. 지구온난화 또한 지구가열화(global heating)로 부르자고 제안했다. 이후 세계적으로 기후변화 대신 기후위기라는 용어가 널리 쓰이게 되었다.

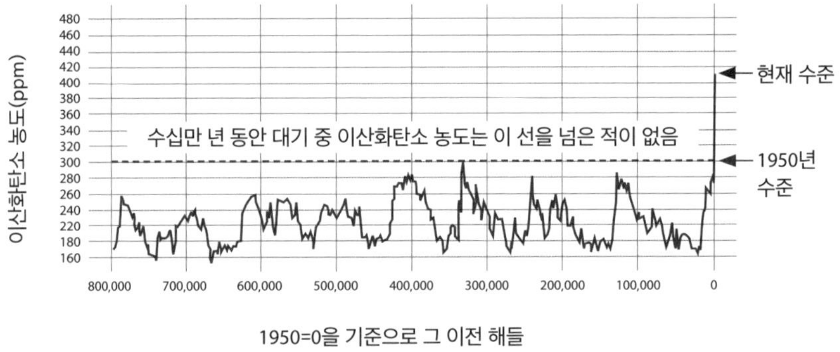

그림 2. 지구 이산화탄소 배출 증가 추세

출처: NASA, "Climate Change: How Do We Know?" https://climate.nasa.gov/evidence

발량이 많아지고 물의 순환과 대기와 해류 흐름이 변화되면서 기후평형 시스템이 깨진 것이다. 미 항공우주국(National Aeronautics and Space Administration, NASA)에 따르면 지난 80만 년 동안 대기 중 이산화탄소 농도는 300ppm을 넘어선 적이 없었으나, 1950년 이래 이산화탄소 농도는 급격히 증가해서 2021년 12월 417ppm에 도달한 상태다. 〈그림 2〉가 시사하는 바는 산업혁명 이래, 특히 1950년대 이후 급격한 대기 중 이산화탄소 농도 증가는 자연 변동에 의한 것으로는 설명이 어렵다는 점이다. 기후변화에관한정부간협의체(Inter-governmental Panel on Climate Change, IPCC)는 2007년에 발간한 제4차 평가보고서(The 4th Assessment Report, AR4)를 통해 현재의 기후변화가 인간 행동의 결과라고 언급했다. IPCC는 2021년 제1실무단(Working Group I)의 6차 평가보고서(AR6)에서 대기와 해양, 육지의 온난화 경향이 인간 활동에 의한 것이 "명백하다(unequivocal)"라고 다시 강조했다. 2011-2020년 평균 온도가 산업화 이전(1850-1900년 사이 평균 온도)에 비해 이미 1.09℃가량 상승했으며 이러한 추세가 유지될 경우 1.5℃ 상승이 2021-2040년 사이에 일어날 것이라 경

표 1. 온실가스의 종류와 특성

	수명(년)	지구온난화 지수(Global Warming Potential, GWP) 100		배출량	주요 배출원
		SAR**	AR5***		
이산화탄소 (CO_2)	*	1	1	76%	화석연료 연소, 산업 공정, 산림 벌채
메탄 (CH_4)	12.4	21	25	16%	화석연료, 폐기물, 농업, 축산
아산화질소 (N_2O)	114	310	298	6%	산업 공정, 유기화학비료, 질산생성 과정, 바이오매스 연소, 가축 분뇨
수소불화탄소 (HFCs)	14	140-11,700	124-14,800	2%	에어컨 냉매, 스프레이 분사제
과불화탄소 (PFCs)	-	6,500-9,200	7,390-12,200		반도체 세정용
육불화황 (SF_6)	3,200	23,900	22,800		전기 절연용
삼불화질소 (NF_3)	740	-	17,200		반도체, LCD

자료: IPCC 제4차 종합평가보고서(2007)와 제5차 종합평가보고서(2014), 제1작업반의 제4차 평가보고서 기술보고서(2007), WMO(2013) 재구성

주: *이산화탄소는 대기 중 잔류 수명이 하나의 수치로 표현되기 어려움.

**제2차 평가보고서(the Second Assessment Report)의 두문자어

***제5차 평가보고서(the 5th Assessment Report)의 두문자어

고했다.

온실가스에 대해 좀더 자세히 알아보자. 교토의정서에 따른 제1차 의무감축 이행 기간이었던 2008-2012년에는 이산화탄소, 메탄, 아산화질소, 수소불화탄소, 과불화탄소, 육불화황이 우선적으로 줄여야 할 온실가스로 지정되었다. 2012년 카타르 도하에서 열린 제18차 기후변화당사국총회(Conference of Parties)에서는 제2차 공약기간(2013-2020년)에 감축해야 할 온실가스로 삼불화질소가 새롭게 추가되었다. 수소불화탄소, 육불화황, 삼불화질소는 모두 인위적으로 합성한 가스로 "인위적 F 가스"로 불리는데, 배출 비중은 낮지만 온난화를 유발하는 잠재력이 높다는 문

제점이 있다.

온실가스 중 가장 중요한 기체는 이산화탄소다. 지구온난화 지수의 기준이 되는 이산화탄소는 다른 온실가스에 비해 지구온난화 잠재력이 크지 않다. 하지만 온실가스의 3/4 정도를 차지할 정도로 배출 비중이 높고, 소비를 줄이기 쉽지 않은 화석연료 연소로 발생하며, 분해가 어렵고 대기에 체류하는 기간이 길어 복사강제력이 크다.[3] 대기 중으로 방출된 이산화탄소는 약 50-200년 동안 대기 중에 체류하는 것으로 알려졌으나, 2013년과 2014년에 나온 IPCC의 제5차 평가보고서(AR5)에 따르면 15-40%는 1,000년 이상 분해되지 않고 대기 중에 머문다.

이산화탄소 배출이 급격히 증가한 것은 산업혁명 이후 화석연료를 대규모로 사용해 오고 이산화탄소의 흡수저장고 역할을 하는 숲을 파괴한 데 기인한다. 이산화탄소는 산업 공정에서 배출되기도 하지만 대부분은 화석연료 연소 과정에서 배출되는데, 2018년 화석연료 연소와 산업 공정으로부터 배출되는 이산화탄소가 총온실가스의 65%를 차지하고

3 지구온난화 지수란 온실가스의 복사 특성을 기초로 하여 현재 대기의 온실가스 단위 질량의 복사강제력을 일정 기간에 대해 적분해 이산화탄소의 복사강제력과 비교한 지수를 말한다. 즉, 온실가스가 대기에 잔류하는 시간과 열적외 복사를 흡수하는 상대적 효율을 결합한 것이다(IPCC, 2007). 기후변화 관련 보고서에서 사용하고 있는 GWP 100은 100년 동안의 배출에 대한 것이다. 다르게 표현하자면 지구온난화 지수란 대기 중 농도 변화를 직접 측정하지 않고 서로 다른 기체들의 상대적인 복사흡수 능력을 측정하기 위한 지표다. 즉, 이산화탄소 1킬로그램과 비교했을 때 어떤 온실가스가 대기 중에 방출된 후 특정 기간 동안 그 기체 1킬로그램의 가열 효과가 어느 정도인가를 평가하는 척도를 말한다. 구체적으로는 100년을 기준으로 이산화탄소를 1로 볼 때의 상대적인 값으로 표현된다. 복사강제력(Radiative Forcing)이란 어떤 한 인자가 지구-대기 시스템에 들어오는 에너지와 나가는 에너지의 균형을 변화시키는 영향력을 측정한 것으로 잠재적 기후변화 메커니즘으로서 그 인자의 중요도 지수다. IPCC(2007)의 복사강제력 값은 1750년으로 정의한 산업화 이전 상태에 대한 변화량이며 1제곱미터당 와트(W/m^2)로 표현한다.

숲의 파괴로 흡수되지 않고 배출되는 이산화탄소가 약 10%를 차지한다(UNEP, 2020). 게다가 메탄과 이산화질소의 일부도 화석연료 연소로 배출되기 때문에 2018년 에너지 사용에 따른 온실가스 배출이 총배출의 73.2%에 이른다(World Resource Institute). 결국 에너지원 변화와 에너지 사용 행태 변화가 온실가스 배출 감축에 가장 핵심이 되며, 나아가 생활양식 변화 없이는 온실가스 배출을 줄이기 힘들다는 사실을 알 수 있다.

기후위기는 더 이상 막기 힘든 심각한 상황에 이르렀다. 오늘 당장 산업화 이전 수준으로 온실가스 배출을 줄인다고 해도 이미 대기 중으로 배출되어 분해되지 않고 누적된 온실가스가 일정 기간 동안 온실효과를 야기하기 때문이다. 온실가스 배출을 줄여 가면서 기후위기 진행 속도를 늦춰 새로운 평형상태에 이르도록 하는 것이 최선이다.

따라서 온실가스 배출을 줄여 기후위기의 정도를 낮춰 가는 완화(mitigation)만이 아니라, 변화하는 기후 체계에 맞춰 가는 적응(adaptation)이 중요하다. IPCC(2007)에 따르면 적응이란 "실제 혹은 예상되는 기후변화 결과에 대한 자연계와 인간계의 취약성을 감소시킬 대책"을 말한다. 세계자원연구소(World Resource Institute, WRI, 2013)는 적응을 현재와 미래의 기후변화 영향과 취약성에 적절하게 대응할 수 있는 능력과 체제를 갖추는 과정과 구조의 변화라고 설명한다. 한마디로 적응이란 기후변화로 인한 부정적 영향을 최소화하면서 취약성을 줄이고 회복탄력성(resilience)을 높이기 위해 기후 체계에 사회를 맞춰 가는 과정을 말한다.

대표적인 적응정책으로 침수를 막기 위해 강과 해안 둑 높이기, 온도 충격에 민감한 작물 개량하기, 침수 예상 주거 지역 소개(疏開) 후 이전하기, 홍수 예방을 위해 저류지나 빗물 이용 늘리기 등을 들 수 있다. 하지만 이러한 집근은 사회 기반 시설 정비에 초점을 맞춘 것으로 종합적인 기후변화 대응으로는 충분하지 않다. 지속 가능한 기후변화 적응을 위해서는 사회 기반 시설의 정비를 넘어 토지 이용 변화와 사회경제 활동 변화, 인식 변화 등이 필요하다. 더 나아가 사회 구성원 전체의 기후변화 적응 역량을 제한하는 사회 불평등 구조의 개선이 필요하다. 이러한 과정에서 사회경제적 비용이 발생할 뿐만 아니라 새로운 사회구조로의 전환에 대한 이해관계와 인식 차이에 따른 사회 갈등이 발생할 수 있다.

2) 탄소중립 시대의 개막

기후위기가 갈수록 심화되어 국제사회의 기후위기 대응 필요성이 높아지면서 탄소중립은 전 세계가 마주한 시대적 과제가 되었다. 2015년 12월 프랑스 파리에서 열린 제21차 기후변화당사국총회에서 당사국들은 인류 역사 최초로 온도 상승 억제 목표에 대한 합의를 담은 파리협정(Paris Agreement)을 채택했다. 산업화 이전 시기에 비해 온도 상승이 2℃를 넘지 않기로 했고, 더 나아가 1.5℃ 이내로 제한하기 위해 노력하기로 했다. 그리고 당사국들은 제26차 기후변화당사국총회가 열리기 전에 자발적으로 선언한 2030년 온실가스감축목표(Intended Nationally Determined Contributions, NDCs)를 제출했다.

파리협정에 기초를 둔 신기후체제(New Climate Regime)는 1997년 채택되고 2005년 발효된 교토의정서체제(Kyoto Protocol Regime)와 비교할 때 온도 목표에 대한 합의가 이뤄졌다는 점, 선진국만 아니라 개발도상국도 감축 의무를 지게 되었다는 점에서 차이가 있다. 또한 교토의정서체제에서는 협상을 통해 감축 목표를 설정하는 하향식 접근을 취한 데 비해 신기후체제에서는 각국이 자발적으로 설정하는 상향식 접근을 취하고 있으며, 이전 목표에 비해 뒤로 물러설 수 없는 진전 원칙(principle of progression)을 따라야 한다는 특징이 있다. 나아가 이전에는 온실가스 완화에 주로 초점을 맞췄다면, 신기후체제에서는 기후변화 적응에도 동등한 관심을 갖기로 했다.

2018년 IPCC는 한국 송도에서 열린 제48차 총회에서 '지구온난화 1.5℃ 특별보고서'를 만장일치로 채택했다. 특별보고서 발간은 2015년 파리협정 채택 이후 과연 1.5℃ 온도 상승 억제가 가능한지 평가해 달라는 UNFCCC의 요청에 따른 것이었다. 이 보고서에서 IPCC는 1.5℃와 2℃는 0.5℃ 차이임에도 두 온도가 야기할 영향에는 상당한 차이가 있다

표 2. 2100년까지 전 지구 평균 온도 1.5℃와 2℃ 상승 시 영향 비교

구 분		1.5℃	2℃
고유 생태계와 인간계		**높은 위험**	**매우 높은 위험**
기온	중위도 폭염일	3℃ 상승	4.5℃ 상승
	고위도 한파일	4.5℃ 상승	6℃ 상승
산호초 소멸		70~90% 소멸	99% 소멸
기후영향·빈곤 취약 인구		2℃ 온난화에서 2050년까지 최대 수억 명 증가	
물 부족 인구		2℃에서 최대 50% 증가	
그 외		평균 온도 상승(대부분의 지역), 극한 고온(거주지역 대부분), 호우와 가뭄 증가(일부 지역)	
육상 생태계		**중간 위험**	**높은 위험**
다른 유형 생태계로 전환되는 면적		6.5%	13%
생물종(10만 5,000종) 서식지 절반 절멸률	곤충	6%	18%
	식물	8%	16%
	척추동물	4%	8%
대규모 이상 이변 위험		**중간 위험**	**중간에서 높은 위험**
해수면 상승		26~77cm 상승	30~93cm 상승
연안 홍수 위험		보통	매우 높음
여름철 북극해 해빙 완전 소멸 빈도		100년(복원 가능)	10년(복원 불가능)
		1.5℃ 초과 시 남극 해빙 및 그린란드 빙상 손실	
어획량		150만t 감소	300만t 감소

출처: IPCC, 2018, 지구온난화 1.5℃ 특별보고서

고 진단했다(〈표 2〉 참조). 대부분의 영역에서 2℃에서는 1.5℃에 비해 2배 이상 피해가 증가하는 것으로 나타났다.

IPCC는 이 특별보고서를 통해 지구 온도 상승 억제 목표를 1.5℃로 권고하면서, 이 목표 달성은 과학적으로는 불가능하지 않지만 실제 달성은 인류의 의지와 실천에 달려 있다고 강조했다. 2100년까지 산업화 이전 대비 온도 상승을 1.5℃로 억제하기 위해서는 2050년까지 탄소중립을 달성해야 하는데, 이를 위해서는 2030년까지 2010년 대비 45% 감축이 필요하다고 권고했다. IPCC가 '지구온난화 1.5℃ 특별보고서'를 채택한 후 1.5℃ 온도 상승 억제가 기후위기 대응 목표가 되었으며, 많은 국가가 탄소중립을 선언하고 나섰다.

전 세계에서 탄소중립을 최초로 선언한 국가는 스웨덴이다. 스웨덴은 IPCC 권고 이전인 2017년에 2045년까지 탄소중립을 실현하겠다고 선언하고, 법제화했다. IPCC 권고 이후에는 영국이 G7 국가들 가운데서 가장 먼저 탄소중립을 선언했다. 2019년 6월 영국은 테레사 메이 총리와 의회가 탄소중립을 선언하고 2008년 제정했던 세계 최초의 기후변화법에 따라 2050년까지 1990년 대비 80% 감축이었던 목표를 '2050년 탄소중립' 실현으로 강화했다.

유럽연합은 2019년 3월 유럽의회가 '2050년 탄소중립'을 선언했고, 같은 해 12월 그린 딜을 발표하면서 이를 재확인했다. 2021년 4월 유럽의회가 법 채택에 잠정 합의하고 6월 유럽연합 최고 의사 결정 기구인 이사회가 유럽기후법 채택을 승인했다. 이 법에는 2050년 기후중립(climate neutrality) 목표와 더불어 2030년 감축 목표를 이전의 40%에서 55%로 상향 조정한 목표가 담겨 있다. 한편 2019년 9월 안토니우 구테흐스 유엔사무총장은 '2050년 탄소중립'을 통한 파리협정 달성을 위해 처음으로 "행동"이란 용어가 담긴 유엔기후행동정상회의(UN Climate Action Summit)를 개최했다. 이 회의 이후 국가뿐 아니라 다수의 지역과 도시가 '2050년 탄소중립'을 선언했다. 또한 2019년 12월 "행동해야 할 시간(Time for ACTION)"을 핵심 의제로 내걸었던 제25차 기후변화당사국총회에서 의장국인 칠레의 주도하에 "2050년 탄소중립 목표 기후 동맹"을 설립한 후 많은 국가가 탄소중립 선언에 나섰다. 2020년에 들어서는 세계 최대 배출국인 중국의 시진핑 주석이 9월에 열린 제75차 유엔총회 기조연설을 통해 '2060년 탄소중립'과 '2030년 이전 배출 정점'을 선언했다. 같은 해 10월에는 일본의 스가 요시히데 총리와 한국의 문재인 대통령이 연달아 '2050년 탄소중립' 목표를 선언했다. 2021년 미국의 조 바이든 대통령은 취임 즉시 파리협성에 복귀하는 행정명령에 서명하고 4월 '2050년 탄소중립' 목표를 선언했다.

2021년 4월 22일 지구의 날을 맞아 미국 대통령은 40개 국가 정상을 화상으로 초대해 세계기후정상회의를 주최했다. 이후 4월 말까지 131개국이 탄소중립을 선언했다. 온실가스 총배출량 중 26%를 배출하는 중국과 13%를 배출하는 미국을 포함해 탄소중립을 선언한 131개국의 2018년 기준 배출량 총합은 전 세계 배출량의 73%에 달한다. 또한 세계기후정상회의에서는 참여 정상들이 2030년 온실가스감축목표상향안을 발표했다. 파리협정 채택 전후로 제출된 2030년 온실가스감축목표로는 2050년까지 탄소중립을 달성하기 어렵기 때문이다. 이에 따라 이미 상향안을 발표한 유럽연합과 독일, 영국은 물론, 주최국인 미국과 일본, 캐나다가 상향안을 발표했다. 하지만 중국과 러시아는 상향안을 내놓지 않았다.

2021년 11월 영국 글래스고에서 제26차 기후변화당사국총회가 열렸고 글래스고기후합의(Glasgow Climate Pact)를 도출했다. 모든 당사국이

'2050년 탄소중립'을 달성할 수 있을 정도로 충분하게 2030년 온실가스 감축목표 상향안을 도출하지는 못했지만, 지구 온도 상승을 1.5℃로 억제하자는 목표를 재확인하고 기후변화당사국총회 회의 최초로 "저감 장치 없는 석탄화력발전소와 비효율적인 화석연료 보조금의 단계적 축소"에 합의했다. 또한 국제탄소시장 이행규칙에 합의했으며, 2022년 말까지 더욱 상향된 2030년 온실가스감축목표를 제출하기로 했다.

이미 전 세계 평균 온도는 산업화 이전에 비해 1.2℃ 상승한 상태다. 1.5℃를 넘지 않기 위한 시간이 별로 남지 않은 것이다. 2022년 말까지 135개국이 탄소중립을 선언했다(REN21, 2022). 이 국가들의 배출량과 국내총생산(Gross Domestic Product, GDP) 합계는 세계 총배출량과 세계 GDP의 90%에 육박한다. 대부분 국가가 2050년을 탄소중립 달성 목표연도로 설정했지만 우루과이는 2030년, 핀란드는 2035년, 오스트리아와 아이슬란드는 2040년, 스웨덴과 독일은 2045년을 목표 연도로 제시했다. 반면 중국과 카자흐스탄, 우크라이나는 2060년, 인도는 2070년을 목표 연도로 한다. 탄소중립 목표를 2021년 말까지 자국 내에서 법제화한 국가는 스웨덴, 영국, 프랑스, 헝가리, 캐나다, 덴마크, 뉴질랜드, 독일, 유럽연합, 아일랜드, 대한민국, 스페인, 일본, 노르웨이, 포르투갈, 네덜란드, 과테말라다.

3) 기후변화와 평화의 연관성

기후변화는 기후위기나 기후비상, 기후붕괴로 불릴 정도로 이 시대 인류가 직면한 가장 심각한 문제로 부상했다. 기후위기로 야기될 극단적인 기상 현상이 더 빈번하게, 더 강도 높게 발생함에 따라 생명과 재산에 손상과 손실을 가져올 가능성이 커지고 있다. 나아가 기후위기 대응을 위해

탄소중립이 주창되고 다양한 정책 수단과 대응 방안이 시행됨에 따라 세계 경제질서가 바뀌고 있다. 새로운 경제질서에 적응하지 못하는 국가와 기존 경제구조에 고용된 사람에게는 심각한 위협이 될 수 있다. 기후위기가 야기하는 생존 문제는 특정 지역이나 국가에만 해당하는 게 아니다. 현재나 가까운 미래로 영향 범위가 한정되지 않을뿐더러 인간은 물론, 지구상에 살고 있는 모든 생명체가 피해를 입는다. 결국 기후변화는 공간적으로나 시간적으로 영향을 미치는 대상의 광범위성으로 볼 때 이제까지 경험한 어떤 환경 이슈와 비교할 수 없는 거대한 문제다.

기후위기에는 불의(injustice)의 문제가 내재해 있다. 기후변화를 야기한 책임이 개인이나 집단, 지역, 국가에 따라 다르고, 기후변화로 야기되는 위험의 크기와 노출되는 정도, 기후위기에 대응할 수 있는 역량 또한 다르다. 기후위기 해결을 위한 부담 정도가 문제를 야기한 주체들의 책임에 비례하지 않고, 오히려 기후 재난을 회피할 역량이 문제를 야기한 책임과 반비례하는 경향을 보인다(윤순진, 2002). 기후변화로 야기되는 영향 범위나 기후변화 위험에 대처할 수 있는 능력에 차이를 보이면서 문제 해결 주체와 범위, 비용 배분을 둘러싸고 다양한 갈등이 발생한다. 그렇기에 기후변화는 다층적인 갈등 양상을 통해 평화를 위협하는 문제가 된다. 기후변화를 안보 관점으로 접근하면서 기후안보(climate security)라는 용어가 사용되기도 한다(윤순진, 2016).

무엇보다 기후위기를 야기한 국가별 책임이 다르다. 〈그림 3〉에 나와 있듯이 2018년 전 세계 온실가스 배출량을 국가별로 살펴보면 상위 10대 배출 국가들의 배출량 합이 전 세계 배출량의 68%를 차지한다. 그 가운데 3대 다배출국가는 중국(26.1%), 미국(12.67%), EU27로 불리는 유럽연합(7.52%)으로 이들의 배출량 합계가 전 세계 배출량의 46%에 달한

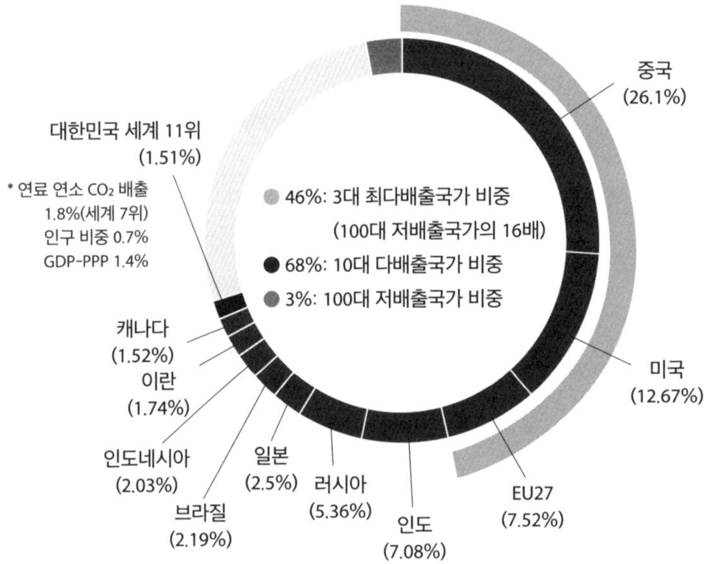

그림 3. 주요 국가 온실가스 배출량과 배출 책임 차이

출처: 유엔 Energy & Climate, 세계자원연구소 홈페이지 자료 재구성

다. 10대 다배출국가의 배출량 합계는 전 세계 배출량의 68%를 차지한다. 이에 반해 하위 저배출국 100개국의 배출량은 전 세계 배출량의 3%를 점할 뿐이다. 인구 규모를 고려하지 않을 경우 3대 다배출국가들이 100개 저배출국가들 배출량의 16배를 배출했다고 할 수 있다.

온실가스는 대기 중에 누적되므로 역사적 누적 배출량이 중요하다. 온실가스 가운데 가장 많은 비중을 차지하면서 누적 영향이 큰 이산화탄소의 누적 배출량을 1750년 이후부터 살펴보자. 미국의 누적 배출량은 3,990억 톤으로 전체 배출량의 25%를 차지하면서 가장 높고, 그 뒤를 EU28(영국 포함, 3,530억 톤, 22%), 중국(2,000억 톤, 12.7%), 러시아(1,010억 톤, 6%), 일본(620억 톤, 4%)이 따르고 있다. 한국은 EU28을 하나로 묶으면 누적 배출량으로 13위이며, EU28을 개별 국가로 나누어 순위를 정하면 독일, 프랑스, 이탈리아가 다배출국으로 분류되어 전체 16위가 된다. 2018년 현재 온실가스 배출량 기준으로 한국이 11위임을 고려할 때 장기적으로는 누적 배출량 순위가 올라갈 수 있다.

기후변화에 따른 극한 기상 현상은 재산과 인명 손실을 가져올 수 있고, 그에 따른 생태계 변화가 인간 생존에 필요한 자원을 확보하는 데 제약을 가하기도 한다. 나아가 기후변화는 인간의 사회경제 활동 조건을 바꿔 지역 주민의 삶에 부정적인 영향을 미치고, 건강 문제를 야기하거나 노동생산성을 악화시키기도 한다. 그렇다면 기후위기로 누가 가장 큰 고통을 당하고 있을까? 기후변화 위험에 노출될 가능성이나 기후변화 영향이 정도가 개인과 집단, 사회마다 같지 않을뿐더러 오히려 배출 책임이 낮은 주체일수록 기후위험 노출 가능성이나 피해 가능성이 높다는 데 문제의 심각성이 있다. 이러한 양상이야말로 '기후 불의(climate injustice)'라고 할 수 있다. 독일의 저먼워치(German Watch)라는 단체는 2021년 발표한 보고서에서 '기후위험 지수(Climate Risk Index)'를 통해 2000-2019년 사이 기상이변에 따른 국가별 손실과 피해액 규모를 살펴보았다. 그 결과 탄소배출량으로 볼 때 기후위기를 야기한 책임이 거의 없는 국가들이 오히려 커다란 위험에 처했음을 알 수 있었다. 상위 10위 국가를 차례로 나열하면 푸에르토리코, 미얀마, 아이티, 필리핀, 모잠비크, 바하마스, 방글라데시, 파키스탄, 태국, 네팔이다.

최근 들어 선진국의 온실가스 배출은 서서히 줄고 개도국의 온실가스 배출은 늘어나는 경향을 보인다. 개도국은 여전히 빈곤에서 벗어나야 하기에 성장할 권리를 요구하고 있다. 하지만 이들의 경제성장이 선진국의 탄소 집약적 발전 경로를 되풀이해서는 곤란하다. 기후위기를 더욱 심화시킬 수 있으며, 이는 대응 역량이 부족한 개도국의 환경 피해를 더욱 가중시킬 수 있기 때문이다. 제16차 기후변화당사국총회에서 선진국은 2020년까지 개도국을 지원하기 위한 장기 재원을 마련하기로 하고 매년 1,000억 달러를 조성하기로 했다. 하지만 이 목표를 현재까지 달성하고 못하고 있다. 이로 인해 글래스고에서 개최된 제26차 기후변화당사국총회에서 개도국들의 반발과 비판이 있었다. 글래스고기후합의에서는 재원 확보 목표 연도를 2025년으로 연장하고 목표액 달성을 위해 지속적으로 노력하기로 했다.

내용을 보면 개도국에 대한 선진국의 적응 재원, 역량 배양, 기술이전에 대한 지원을 대폭 확충하는 한편, 기후 적응 재원을 2025년까지 2019년 대비 최소 2배 확대하기로 했다. 또한 갈수록 기후재난에 따른 피해가 늘고 있어 개도국은 손실과 피해에 대한 보상을 요구하고 나선 상태다. 제26차 기후변화당사국총회 협상을 통해 손실과 피해에 대한 기술지원을 촉진하는 재원 신설에 대한 합의가 이뤄졌으며, 감축이나 적응 재원과는 별도로 손실과 피해 보상 재원을 신설할 것인가의 여부는 '글래스고대화(Glasgow Dialogue)'로 불리는 논의 기구를 설치해서 2024년 6월까지 결론짓기로 했다.

2007년 노벨평화상은 IPCC와 엘 고어(Al Gore) 전 미국 부통령이 공동으로 수상했다. 공동 수상자로 선정된 이유는 기후변화와 관련되어 있다. 노르웨이 노벨상위원회는 이들이 "인류 스스로 초래한 기후변화에 대한 놀라운 사실들을 발견해 내고 널리 알림으로써 향후 지구온난화에 대처할 수 있는 토대를 구축한 공로"가 있다는 사실을 노벨평화상 선정 이유로 발표했다. 기후위기 인식 확산이 세계 평화에 기여할 수 있음을 시사한 것이다.

IPCC는 1988년 세계기상기구(World Meteorological Organization, WMO)와 유엔환경계획(United Nations Environmental Programme, UNEP)이 협력해서 만든 국제 조직으로 기후변화의 원인과 영향을 평가하고 국제적인 대책을 마련하기 위한 기후변화 평가보고서를 작성하는 역할을 한다. IPCC 보고서 작성에는 195개 회원국 출신 약 3,000명의 전문가가 참여한다. 1990년 1차 평가보고서(First Assessment Report, FAR) 발간 이후 1995년, 2001년, 2007년, 2013-2014년에 걸쳐 5차, 2021-2022년에 걸쳐 6차까지 평가보고서를 발간했다.[4] IPCC 보고서는 기후변화에 관한 타당하고 신뢰할 만한 과학적 사실을 제공함으로써 인류의 기후변화 인식을 개선하고 기후변화 대응정책을 마련하며 일상적인 실천 활동을 확대해 나가는 데 기여하고 있나. 이러한 점이 높이 평가되어 제4차 평가보고서가 발간된 2007년에 IPCC가 노벨평화상을 수상했다.

고어는 1992년 『위기의 지구(*Earth in the Balance*)』라는 저서를 출간했고, 2006년 〈불편한 진실(An Inconvenient Truth)〉이란 다큐멘터리 영화를 제작했다. 기후변화가 야기하는 재앙을 알림으로써 대응을 촉구하기 위해서였는데, 이러한 활동이 전 세계 대중의 기후변화 인식 수준을 높이고 기후변화 대응 실천 활동을 확대하는 데 기여한 것으로 평가되어 노벨평화상을 받았다. 고어와 IPCC가 노벨평화상을 수상했다는 사실은 기후변화와 평화 문제가 밀접하게 연결되어 있고, 그 연관성을 국제사회가 인식

---

4 IPCC는 3개의 실무단으로 구성되어 있다. 제1실무단은 기후변화의 과학적 기초에 대해, 제2실무단은 기후변화 영향과 취약성, 적응에 대해, 제3실무단은 기후변화 완화에 대한 평가보고서를 발간한다. 실무단별로 보고서를 발간하기 때문에 AR5와 AR6는 두 해에 걸쳐서 평가보고서가 발간되기도 했다.

하고 있음을 의미한다.

한편 세계경제포럼(World Economic Forum, WEF)에서는 포럼 참여 전문가와 전 세계 정책 결정자들을 대상으로 글로벌 위험(Global Risks) 인식 조사를 실시해 매해 보고서를 발간하고 있다. 2021년까지 총 16차례 보고서가 출간되었다. 응답자들은 제시된 29개의 위험에 대해 10년 이내에 일어날 가능성이 얼마나 높다고 생각하는지(likelihood), 영향의 크기가 어느 정도인지(impact)를 체크한다. 응답자들은 산업계만이 아니라 학계, 시민사회, 공공 부문 등 다양한 영역에서 활동하는 전문가들이다.

지난 10년간 예외 없이 최상위권에 위치한 위험 요소는 '기후변화 피해' 또는 '기후변화 대응 실패'였다. 문제는 기후변화 문제가 전문가들이 적시한 다른 위험 요소, 예를 들어 비자발적 이주, 기상이변, 지역분쟁, 자연재해 등과 직간접적으로 연결된다는 사실이다. 이러한 문제가 지속된다면 해당 사회는 물론, 국제사회의 평화에도 심각한 영향을 미칠 것이 확실하다. 기후재난에 따라 현재 거주하는 지역에서 더 이상 살기 어려워지면 국내외 다른 지역으로 인구 이동이 이뤄지고, 이는 인구 유입 지역에서의 종교나 문화 차이는 물론 자원과 일자리를 둘러싼 갈등과 마찰을 야기할 가능성이 높기 때문이다. 우리는 이미 중동 지역에서 발생한 난민이 유럽으로 이주하는 과정에서 일어난 각종 사회경제 문제를 목도했다. 중동 지역 난민이 이주한 이유가 표면적으로는 종교분쟁에 따른 내전으로 보이지만, 본질적인 원인은 기후변화로 일어난 극심한 가뭄과 농업 생산성 저하, 경제적 파국과 이로 인한 갈등과 분쟁 심화다.

기후위기는 사람들의 삶의 터전을 파괴함으로써 생계를 어렵게 하고 사회 갈등을 야기하면서 평화를 위협한다. 예를 들어 해수면 상승과 빈번하고 강력해진 연안 홍수와 폭풍, 해일로 생명과 재산 피해가 증가한다. 홍수 그 자체로 재산과 생명 손실이 발생하지만, 홍수에 따른 위생 불량과 깨끗한 물 공급 지연으로 수인성 질환이나 감염병이 늘고 사회 기반 시설이 침수되어 핵심 공공 서비스가 와해될 수 있다. 주거 시설이 열악한 도시 저소득층이나 어린이와 노인과 같은 생물학적 약자는 극단적인 폭염과 한파로 사망할 수 있다. 농수산업과 임업 등 기후 조건에 의존적인 1차 산업은 극단적인 기상 현상으로 생산성이 저하되면 종사자의 생계에 타격이 오고 사회적으로 식량 불안 상황을 야기한다.

이미 기후위험이 현실화되어 여러 지역과 국가에서 희생자가 생겨나고 있다. 기후변화가 야기하는 재난의 해결이나 방지에 책임 있는 당사자들이 부담을 나눠 지지 않는 불의 상황에 대해 피해국이나 피해자의 불만이 증폭될 경우 분쟁이 야기된다. 피해자의 거주지가 더 이상 생활을 지속하기 어려운 상황에 처하거나 감내할 수 있는 기간 동안 피해나 손상에 대한 복구가 이뤄지지 않으면 국내 다른 지역은 물론 해외로 이주함으로써 사회·정치·종교·문화 등 다양한 영역에서 갈등이 야기되고 평화를 위협할 것이다.

기후위기에 직면해 국제사회는 1.5℃를 달성해야 할 상한 목표로 받아들였다. '2050년 탄소중립'은 어느 국가도 거스를 수 없고, 거슬러서도 안 되는 세계적인 흐름이자 시대적인 당위가 되었다. 탄소중립 달성은 단순히 개별 국가의 국내 감축 문제로 한정되지 않는다. 기후위기 자체가 지구적인 문제인 데다 탄소중립 선언 국가들의 대응정책은 시장 규칙과 경제질서에 변화를 가져옴으로써 다른 국가의 산업과 경제에 상당한 영향을 미칠 수 있다. '2050년 탄소중립'을 위해 추진되는 다양한 정부 정책과 글로벌 기업들의 변신으로 화석연료에 기반을 둔 탄소 문명의 탈탄소 문명으로의 대전환이 가시화되고 있나. 기후위기 대응을 위한 노력은 위험과 기회의 양면을 내재하고 있으며, 이러한 변화에 제대로 대응하지 못하거나 경제적 기회로 활용해 변화를 만들어 내지 못한다면 적지 않은 사회경제적 파장과 갈등, 심각한 고통과 피해를 야기할 수 있다.

유럽연합과 미국에서 추진하는 탄소중립정책의 핵심은 재생에너지 확대와 에너지 효율 개선이다. 이는 에너지 전환에만 머무르지 않고 자원순환정책과 지속 가능한 농업정책, 생물다양성보호정책으로 확장되고 있으며, 일자리 창출을 통해 기후위기와 경제위기, 불평등위기를 동시에 해소하는 것을 목표로 한다. 이러한 국제적인 흐름에서 에너지 전환을 따라가지 못하거나 역행하면 장기적으로 기후위기를 증폭시킴은 물론, 경제와 산업에 부정적 영향을 미치게 된다.

유럽연합이 현재 본격적으로 추진하는 대표적인 탄소중립 정책은 탄소국경조정제도(Carbon Border Adjustment Mechanism, CBAM)다. 제품 제조 시 발생하는 탄소량에 따라 목적지 시장에서 비용을 부과하는 방식으로 교역상품 가격을 조정하는 조치를 말한다. 즉, 수입품과 수입업체에 국내 온실가스 배출 규제에 상응하는 조치를 취하는 것이다. 엄격한 환경규제를 받는 국내 사업자들과 그렇지 않은 해외 사업자들 사이에 공정경쟁의 장(levelized playing field)을 조성하고, 규제 수준 차이로 인해 자국 기업이 해외로 이전하는 이른바 탄소 누출(carbon leakage) 현상을 방지한다는 논리에 기반한다. 집행 과정에서 수입업체가 적정한 탄소비용을 지불했다는 인증서를 의무적으로 제출하게 하는 방식으로 적용이 가능하다.

유럽연합집행위원회는 2019년 12월 그린 딜 정책을 발표했지만 이미 2018년 탄소국경조정제도 관련 법안 수립 근거를 마련했고, 2019년 역내외 이해관계자들로부터 의견 수렴을 거친 후 2021년 7월 법안 초안을 발표했다. 유럽연합집행위원회는 철강, 시멘트, 비료, 알루미늄, 전기 등에 2023-2026년에 걸쳐 탄소국경조정제도를 단계적으로 적용할 계획이었다. 하지만 유럽의회는 집행위 계획을 더욱 강화해서 기존 5개 업종 외에 유기화학품, 플라스틱, 수소, 암모니아 등 4개 업종을 추가하고 배출 범위도 전기 사용에 따른 간접 배출도 포함하면서 실시 연도를 2025년부터 1년 앞당기기로 했다. 미국 또한 미국 내 기업들이 탄소 배출 비용을 모두 감당하도록 하면서 탄소집약적 수입 상품에 탄소국경조정 부담금을 부과하겠다는 구상이다. 온실가스 감축에 소극적인 국가와 기업은 경제적 불이익을 입는 방향으로 국제무역질서가 변하고 있다.

수송 부문 대책도 주목할 만하다. 유럽 국가를 비롯해 다수 국가에서 내연기관차 퇴출을 선언하고 나섰다. 노르웨이는 '2030년 탄소중립'을 국가 목표로 설정한 후 2025년까지 모든 내연기관차 판매 중단 계획을 선언했다. 영국은 2030년부터, 일본과 미국 캘리포니아, 캐나다 퀘백은 2035년부터, 프랑스는 2040년부터 내연기관차 신차 판매 금지를, 중국은 2035년부터 내연기관차 생산·판매 금지를 확정했다. 전 세계 자동차 시장은 급격히 전기차로 옮아 가고 있다. 개도국의 내연기관차 시장이 커질 수 있다는 주장도 있지만, 개도국들이 굳이 내연기관차를 거칠 필요가 없다. 후발 주자로서 전기차로 바로 가는 도약 효과(leapfrogging effect)를 누릴 수 있기 때문이다.

세계 시장과 우리 삶에 영향을 미치는 건 각국의 탄소중립정책만이 아니다. 세계적인 기업들이 '재생에너지(Renewable Energy) 100%'를 의미하는 'RE100' 캠페인에 나서고 있다. RE100은 영향력 있는 글로벌 기업이 특정 연도까지 100% 재생에너지로 생산된 전력만을 사용하겠다는 목표를 공개적으로 약속하고 실천하는 자발적 결단이다. 현재 전 세계 기업들의 소비 전력은 세계 전체 전력 소비의 절반에 이른다. 따라서 기업이 소비하는 전력을 재생에너지로 바꾼다면 전 세계 에너지 시장을 변화시키면서 탈탄소 경제로 더 빠르게 전환할 수 있다.

RE100을 시작한 2014년에는 13개였던 참여 기업 수가 2022년 10월 초, 382개에 달하고 있다. 우리나라 기업도 23개사가 RE100을 선언했다. RE100 선언은 기업의 브랜드 이미지와 연결될 뿐 아니라 참여 기업이 협력 업체에게도 100% 재생에너지 전력 사용을 요구함으로써 세계 시장을 바꾸는 촉매제로 작용하고 있다. 'ESG(환경·사회·지배 구조)'가 기업 경영과 평가, 금융기관의 투자 결정에 있어 점점 더 중요해지는 상황에서 탈탄소 경영을 위한 RE100 실천 없이는 글로벌 시장에서 생존하기 힘든 시대가 오고 있다.

수출의존도가 높은 경제구조를 가진 국가들에서는 RE100 확대가 기업 경쟁력에 상당한 영향을 미칠 조짐이다. 한국은 연간 수출 규모가 GDP의 35%에 달하는 데다 제조업의 GDP 비중이 30% 가까이 된다. 하지만 재생에너지 발전 비중은 2021년 7.5%에 불과해 경제협력개발기구(Organization for Economic Cooperation and Development, OECD) 회원국 중 최하위를 벗어나지 못하고 있다. 탄소국경조정제도나 RE100 움직임은 갈수록 한국 기업과 산업에 커다란 부담이 될 것이다.

탈탄소를 중심으로 세계 무역질서가 재편되는 상황은 기후변화가 환경 문제를 넘어 경제 문제로 비화하고 있음을 확실하게 보여 준다. 기후위기의 진행 속도가 빨라질수록 세계 곳곳에서 탄소중립을 실현하기 위한 급격하고 획기적인 대응 조치들이 가시화되고 있다. 변화된 환경에 제대로 대응하지 못한다면 어떤 나라든 자국 내 산업과 지역 경제, 일자리에 심각한 타격을 받을 가능성이 높다. 이러한 경제적 악영향은 오히려 기후위기 자체보다 더 직접적으로 국민에게 피해를 입힐 수 있다. 기후위기 대응 실패는 곧 경제위기로 이어지게 된다.

누구도 배제하지 않는 '포용적 탄소중립'은 전 사회적 대전환(Great Transformation)을 필요로 하는, 결코 쉽지 않은 일이다. 국가적 차원의 탄소중립정책으로 불가피하게 경쟁력을 상실하는 기업과 산업, 없어지는 일자리가 존재하기 때문이다. 이에 따라 '정의로운 전환' 혹은 '공정 전환(just transition)'의 중요성이 강조되고 있다. 기후위기 대응을 위한 에너지 전환과 경제 전환이 미치는 영향은 개인과 집단에 따라 다르게 나타난다. 기존의 탄소문명 체계에 생계를 의존하고 있거나 이해관계가 강력한 이들은 탈탄소 사회로의 변화를 거부할 수도 있다. 사회 갈등을 사전에 예방하거나 갈등을 줄이기 위해서는 어떤 산업과 지역이 축소와 소멸 위험에 처할시, 관련 노동자들은 어떻게 지원할지, 이 과정에서 필요한 비용은 어떻게 조달할지 등 정의로운 전환을 위한 세심한 준비가 있어야 한다. 이러한 노력이 제대로 이뤄지지 않는다면 상당한 사회적 갈등과 혼란이 야기될 가능성이 높다.

에너지 집약적이며 탄소 집약적인 '회색산업'은 기후위기 시대에 지속 가능할 수 없다. 탈탄소 기술 개발과 경영 혁신을 실현하지 않는 한 경제 내에서 존속하기 힘들 것이다. 정부와 사회는 전환을 요구받는 영역에 생계를 의존하는 사회 구성원의 처지를 외면하지 말아야 한다. 유럽연합의 그린 딜이 화석연료 관련 산업 종사자들을 지원하는 정의로운 전환을 염두에 두는 것은 바로 이런 이유 때문이다. 우리나라에서는 탄소중립을 위한 재생에너지 확대가 아직 본격화하기 전인데도 전국적으로 재생에너지 설비 입지를 둘러싸고 사회 갈등과 충돌이 빈발하고 있다. 재생에너지에 대한 오해와 억측, 가짜 뉴스, 에너지 전환 필요성에 대한 인식과 사회적 공감대 미흡 등 여러 요인이 작용하고 있다.

4) 기후위기와 질병위기, 경제위기, 불평등위기의 상호 연관성

전 세계적으로 수많은 사망자를 발생시키고 일상을 파괴하며 경제를 마비시키고 일자리를 앗아 가는 코로나19 팬데믹은 말 그대로 지구적 재난이다. 감염 확산 방지를 위해 사회적 거리 두기는 물론, 전국적 혹은 지역적 차원의 격리와 봉쇄가 이뤄졌다. 국경이 폐쇄되었고, 학교와 직장이 문을 닫았으며, 대규모 집회와 종교 행사가 제한되었다. 정도의 차이는 있지만 여러 규제로 일상이 교란되고 단절되었다.

이러한 규제는 단지 불편함의 문제로 그치지 않고 경제 활동 중단과 후퇴를 가져와 많은 사회 구성원의 생존을 위협하는 문제가 되었다. 더 이상 경제활동을 영위할 수 없는 기업과 산업, 자영업자와 소상공인이 늘었고 적지 않은 사람이 일자리를 잃었다. 국가 간 무역이 급감해 타격을 입는 기업과 산업군이 생겨났다. 2020년 세계경제는 1930년대 대공황 이후 최악의 경기 침체를 겪었다(홍종호, 2021a, 2021b).

코로나19 사태는 지난 수십 년간 급증한 감염병 발생과 더불어 기후위기와 긴밀하게 맞물려 있다고 전문가들은 말한다. 우선 '숲 파괴'가 공통 원인으로 작용한다. 인간이 해온 경작지와 방목지 개발, 거주지 확대, 도로 확장 등 다양한 경제활동은 야생동물 서식처인 숲을 파괴하고 소멸시켰다. 이로 인해 야생동물들이 인간 사회와 가졌던 물리적 거리가 점점 좁아지면서 야생동물을 숙주로 했던 바이러스가 사람을 숙주로 삼게 된 것이다. 1940년 이래 유행한 감염병 가운데 60%, 신종 감염병 중에서는 75%가 인수공통감염병(zoonotics)인데, 이 중 70%가 야생생물에 의한 것으로 밝혀졌다(Bartlow et al., 2019). 사스(SARS), 메르스(MERS), 에볼라(EBOLA)와 같은 감염병이 대표적인 사례다. 숲 파괴는 기후변화의 원인이기도 하다. 숲을 제거하거나 줄임으로써 이산화탄소 흡수 공간을 줄여 대기 중 누적되는 이산화탄소가 늘어나 기후위기가 가중되는 경로를 거친다.

과학자들에 따르면 신종 바이러스 출현과 확산은 기후변화와 직접 연결되어 있다. 기후변화는 산불, 가뭄, 홍수 등 극한 기상 현상으로 발현되는데, 그로 인해 생태계가 파괴되면 서식지를 잃은 야생동물이 인간 거주지나 목축지로 이동함으로써 사람이 바이러스에 감염될 가능성이 높아진다. 또한 지구온난화로 지구 표면 온도가 상승하면, 더운 지역에 사는 모기 서식지가 더 넓어지고 그만큼 바이러스가 확산될 조건이 갖춰진다. 뎅기열, 말라리아, 콜레라 등 기후에 민감한 감염병이 확산되고 있는 것이 그 증거다.

한편 기후변화로 수천 년 동안 얼어 있던 영구 동토층이 녹으면 내부의 박테리아와 바이러스가 깨어나 현생 인류가 경험하지 못한 고대 질병들이 되살아날 가능성이 있다고 과학자들은 경고하고 있다. 게다가 기후변화로 바이러스에 변이가 일어나거나 온도, 강수량, 습도 등이 과거와 달라지면 병원균이나 매개체의 성장 발달과 생존 기간, 분포, 개체 수, 서식지 등에 변화가 발생하기 때문에 감염병의 전파 시기나 속도와 강도, 분포가 바뀌게 되고 예측이 한층 어려워질 수 있다(신호성·김동진, 2008).

인수공통감염병 발생과 확산이 기후위기와 어떻게 맞물려 있는지에 대해 또 다른 흥미로운 연구 결과가 있다. 2020년 2월 코로나19 대유행을 일으킨 'SARS-CoV-1'과 'SARS-CoV-2'라는 바이러스 출현에 기후변화가 직접 영향을 미쳤을 가능성이 있다는 것이다. 로버트 베이어(Robert Beyer) 박사를 연구 책임으로 하는 영국 케임브리지대학교와 미국 하와이대학교, 독일 포츠담기후영향연구소가 공동으로 수행한 연구(Beyer et al, 2021)에 따르면, 지난 100년 동안 전 세계 온실가스 배출로 박쥐가 선호하는 특정 산림 서식지가 확대됨으로써 중국 남부가 코로나바이러스의 '집중 지역(hotspot)'이 되었다고 한다.

이렇게 볼 때 감염병 발병과 확산을 막으려면 기후위기의 파국적 진행을 막거나 완화하는 것이 필요하다는 결론에 도달한다. 감염병이 아니더라도 기후위기 자체는 인류에게 심각한 위협이다. 이상기후가 더욱 빈번히 강력하게 발생하면 생명과 재산 손실을 야기하고, 이에 대응하는 국제사회의 움직임에 효과적으로 부응하지 못하면 결국 엄청난 경제적 대가를 치러야 한다. 기후위기 유발의 핵심 원인이 화석연료 연소이기 때문에 에너지 절약과 효율 개선으로 에너지 수요를 줄이면서 재생에너지를 확대해 가는 에너지 전환이 반드시 요구된다.

기후위기가 감염병 발생과 확산에 영향을 미치는 것과 동시에, 코로나19와 같은 감염병에 대응하는 과정에서 기후위기가 증폭되는 측면도 있다. 변화된 경제활동 방식에 따른 폐기물 증가 때문이다(윤순진, 2021). 감염 예방을 위해 사람들이 안전과 위생을 중시하면서 일회용품 사용이 매우 빠르게 늘었다. 마스크는 물론이고 비닐장갑, 종이컵, 플라스틱 컵, 빨대가 사용되면서 폐기물 발생량이 급격히 늘었다. 사회적 거리 두기로 외출을 자제하는 대신 온라인 쇼핑과 음식 배달 주문이 증가하는 과정에서 포장재 폐기물 발생이 증가했다. 방호복이나 기타 보호 장비, 진단 키트처럼 검진과 치료 과정에서 감염 위험이 있어 고온 소각 처리해야 하는 의료폐기물 발생도 두드러지게 늘었다. 늘어난 폐기물의 수집과 운반, 처리에 에너지가 투입되면서 온실가스 배출을 늘리게 된다. 폐기물 감량과 함께 자원순환 경제로의 전환이 필요한 이유다. 이러한 순환 관계를 요약하면 〈그림 4〉와 같이 나타낼 수 있다.

코로나19의 영향은 차별적으로 발생했다. 불평등이 심한 사회일수

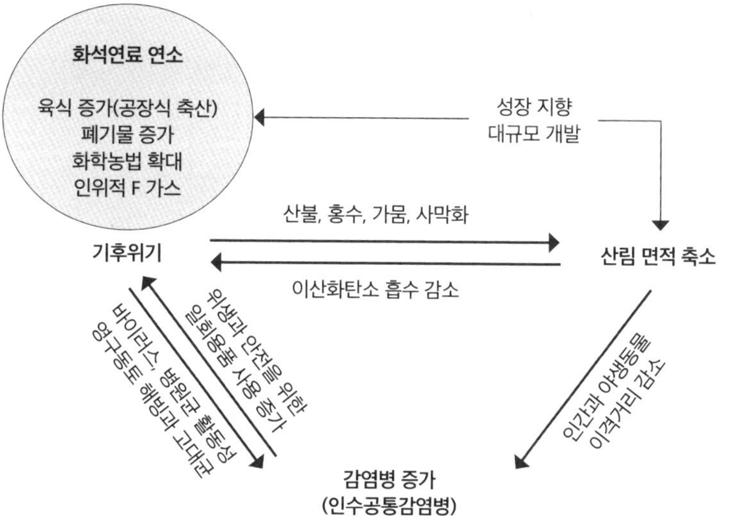

그림 4. 질병위기와 경제활동, 기후위기의 상호 관계

록 코로나19 감염과 대응에서 빈부 격차로 인한 영향의 차별성이 선명하게 드러났다. 우리나라의 경우 국민의료보험제도와 '감염병의 예방 및 관리에 관한 법률'에 따라 감염증 검사와 격리, 치료비용이 건강보험공단과 국가, 지방자치단체 공동 부담이라 개인 부담 없이 모두가 동등하게 진단과 치료를 받을 수 있다. 하지만 다른 나라에서는 진단이나 치료를 받을 수 있는 기회가 차별적이었고, 자가 격리 방식이나 형태도 달랐다. 가난한 이는 코로나19로부터 제대로 보호받지 못하는 경우가 많았다. 이런 차이에도 우리나라든 외국이든 직종과 근무 지역, 고용 형태, 자산 규모나 주택 소유 여부에 따라 코로나19로 인한 영향이 달랐다. 처한 상황과 조건에 따라 소득에 미치는 영향이 달랐고, 출근 방식이나 근무 형태에 차이가 있었으며, 사업 규모와 성격, 영업 방식에 따라 경제적 영향에 큰 차이를 보였다(윤순진, 2020).

기후위기 상황에서는 감염병에 따른 차별적 영향이 더욱 증폭될 가능성이 높다. 기후위기가 신종 감염병 바이러스 등장 및 확산과 연결되어 있기에 사회 영향이 차별적으로 발생하는 것이다. 이상기상 현상이 계속해서 발생한다면 거주지 입지나 가옥의 단열 상태, 노동 형태 등으로 사회경제적 취약집단은 기후위기에 더 취약하게 노출된다. 코로나19의 경우 위기 발생 책임 자체보다는 영향의 차별성이 더욱 두드러지는 데 비해, 기후위기는 책임이 덜한 이들과 국가에게 훨씬 영향이 크다는 점에서 모순적이기까지 하다. 기후위기가 심화되면 코로나19의 차별적 영향을 현저히 넘어서는 격차로 사회경제 위기가 증폭될 수 있다.

코로나19로 경제활동이 줄어들면서 공기가 깨끗해지고 환경이 되살아나는 현상은 폭력적인 방식이긴 하지만 현대 산업문명에서 자연과 인간의 관계를 극명하게 드러내면서 안전과 생명에 더욱 주목하게 만들었다. 1995년 노벨화학상 수상자인 파울 크뤼천(Paul Crutzen)은 유진 스토머(Eugene Stoermer)와 함께 2000년에 "인류세(the Anthropocene)"란 글을 발표했다(Crutzen and Stoermer, 2000). 인간이 지구 시스템에 영향을 받기만 하는 수동적 존재가 아니라 산업화 과정을 거치면서 지구 시스템을 변화시키는 존재가 되어 버렸음을 근거로 이러한 지질시대를 그 이전과 구분해서 "인류세(Anthropocene)"로 이름 붙였다. 변화된 지구 시스템의 대표 사례가 바로 기후 체계로서, 기후위기는 인류의 사회경제 활동이 가져온 엄청난 결과를 보여 준다.

자연의 역습이라 불리는 코로나19로 인간의 경제활동이 강제적으로 멈춰지거나 잦아들었고, 그 결과 되살아나는 지구 생태계를 경험할 수 있었다. 이는 역설적으로 인간의 사회경제 활동으로 인한 환경 파괴가 얼마나 큰가를 웅변한다. 문제는 사회경제 활동의 본질적 전환 없이는 이러한 변화가 일시적인 것에 그치고 만다는 점이다. 인류가 다시 코로나19 이전과 같은 경제활동 방식을 재개한다면, 환경 상태와 온실가스 배출은 예전 수준으로 회귀해 버리고 말 것이다.

4. 마치며: 환경을 담은 평화

20세기 후반 평화에 대한 학문적 탐구는 이른바 '복합적 평화학'으로 발전한다. 평화를 규정하는 요소는 다양하며, 서로 독립적으로 존재하지 않고 상호 작용하며 순환한다는 인식에 근거한다. 대표적인 예가 환경 문제다. 오늘날 환경 이슈는 과거 인류가 겪었던 자연재난과 국지적 환경오염을 넘어 매우 다양하고 다층적이며 복잡한 경향을 띤다. 가습기 살균제로 건강과 생명을 잃은 시민, 미세먼지와 물 부족 때문에 벌어지는 지역 및 국가 간 분쟁, 개도국 열대우림 개발을 둘러싼 거대 자본과 원주민, 생태계 사이의 모순, 현재화한 기후위기의 피해와 국가 간 책임 공방은 환경 문제가 인간의 생산 및 소비 양식, 국내 및 국제정치, 과학기술 발전과 복합적으로 연결되어 있음을 보여 준다.

이 글에서는 유엔이 주창한 지속가능발전 개념을 통해 환경 문제가 공동체의 평화를 규정, 파괴, 증진하는 구조와 과정을 살펴보고자 했다. 지속가능발전은 환경과 경제의 공존 여부에 따라 인간사회 평화가 크게 영향 받을 수 있음을 시사하고 있다. 우리가 겪고 있는 수많은 갈등과 분쟁 사례에 환경 문제가 내재해 있다. 빈곤 타개를 명분으로 환경을 고려하지 않은 무분별한 개발은 오히려 갈등을 조장하고 평화를 저해할 수 있다. 21세기 인류의 지속 가능성에 가장 큰 위협으로 다가온 기후위기 문제는 200년 이상 지속된 '탄소경제'라고 하는 인류 활동 양식에 기인하고 있다. 코로나19 팬데믹을 통해 기후위기는 질병위기, 경제위기, 불평등위기라는 다중 복합위기로 확산, 진화했다.

환경과 평화는 이 시대를 규정하는 주요 담론으로 자리매김하고 있다. 환경과 기후는 동시대 인류 공동체의 삶의 질은 물론, 세대 간 형평성을 가늠하는 핵심 문제다. 인간의 삶의 질과 지속 가능성은 평화를 가능하게 하는 전제 조건이 아닐 수 없다.

참고문헌

김홍균·이호생·임종수·홍종호. 2013.『환경경제학』. 서울: 피어슨에듀케이션코리아.

신호성·김동진. 2008.「기후변화와 전염병 질병부담」.『한국보건사회연구원』2008-24-4.

윤순진. 2021.「코로나19 대유행이 몰고 온 (플라스틱) 일회용품 전성시대: 현황과 과제」. 김의영 외 지음.『시민주도 코로나 대응: 세계적으로 생각하고 지역적으로 대응하라』. 과천: 진인진.

윤순진. 2020.「코로나19 위기와 기후위기 해결을 위한 열쇠, K-그린 뉴딜: 의미와 방향」.『열린정책』제6호: 98-111

윤순진. 2016.「기후변화와 평화의 상관성과 종교의 역할」,『평화와 종교』2(2): 51-84.

윤순진. 2002.「기후변화와 기후변화정책에 내재된 환경불평등」.『환경사회학연구 ECO』3: 8-42.

홍종호. 2021a.「2050 탄소중립, 과연 가능한가?」경제학 공동학술대회 전체회의 발표자료. 서울대학교.

홍종호. 2021b.「그린으로의 전환」.『코로나 사피엔스: 새로운 도약』. 서울: 인플루엔셜.

Bartlow, Andrew W. et al. 2019. "Forecasting Zoonotic Infectious Disease Response to Climate Change: Mosquito Vectors and a Changing Environment." *Veterinary Science* 6(40): 1-20.

Beyer, Robert M. 2021. Andrea Manica, Camilo Mora, "Shifts in global bat diversity suggest a possible role of climate change in the emergence of SARS-CoV-1 and SARS-CoV-2." *Science of The Total Environment* 767: 145413-145413.

Climate Action Tracker. 2021. "Warming Projections Global Update." https://climateactiontracker.org/documents/853/CAT_2021-05-04_Briefing_Global-Update_Climate-Summit-Momentum.pdf.

Crutzen, Paul and Eugene F. Stoermer. 2000. "The Anthropocene." *Global Change Newsletter* 41: 17-18.

Duraiappah, Anantha. 1998. "Poverty and environmental degradation: A review and analysis of the nexus." *World Development* 26(12): 2169-2179.

German Watch. 2021. "Global Climate Risk Index 2021" https://germanwatch.org/sites/default/files/Global%20Climate%20Risk%20Index%202021_2.pdf.

IPCC. 2022. Climate Change 2022: Mitigation of Climate Change. https://www.ipcc.ch/report/ar6/wg3/downloads/report/IPCC_AR6_WGIII_Full_Report.pdf

IPCC. 2018. *Global warming of 1.5℃* (지구온난화 1.5℃ 특별 보고서). https://www.ipcc.ch/site/assets/uploads/sites/2/2019/06/SR15_Full_Report_Low_Res.pd.

REN21. 2022. Renewables 2022 Global Status Report. https://www.ren21.net/wp-content/uploads/2019/05/GSR2022_Full_Report.pdf

WWF (World Wildlife Fund). 2018. Living Planet Report 2018. https://c402277.ssl.cf1.rackcdn.com/publications/1187/files/original/LPR2018_Full_Report_Spreads.pdf

9 국제개발과 평화구축

평화의 지속 가능한 발전●

김태균

"발전 없이 평화 없고, 평화 없이 발전 없으며,

인권 없는 평화와 발전은 없다."

- 제7대 유엔사무총장 코피 아난 -

1. 들어가며: 평화와 개발의 연계성

평화학에서 평화구축의 개념은 분쟁과 갈등을 예방하고, 분쟁 발생 시 평화를 중재하고 강제하며, 분쟁 종료 이후 국가 재건과 사회안정 등 거버넌스의 공고화까지 연결되는 대단히 역동적이면서도 포괄적인 영역으로

● 이 장은 2021년 『인간과 평화』 제2권 1호에 게재된 저자의 논문 「평화구축과 국제개발: 단계적 결합과 결합의 포용성」을 바탕으로 수정·보완했다.

구성되어 있다. 따라서 평화구축 영역이 분쟁 전 예방 노력부터 분쟁 후 사회 발전에 이르기까지 전 과정을 포함하고 있다는 점에서, 평화구축은 기존의 예방외교, 평화유지, 평화강제, 평화중재 등의 다양한 개념과 이미 연계되어 있거나 이를 모두 통합하는 평화학의 총체적인 연구 영역으로 자리매김하고 있다. 그럼에도 평화구축에 관한 포괄적 연구에 아직까지 적극적으로 초대되지 않은 이슈가 인도적 지원과 개발협력으로 구성되는 국제개발과 평화구축 간의 연계에 관한 연구라 할 수 있다(Gledhill et al., 2021). 따라서 이 장은 평화구축과 국제개발 간의 이론적 및 실천적 연계성 분석을 주목적으로 한다. 평화구축의 단계를 크게 초기와 중장기로 구분해 초기 단계에는 국제개발의 인도적 지원이, 중장기 단계에는 사회·경제 인프라 구축 등 개발협력 프로젝트가 주로 투입된다는 관계성을 소개한다. 또한 평화구축-국제개발 연계를 글로벌 수준에서의 인도주의-발전-평화 연계, 한반도 수준에서의 개발-평화 프레임 등 경험적 연구에 적용해 구체적인 함의를 도출한다.

평화학의 핵심 이슈이자 최종 목표 중 하나인 평화구축의 개념은 내전과 분쟁, 갈등을 해결하고 분쟁 해결 이후 평화유지와 평화중재 등의 노력을 강구해 평화상태의 관리, 발전, 공고화를 지속 가능하게 유지하는 정책과 제도를 포괄한다. 다시 말해 평화구축은 비폭력적인 방식으로 사회적 정의를 재구축하고 문명 파괴적인 갈등을 조장하는 문화적·구조적인 조건을 평화적으로 전환시키려는 행위를 적극적으로 수반한다(Rapoport, 1992; Coning, 2013). 이러한 맥락에서 평화구축 과정은 폭력 예방, 갈등 관리, 분쟁 해결, 분쟁 전환, 분쟁 후 중재 및 외상 치료(trauma healing) 등과 같이 폭력과 갈등의 단계에 따라 다층적인 대응 체계를 구현한다. 그러나 평화구축의 기존 스펙트럼은 폭력, 갈등, 분쟁에 대한 문제 해결 기능을 강조하는 수동적인 대응체계 성격이 강하며, 평화와 발전이 적극적으로 결합해 분쟁 이후 사회경제 발전을 위한 개발협력정책이 능동적으로 동원되고 결국 발전을 통해 분쟁이 재발하지 않는 선순환적 처방은 아직까지 주류 패러다임으로 자리매김하지 못했다.

이 연구에서는 최근 국제사회에서 본격적으로 공론화되고 있는 평화구축과 국제개발 간의 상호 관계성을 해석하고 국제수준에서 평화-개발 연계를 위한 다양한 시도를 검토한다. 평화구축의 단계와 범주는 분쟁 해결과 분쟁 후 발전 이슈를 동시에 포괄할 정도로 확장성을 보유하기 때문에 단계별로 평화구축을 위해 다양한 개발협력정책의 기획과 투입이 가능하다(Gisselquist, 2018; 김태균, 2020). 이로써 분쟁 단계에 필요한 평화유지 중심의 인도주의적 개입(humanitarian intervention)부터 분쟁 이후 국가 재건 및 경제 발전을 위한 개발원조(development assistance)까지 평화구축은 인도주의, 발전 그리고 평화가 조우할 수 있는 전략적 연계 공간과 기회를 제공한다.

2018년 유엔과 세계은행(World Bank)이 '인도주의-발전-평화 연계(Humanitarian-Development-Peace Nexus, HDP Nexus)'를 글로벌 규범으로 강조함으로써, 기존 인도주의·발전주의·평화주의 각각의 분절적인 접근이 아닌 통합적인 시너지를 통해 분쟁에 내재된 폭력의 복합성에 효과적으로 대처할 수 있는 새로운 패러다임이 공유되었다(United Nations and World Bank 2018). 같은 맥락에서 2007년 아난 유엔사무총장이 발전 없이 평화 없고, 평화 없이 발전 없으며, 인권 없이 평화와 발전이 불가능하다는 상호 관계성을 규명해 유엔의 핵심가치인 평화·발전·인권이 긴밀하게 연계되어 있다는 것을 강조했다.

이러한 글로벌 수준의 통합적 경향을 평화구축과 국제개발에 적용해 이 연구는 평화구축 프로세스를 분쟁 해결 단계와 분쟁 이후 단계로 구분하고 단계별로 국제개발의 원조 방식과 평화구축 간의 연계 가능성을 타진한다.

2. 평화구축의 개념적 확장성

실제로 평화활동과 관련된 평화 개념은 다양하게 사용되어 왔으며, 때로는 서로 중첩되거나 유사한 의미를 일정 정도 공유하는 등 평화활동의 실제 현장에서 인식의 혼동을 유발할 가능성이 크다. 평화 개념의 다양성은 평화유지, 평화중재, 평화구축, 평화강제, 분쟁 후 평화구축(post-conflict peacebuilding), 예방외교, 위기외교 등으로 서로 관장하는 개념적 범위가 상이하게 설정되어 있지만 상호 공통된 영역이 교집합으로 이어짐에 따라 평화활동이 겹치는 한편 연동되는 효과를 만들어 내기도 한다. 이러한 연결고리는 갈등 곡선(Curve of Conflict)으로 표현될 수 있으며, 갈등 예방(conflict prevention)·위기관리(crisis management)·평화구축으로 이어지는 곡선의 스펙트럼상에 다양한 평화활동의 유형이 접속하게 된다(Lund 1996).

갈등곡선은 시간의 축(단기·중기·장기 등)과 분쟁 단계의 축(평화·갈등·위기·전쟁 단계 등)에 의거해 구성되는데, 분쟁 단계 축에서 평화는 다시 내구적(durable)·안정적(stable)·불안정한(unstable) 평화로 구분해 정도의 세분화가 가능하다.

갈등곡선의 스펙트럼 중 초기 단계의 경우 주로 갈등과 분쟁을 예방하는 평화활동이 분쟁 단계에 따라 예방외교와 위기외교가 적절하게 배치된다. 불안정한 평화 상태에는 예방적 외교가 투입되어 분쟁을 고조시키는 대립과 저항이 완화되는 데 주도적인 역할을 수행하고, 위기 단계에는 분쟁 당사자에게 중재 기술과 협상 전략을 교육시킴으로써 분쟁이 전쟁으로 악화되지 않도록 정책 개발과 활용을 통해 위기를 관리한다.

중기 단계에서는, 갈등과 폭력이 위기 단계와 전쟁 단계로 악화되는 과정에서 주로 평화중재와 평화강제를 통해 위기관리와 분쟁 해결에 집중하는 것이 핵심적인 책무가 된다. 전쟁으로 전환될 수 있는 위기 상황은 전면적인 폭력이 촉발될 수 있기 때문에 신중하게 국제사회의 인도주의적 개입이 기획되고 글로벌 규범에 준해 평화적 해결을 중재하거나, 필요할 경우 평화를 수호하거나 재건하기 위한 물리적 강제가 투입될 수 있다(Wheeler, 2000). 전쟁 중인 분쟁 당사자 및 이해관계 주체에게 휴전(ceasefire) 또는 전쟁 종식을 주선(good office)하거나 중재/조정(mediation)하는 평화중재의 역할이 갈등곡선의 중기 단계에서 주요한 평화활동의 유형이다(Wennmann, 2011). 평화중재와 함께, 분쟁이 평화적 해결을 강제하기 위한 평화강제가 평화작전(peace operation)의 주요 개입 방식으로 활용되며 이는 평화유지군 개입과 같은 물리적인 평화유지 노력으로 이어진다.

장기적 관점에서의 평화구축의 경우, 평화유지와 분쟁 후 평화구축으로 크게 세부 단계를 나눌 수 있다. 평화강제와 평화중재를 통해 휴전 또는 종전이 선언되면 평화작전을 통해 분쟁지역에 평화적으로 전후 전환기 정의(transitional justice)와 민주적 제도가 정착될 수 있도록 평화유지활동(peacekeeping operation, PKO)이 전환기 치안과 공공질서 유지 역할을 선도하게 된다(Foley, 2017). 이러한 전환기의 평화유지는 궁극적으로 분쟁 후 평화구축에 해당하는 전환기 정의의 민주적 제도화, 법치(rule of law)의 제도적 정착, 인권 준수(human rights observance) 등 정치적 개혁과 사회경제 발전의 모색하는 개발협력 등의 분쟁 후 경제·사회 발전으로 확장된다(Panić, 2011). 전환기 정의(transitional justice)는 분쟁 종식 후 과거사 청산, 이질적인 국민 간의 통합, 미래 국가발전의 청사진을 제시하는 데 매우 중요한 역할을 하며, 이러한 전환기 정의의 제도화는 사회적 합의와 사회계약으로 지속 가능해지며 이 과정이 준수되지 않으면 법치와 인권 준수의 사회적 원칙이 파기되고 다시 분쟁상태로 회귀할 위험이 있다(Kim, 2019; 강욱·홍정민, 2014; Murshed, 2011). 따라서 평화구축은 분쟁 종식(settlement)부터 화해(reconciliation)의 공고화까지 중장기적으로 사회 통합의 과정을 포함한다. 이러한 장기적 관점의 평화구축 단계에 비로소 국제사회의 국제개발협력 개발원조 프로젝트가 투입되어 그 효과성을 사회 발전으로 환원할 수 있는 정치적 기회 공간이 형성되는 것이다.

지금까지 살펴본 마이클 룬드의 갈등곡선 스펙트럼에 제시된 분쟁 예방·위기관리·평화구축으로 이어지는 단기·중기·장기의 세 단계를 모두 포함하는 개념으로 광의의 평화구축이 재차 강조되고 있다(Zelizer and Oliphant, 2013). 평화구축이 성공적으로 이행되기 위해서는 단기에 해당하는 예방외교·위기외교·평화중재 등의 분쟁 예방 조치와, 중기에 해당하는 평화중재·평화강제 중심의 위기관리 조치, 장기에 해당하는 평화유지·분쟁 후 평화구축 조치 등 모든 평화작전 사이클이 통합적으로 동원되어야 한다. 따라서 평화구축은 협의와 광의로 구분되어야 하며, 갈등곡선의 모든 과정을 포용적(inclusive)으로 통합하는 평화집합체(collective body)로서 '평화구축'을 광의의 평화구축 개념으로 재정의하고 긴 호흡으로 분쟁지역에 적용해야 하는 평화활동의 종합적 처방으로 인식해야 한다(Jeong, 2002).

이러한 평화구축에 관한 통합적 접근은 1992년 제6대 유엔사무총장 부트로스 부트로스-갈리(Boutros Boutros-Ghali, 1992)에 의해 '평화를 위한 의제: 예방외교, 평화구축 그리고 평화유지(An Agenda for Peace: Preventive Diplomacy, Peacemaking and Peacekeeping)'라는 보고서에서 처음으로 구체적인 정책의 형태로 제안되었다. 부트로스-갈리는 보고서를 통해 예방외교, 평화중재 그리고 평화유지라는 유엔의 역할을 제안하고 구체적으로 효과적인 실천을 위한 제도적 방안을 제시했다. 이에 따라 PKO와 같은 실질적인 유엔의 평화작전이 구체화되었고 아난이 1992년부터 1996년까지 평화유지를 전담하는 유엔사무차장의 역할을 수행하면서 유엔의 평화유지활동은 제도적으로 안착되었다. 보고서에서 부트로스-갈리는 예방외교, 평화중재, 평화유지라는 특수한 평화활동을 제시하는 동시에 이 세 방식이 모두 평화구축의 개념과 밀접하게 관련되었다는 점을 강조하고 있다.

1990년대 초부터 발전해 온 유엔의 평화작전과 이와 관련된 다양한 개념과 정책은 최종적으로 평화구축의 개념으로 수렴된다고 평가할 수 있다(Cousens, 2001; Jeong, 2002; Coning, 2013). 다시 말해 평화구축은 다학제의 통합적이면서 범분야적인(cross-cutting) 방식을 취하며 중장기적으로 국내와 글로벌 수준에서 모든 사람이 발전적인 관계를 형성하고 지속할 수 있는 토대에 전략적으로 접근한다. 요컨대 평화구축은 최종적으로 지속 가능한 평화를 구현하는 목표를 전략적으로 이행한다고 정의할 수 있다. 이에 따라 '전략적 평화구축(strategic peacebuilding)'이라는 신개념을 학자들이 제안했고, 평화구축의 성패가 결국 양질의 평화(quality peace)를 지속하게 만드는 필수 요건으로 강조되며(Wallensteen, 2015), 일개 국가의 국가 건설(state-building) 과정을 평화구축과 동일시하는 거대 담론도 설

표 1. 평화활동의 다양한 유형과 개념

평화활동(peace activity) 유형	개념 정의
평화유지 (peacekeeping)	분쟁지역의 질서와 치안을 유지하기 위해 유엔 PKO 또는 경찰 인력과 민간 전문 인력을 분쟁 당사자들의 합의하에 유엔과 지역기구가 현장에 배치하는 평화작전
평화중재 (peacemaking)	유엔헌장 제4장에 명시된 평화적인 방법으로 적대적인 분쟁 당사자들이 합의하도록 돕는 분쟁중재 등의 행위
평화구축 (peacebuilding)	비폭력적인 방식으로 폭력과 분쟁을 해결하고 파괴적인 갈등을 일으키는 문화적, 구조적 조건을 변화시키는 평화활동으로서, 인종·종교·계급·언어 등 수평적 경계에 걸쳐 건설적인 개인, 집단, 정치적 관계를 지속적으로 발전시키는 통합적 평화활동
평화강제 (peace enforcement)	분쟁에 연루된 전투원과 전쟁 주체의 의지에 반해 분쟁지역에 평화를 강제하기 위해 군사력을 투입하는 행위. 유엔헌장 제5장에 의거해 안정보장이사회는 분쟁 해결과 휴전을 집행시키도록 군사력 사용을 승인할 수 있음
예방외교 (preventive diplomacy)	갈등 국면의 당사자들 사이에서 발생하는 분쟁 소지를 예방하며, 현재의 갈등이 악화되지 않도록 통제하고, 갈등이 발생했을 경우 확장되지 않도록 제한하는 행위
위기외교 (crisis diplomacy)	분쟁이 고조되고 전쟁으로 전환될 위기 상황에서 위기의 원인을 찾아내고 갈등 과정에 관련된 이해 당사 주체가 협상과 화해를 통해 위기가 악화될 가능성을 낮추는 행위

출처: Boutros-Ghali (1992); Lund (1996); Stewart (2008).

득력을 갖게 되었다(Woodward, 2011). 전략적 평화구축은 폭력의 뿌리를 제거하는 소극적 기능뿐만 아니라 평화적인 분쟁 해결을 위한 사회적 기대와 분쟁지역 시민의 주인의식을 창출하며 정치적으로 그리고 사회경제적으로 사회 전체를 안정화시키는 적극적인 기능까지 포괄하게 된다(Donais, 2012).

지금까지 거론된 평화활동에 포함되는 다양한 유형의 개념을 〈표 1〉과 같이 정리할 수 있으며, 각각의 유형과 개념은 궁극적으로 전략적인 광의의 평화구축으로 수렴되고 통합된다.

3. 평화구축을 위한 평화 이론의 다양성

평화구축이 포용적인 평화집합체로 인식되고 분쟁 해결의 총체적인 광의의 패러다임으로 해석되는 이면에는 평화학의 주류 이론으로 자리 잡아 온 일련의 평화학 이론의 적극적인 지원이 뒤따랐다. 광의의 평화구축이 가지는 이론적·경험적 힘의 정당성과 체계적인 홍보는 이러한 평화학 이론에 기초를 두고 있다. 다양한 이론이 평화구축과 이론적 연결성을 지니고 있지만, 평화구축의 포괄성, 총체성 그리고 지속 가능성을 이론적으로 강화하는 데 기여한 주요 평화 이론을 크게 4가지로 소개하고자 한다.

우선 요한 갈퉁의 적극적 평화와 포용적인 평화구축 간의 이론적 결합에 주목할 필요가 있다. 갈퉁은 물리적 폭력을 통제할 수 있는 소극적 평화와 사회에 배태된 구조적 폭력까지 근절하는 적극적 평화를 구분하고 소극적 평화에서 적극적 평화로 전환하는 다양한 평화적 방법(peaceful means)을 이론화했다. 갈퉁에게 평화는 단순히 갈등을 통제하고 분쟁을 해결하는 수준에 국한된 것이 아니라, 지속 가능한 발전으로 연결되고 문명의 전환까지 모색되는 구조적이며 문화적인 프로세스에 해당한다. 이러한 적극적 평화 개념은 분석 수준과 분석 단위 측면에서 평화구축과 유사한 특징을 공유하고 있다. 분석 수준에서는 적극적 평화가 포괄하는 평화의 구조적, 문화적, 사회적 측면이 광의의 평화구축이 표방하는 거시적이며 중장기적인 사회협약에 기반을 둔 평화의 제도화 과정과 부합한다. 분석 단위의 경우, 적극적 평화가 지향하는 분석의 목표가 사회구조이기 때문에 적극적 평화는 분석 단위로 사회전체를 간주하는 경향이 강하며, 이와 유사하게 광의의 평화구축도 단기적인 분쟁 이후 평화구축을 포함해 중장기적인 평화정착에 대한 사회적 합의와 사회계약을 추구하기 때문에 거시적인 사회전환을 분석 단위로 선택하는 경향을 보인다.

둘째, 주로 스웨덴 웁살라대학교(Uppsala University) 학자들이 주창한 양질의 평화(quality peace) 이론이 제공하는 평화구축 담론이다. 양질의 평화는 평화의 질적 제고를 통해 단순히 평화구축이 평화적 분쟁 해결과 분쟁 후 평화제도 구축이라는 미션 이행을 넘어서, 제공된 평화가 어느 정도로 분쟁지역 주민의 삶을 윤택하게 만드는 데 일조하고 사회적으로 평화가 공론화되고 사회질서의 원칙으로 합의되었는가 등에 관한 질적 평가를 중요하게 여긴다(Wallensteen, 2015). 이러한 질적 평가를 수행하기 위해 양질의 평화는 종전 후 안보, 거버넌스, 경제 재건, 화해와 전환기 정의, 시민사회 역량 강화를 기준으로 질적 수준을 평가한다(Joshi and Wallensteen, 2018). 다섯 영역을 종합해 보면, 양질의 평화는 분쟁 이후 국가가 국가 재건을 위해 기획해야 하는 모든 국정과제를 전반적으로 포괄한다고 평가할 수 있다. 이는 곧 광의의 평화구축이 추구하는 중장기적 가치와 거시적 목표에 적절하게 부합하는 특징을 보인다고 해석해도 무방하다.

마찬가지로, 평화의 전략화(strategy of peace) 또는 전략적 평화도 궁극적으로는 광의의 평화구축과 맥락을 같이한다. 이러한 이유로 전략적 평화는 '전략적 평화구축(strategic peacebuilding)'을 전략적 평화와 등가물로 인식하거나 전략적 평화의 부분집합으로 강조한다(Lederach and Appleby, 2010). 미국 노트르담대학교(University of Notre Dame) 학파가 주창한 전략적 평화는 포용적인 평화구축을 목표로 분쟁지역의 정치·사회·경제 발전을 도모하기 때문에 평화구축을 위한 가능한 모든 수단과 방법을 동원한다(Philpott, 2010; Cortright et al., 2017). 동원된 다양한 방법 중 특정 방법이 평화구축의 목표 달성에 긍정적 영향을 제공했다면 성공 요소로 분류해 이 요소들을 관리해 평화구축에 최대한 도움이 되도록 전략화한다. 따라서 전략적 평화 이론은 평화구축을 위해 가능한 모든 요인을 동원하고 그중 성공 요인만 추려 전략화하는 접근법을 구사한다. 전략적 평화구축의 성공적 결과는 자립적으로 지속 가능한 평화가 조성되도록 외부 생태계가 형성되고, 전환기 정의가 활발하게 작동하며, 법치가 제도화되어 분쟁이 재발하는 가능성이 최소화하고, 분쟁에 배태된 사회적 그리고 구조적 이슈를 적극적으로 공론화하는 노력을 수반한다.

마지막으로 영국 옥스퍼드대학교의 '불평등·인간안보·종족연구센터(Centre for Research on Inequality, Human Security and Ethnicity, CRISE)'에서 제시한 평화구축과 분쟁에 대한 대안적 접근법, 즉 분쟁지역의 종족 간 발생하는 '수평적 불평등(horizontal inequalities)' 이론을 광의의 평화구축과 맥락을 같이 하는 평화 이론으로 강조하고자 한다(Stewart, 2008; Langer et al., 2012). 기존의 갈등 이론은 대부분 분쟁지역에서 발생하는 물리적 힘의 경합과 이에 따른 수직적 관계 형성이 기본적인 가정으로 깔려 있는데, 수평적 불평등 이론은 분쟁지역에 공존하는 다양한 종족 집단 중 특정 집단이 배제되거나 차별적인 혜택을 받을 경우 수평적인 평등이 불평등으로 변하게 되어 종족 집단 간에 물리적 갈등이 발생한다는 논리를 제공한다. 따라서 평화의 내구성을 강화하기 위한 기초로 종족 간 수평적 평등을 제공하는 제도의 공고화를 제안한다. 이는 광의의 평화구축을 지속하기 위한 내부적 관리 시스템과 연결되며, 평화구축에 동참하는 다양한 종족 집단 간의 평화적 관계와 질서를 유지하기 위한 중요한 정책의 이론적 토대를 제공한다.

포괄적 평화집합체로서의 평화구축을 이론적으로 지원할 수 있는 평화학 영역의 4대 이론을 검토했다. 공통적으로 네 이론 모두 독립변수의 확장을 토대로 평화구축의 지속 가능성과 총체성을 전제로 상정하고 있다. 이처럼 지속 가능하고 총체적인 평화구축을 현실 세계에서 실현하려면 또 하나의 실천적인 전제가 필요하다. 평화구축 과정에서 경제개발과 사회 발전이 수반되지 않으면 다양한 이론적 장치가 설명력을 잃는다 (Brown, 2011). 따라서 국제개발을 평화구축의 지속 가능성과 총체성의 전제로 인식하고, 평화구축의 단계에 따라 국제개발의 특정 방식과 결합이 가능한지 살펴봐야 한다.

4. 평화와 발전의 연계: 인도주의, 개발협력, 평화조건

기존의 수많은 사회과학 연구에서 경제 발전 정도와 분쟁 정도가 상호 밀접하게 연결되어 있다는 일반론적 특징이 공통적으로 제시되었다 (Fearon and Laitin, 2003; Duffield, 1994; Brown, 2011; Hegre and Sambanis, 2006). 일반적으로 GDP와 분쟁 가능성은 상호 역관계를 가지고 있기 때문에 경제적으로 부유한 국가일수록 분쟁의 가능성이 낮아진다. 이러한 분석 결과를 중심으로 많은 학자가 경제 발전과 분쟁 간의 관계를 연구하고, 특히 공적개발원조를 비롯한 국제개발원조가 어떻게 분쟁국가의 개발을 효과적으로 이행해 분쟁 발생률을 최소화할 수 있는가에 대한 학술적 시도가 진행되어 왔다. 이는 앞서 논의한 평화구축이 실제로 지속 가능한 형태로 안착되고 평화구축에 관련된 모든 주체가 포용적으로 평화구축 과정에서 경제적 혜택을 받을 수 있는가와 직결되는 문제의식이다. 분쟁지역의 현지 주민이 의식주 문제를 해결할 수 있고, 경제행위를 통해 개인의 경제적 여유가 가족과 지역 커뮤니티 그리고 사회 전체의 경제성장으로 이어진다면 분쟁의 발생 가능성이 효과적으로 통제될 것이다. 그러므로 평화구축의 다양한 기초 이론인 적극적 평화, 전략적 평화, 양질의 평화, 수평적 불평등 등이 발전/개발이라는 필수 조건과 상생의 관계를 상수로 가정해야 된다고 해석할 수 있다.

그럼에도 국제개발과 평화구축이 연계될 때 항상 동일한 방식으로 진행되는 것은 아니다. 분쟁지역의 정치경제적 조건, 역사적 배경, 분쟁해결의 과정과 정도 등에 따라 국제개발에서 활용할 수 있는 정책 기제가 달라진다(Caplan, 2019). 여기에서 개발 현장에서 요구되는 정교한 정무 감각과 이에 따른 대응 전략은 원칙적으로 분쟁지역 주민의 요구 사항과 오너십(ownership)을 토대로 구성되어야 하며, 평화구축의 단계에 따라 국제개발의 차등적 대응 전략을 이론적으로 연계하는 것이 중요하다. 실제로 평화구축과 국제개발 간의 연계는 앞서 논의한 룬드의 갈등곡선에서 보여 준 단기·중기·장기에 따라 단계별로 국제개발의 유형을 구분할 수 있으며, 이는 크게 인도적 지원(humanitarian assistance)과 개발협력(development cooperation)이 단계별로 적용 가능하다. 인도적 지원은 주로 단기와, 단기에서 중기로 넘어가는 전환기 단계에 투입되는 개발 전략이며, 개발협력은 중장기 전략으로 중기에서 장기로의 전환기와 장기적 관점에서 주로 평화구축과 연계된다.

〈표 2〉는 인도적 지원과 개발협력이 평화구축의 목표와 연계되었을 경우 목도되는 다양한 차이점을 정리한 것이다. 먼저 인도적 지원은 주로 단기적 처방으로 식량위기, 대기근, 자연재해, 물리적 갈등, 전쟁 등의 긴급사태가 발생할 경우 긴급 지원의 형태로 위기 상황에 처한 주민들의 생계유지를 위한 인도적 대응으로 기획된다(Jobbins, 2013; 김태균, 2019b). 이는 긴급사태의 위기에 대응하는 인도주의적 개입이기 때문에 얼마나

즉각적으로 신속하게 긴급상황에 대응하는가가 관건이다. 따라서 상대적으로 분쟁지역 또는 긴급사태가 발생한 지역의 정치체제가 민주주의든 권위주의든 상관없이 위기 상황에서 현지 주민의 안전과 생명을 위해 신속하게 대응하는 인도적 지원이 투입되는 것이다. 부패와 인권탄압이 공공연하게 자행되는 권위주의 국가로 인해 긴급사태가 발생하거나 정부가 제대로 대응하지 못해 긴급사태가 악화되는 현상에 대한 유엔 내부의 해석이 달리 나타난다(Duffield, 1994; Boyce, 2011). 인권중심의 유엔기구는 긴급사태가 발생해도 그 지역의 정부가 독재와 부패의 온상일 경우 인도적 지원을 이행하지 않으려고 하는 반면, 인도적 지원을 주 임무로 삼고 있는 유엔기구는 정치적 변수를 고려하지 않고 긴급사태가 발생하는 지역에 신속하게 식량원조를 비롯해 기초적인 긴급 지원을 실시한다. 논쟁은 아직도 지속되지만, 인도적 지원의 주류는 경제제재를 받고 있는 권위주의 독재체제에도 긴급사태가 발생할 경우 바로 인도적 지원을 투입한다는 방향으로 수렴된다.

단기적 처방으로서 인도적 지원을 담당하는 주체는 주로 세계식량기구(WFP)와 유엔인도지원조정실(UNOCHA) 등과 같은 유엔 산하기구 및 옥스팜(Oxfam), 세이브더칠드런(Save the Children) 등의 국제 NGO로 양분된다. 인도적 지원은 평화구축 과정의 초기 단계에 긴급 위기 상황을 통제하고 분쟁의 확장을 예방해 평화구축이 중장기적으로 이어질 수 있도록 투입되는 국제개발의 전략이기 때문에, 사실상 인도적 지원을 받는 정부와 정책 조율을 긴밀하게 모색할 필요성이 개발협력에 비해 상대적으로 떨어지며 국제사회가 긴급사태를 신속하게 대응한다는 정당성이 보다 중요한 사례라고 평가할 수 있다.

반면, 평화구축을 위한 개발협력은 인도적 지원과 달리 중장기적 관

표 2. 인도주의적 지원과 개발협력의 차이점

인도주의적 지원	개발협력
경제제재 및 권위주의체제하에서도 지원 가능	제재 종료 후 및 정치개혁 후 본격적인 지원 가능
단기적 처방	중장기적 개발을 위한 종합적 처방
식량위기, 기근과 같이 긴급사태에 대한 인도적 대응	협력 대상국의 경제개발계획 등과 조율을 통한 사회경제개발 지원
유엔 산하기구와 국제 NGO가 주요 공여 주체	유엔기구, 다자개발은행(세계은행, ADB 등), 국제 NGO가 주요 공여 주체
인도적 지원 대상 정부와 긴밀한 정책 조율의 중요성이 상대적으로 떨어짐	개발협력을 위해서 협력 대상국 정부와의 긴밀한 정책 조율과 협력이 필요 조건임

출처: 김태균(2019b) 일부 수정 보완; Jobbins (2013); Wisler (2013).

점에서 분쟁지역의 국가와 사회에 개입한다(Wisler, 2013; Gisselquist, 2018; Panić, 2011; 김태균, 2019b). 개발협력의 전략은 기본적으로 분쟁지역의 경제 재건을 통해 평화구축을 이행한다는 중장기적 개발을 위한 종합적 처방이기 때문에, 경제개발과 사회 발전을 위한 현지의 제도적 조건과 환경이 일정 수준으로 준비되어야 한다. 따라서 분쟁 후 국가가 국제규범 위반으로 경제제재를 받고 있다면 개발협력의 원조 프로젝트는 원칙적으로 기획되기 어렵다. 제재가 풀리고 평화선언(peace accord)이 공식화된 후에 본격적으로 개발협력이 이행될 수 있으며, 개발협력은 분쟁을 평화 단계로 전환시키는 혁신적인 접근을 토대로 재구성되는 통합적 평화구축 프레임을 협력 대상국에 제공하게 된다. 개발협력은 일반적으로 공적개발원조가 준수해야 하는 국제규범과 원칙에 준하도록 관리되어야 하는데, 특히 협력 대상국의 오너십을 존중하고 협력 대상국의 경제개발계획 등 현지의 제도와 정책과 공여 주체의 공적개발원조가 조율되어 상호 일치(alignment)되도록 노력해야 한다(Donais, 2012). 개발협력의 주요 이행 주체로는 인도적 지원과 유사하게 유엔기구와 국제 NGO를 비롯해 중장기 대규모 경제개발을 수행할 수 있는 세계은행과 같은 다자개발은행이 핵심 주체로 활동하게 된다. 대규모 경제개발이 이행된다는 의미는 대규모의 개발자본이 분쟁지역에 투입되는 것이고 이는 곧 개발프로젝트가 성공하지 않으면 공여 주체에게 대단히 치명적인 파급효과가 발생하기 때문에 협력 대상국 정부와의 긴밀한 조율뿐만 아니라 파트너 정부의 적극적인 협조가 필요하다는 것을 의미한다. 평화구축의 시간 축 중 중기부터 장기까지 총괄하는 개발협력 전략은 인도적 지원에서 제공하는 단기성 처방을 연장하며 국제개발의 연속성을 유도해 평화구축의 사회적 공고화 노력을 강화하는 이점이 있다.

단기 중심의 인도적 지원과 중장기성 개발협력이 평화구축 과정에 긍정적인 영향을 미치려면 이른바 '평화조건(peace conditionality)'이라는 원조 조건(aid conditionality)이 두 국제개발 모형과 유기적으로 연결되어야 한다(Boyce, 2002; 김태균, 2019b, 2020). 일반적으로 공적개발원조를 비롯해 대부분의 해외 원조에는 원조의 이행이 투명하고 효과적으로 진행되기 위한 조건을 공여 주체가 부여하는데, 이러한 원조 조건의 스펙트럼은 간단한 평가와 모니터링으로부터 거시경제정책 개혁에 이르기까지 다양하다(Montinola, 2010). 인도적 지원과 개발협력의 공통분모로서 평화조건은 어떤 방식의 원조가 집행되든 해외원조가 분쟁지역에 유입될 때 평화구축을 위해 활용되어야 한다는 조건이 부여되는 것을 의미한다. 유엔이 파견하는 지역조정관(resident coordinator, RC)과 같이 유엔 관련 인력이 평화조건을 통해 분쟁지역에 유입되는 다양한 해외원조를 통제할 수 있다면, 분쟁 종식 이후 무분별하게 투입될 해외원조와 투자 등을 평화구축 프로세스와 연동해 개발원조의 조건으로서 평화를 엄격하게 관리할 수 있을 것이다. 이러한 평화조건 제도가 활성화되지 않으면, 공여국이 분쟁지역 국가의 평화구축이 아닌 자국의 이익을 위해 인도적 지원과 개발협력을 전략화할 위험에 노출될 가능성이 높아진다.

5. 평화구축을 위한 국제개발 성공 사례

실제로 평화구축과 국제개발이 정책적으로 연계되고 그 연계성 평가에 있어 성공 사례가 있는가에 대한 검토가 필요하다. 평화구축을 위한 국제개발은 실제 현실에서 취약국가(fragile state) 또는 실패국가(failed state)의 맥락에서 찾아야 하며, 많은 기존 연구가 실제로 분쟁에 연루된 취약국가에 개발원조를 투입했을 때 성공적인 결과로 이어지는 사례를 취합해서 공통적인 요소를 추출해 이론화 작업과 연결시키는 노력을 해왔다 (Tendler, 1997; Gisselquist, 2018). 성공 사례의 공통적 요소로 주로 거론되는 조건은 분쟁지역 현지 맥락(local context)의 중요성에 기반을 둔 원조 방식, 지역 커뮤니티의 오너십, 프로젝트·프로그램의 적절한 기획과 시간 조정 등을 통해 그 지역의 평화구축에 기여한다는 사실에 있다. 평화구축을 위한 국제개발의 성공 사례를 크게 예멘의 지역 커뮤니티 주도의 사회기금 조성사업 사례, 시에라리온의 공공 재정 관리(public financial management, PFM) 사례, 소말리아의 시민사회를 통한 취약국 지원 사례로 유형을 나누어 소개한다.

첫째, 이른바 '커뮤니티 주도 개발형(community-driven development, CDD)'으로 분쟁국가 또는 취약국가 내 지역 커뮤니티가 주도해 평화구축 과정에 개발협력 사업을 접목하는 유형이다. CDD는 현지 주민과 커뮤티니의 주인의식을 고양하고 외부의 개발협력 프로젝트가 이식되는

그림 1. 예멘의 지리적 위치

출처: https://en.wikipedia.org/wiki/Yemen

것이 아니라 자체적으로 지역사회에 필요한 사업을 발굴하고 기획과 이행을 선도하는 방식으로 국제개발에서 권장되는 사업 유형으로 알려져 있다(Mansuri and Rao, 2004). CDD의 대표적 성공 사례로 예멘의 커뮤니티 주도형 '개발을 위한 사회적 기금(Social Fund for Development, SFD)'을 소개함으로써, 2011년 아랍의 봄의 영향으로 정치적 소요와 경제 시스템 마비 상황이었던 예멘 사회에서 해외원조기관의 지원으로 운영해 온 SFD가 어떻게 분쟁 후 평화구축이라는 목표에 기여했는가를 간략하게 검토한다. 예멘은 아랍권에서도 빈곤국 중의 하나이며, 2014년 기준으로 인간개발지수(Human Development Indicator, HDI)가 187개 국가 중 154위를 기록하는 등 1990년 예멘의 통일이 이뤄진 이후 지속적으로 정치적 갈등과 경제위기가 반복되어 왔다. 1991년 걸프전쟁(Gulf War)이 발발했을 때 예멘은 미국의 개입을 지지하지 않는 정치적 입장을 고수했기 때문에 1994년 전쟁이 종료될 때까지 극심한 인플레이션 문제와 정치적 내전까지 발생할 정도로 미국 등 서구로부터의 경제적 원조 혜택을 받지 못했다. 2011년 아랍의 봄 물결이 예멘까지 영향을 미침으로써 정치적 시위가 심각한 수준에까지 확대되어 예멘 정부는 사실상 내전과 같은 분쟁상태로 접어들었다.

걸프전쟁이 종료되고 예멘 정부는 1995년의 초인플레이션 문제를 통제하기 위해 세계은행과 국제통화기금의 정책 지원을 받아 경제체제 개혁을 본격적으로 추진했다. 경제개혁안에는 크게 2가지 목표가 포함되었는데, 식량과 연료 생산에 지금까지 투입되었던 정부 보조금의 중단과 다양한 정부 공공정책에 사회안전망(social safety net) 프로그램의 반영을 예멘 정부가 차후 핵심적으로 개혁하려는 이슈로 공론화했다(Al-Iryani, Janvry & Sadoulet, 2018). 특히 후자인 사회안전망 프로그램 정책이 각 지역의 커뮤니티가 자발적으로 참여하고 있는 지역자활(self-help) 프로그램과 연계될 수 있고 중앙정부의 사회안전망 프로그램이 세계은행과 같은 해외원조기관의 지원을 받을 수 있다면, 지역 커뮤니티 단위에서 운영되는 사회기금 프로그램은 안정적으로, 지속 가능하게 관리될 수 있다.

1997년에 도입된 SFD가 바로 이러한 취지에 적합한 정책 사례다. SFD는 예멘의 지역 커뮤니티가 주도하는 개발사업을 지원하는 사회기금이다. 지역 단위에서 자발적으로 조성되고, 구체적으로 분쟁과 경제 불황으로 황폐해진 지역 빈곤층 구제를 해외원조와 연계하는 사회기금으로서 역할을 수행해 왔다. 지금까지 1997-2000년, 2001-2003년, 2004-2010년, 2011-2015년, 2016-2020년에 다섯 단계의 SFD가 기획되었으며, 세계은행, 유럽연합, 유엔개발계획, 영국국제개발청(DfID), 이슬람개발은행, 미국국제개발처(USAID) 등 다양한 공여기관의 지원을 받아 왔다. 예멘의 SFD가 아랍의 봄 이후 예멘 정치 시스템에 대한 정치적 저항과 이에 따른 폭력 진압 등의 분쟁 문제를 해결하기 위해 정확히 어떤 긍정적인 기여를 했는가에 대한 연구 결과는 나오고 있지 않다. 하지만 지역사회의 평화구축을 위한 개발사업이 소액 금융(microfinance), 식량 배급 및 영양, 현금 이전(cash transfers), 농업 개발, 물과 위생 등의 다양한 프로젝트를 통해 임시 직장과 기본 서비스를 현지 주민(특히, 여성)에게 제공하고 궁극적으로는 지역 커뮤니티의 자생력과 지역사회 취약계층의 복원력(resilience)을 강화했다는 평가에 주목할 만하다. 특히 분쟁 종료와 무관하게 종료 이전 단계에서도 공여기관과 지역 커뮤니티 그리고 중앙정부 간에 지원 프로그램이 협의가 가능하고, 이행 단계에서 지역 커뮤니티가 선도적인 역할을 수행할 수 있으면 실제로 분쟁이라는 변수의 영향을 크게 받지 않고 CDD형 평화구축-국제개발 연계사업을 구상할 수 있다는 이점이 있다.

둘째, 분쟁 또는 내전이 종식된 이후 평화구축과 국가 재건 과정에서 정부의 공공정책 영역에서 개발협력 프로젝트가 연계될 수 있는 시나리오가 대표적인 평화구축-국제개발 넥서스의 성공 유형이 될 수 있다. 시에라리온은 1991년에서 2002년까지의 군사 쿠데타와 내전이 종료된 이후 2002년에 시에라리온 정부가 국가 재건을 평화적으로 구축하기 위해 가장 시급하게 필요한 PFM 강화를 위해 실질적인 제도화 노력을 강구했다(Tavakoli, Cessay & Cole, 2018). 여느 다른 국가에서와 유사하게 시에라리온에서의 PFM의 주요 개혁 노력은 예산 주기의 전 과정에 적용되었으며, 특히 예산 집행 기능에 관해 집중적으로 공공 재정의 책무성(accountability)을 제고하기 위한 노력이 부패 관리와 투명성 제고와 긴밀히 연동되어 설계되었다(Macdonald & Miller-Dawkins, 2015).

내전 직후 187개국 중 HDI가 183위였던 시에라리온 정부는 PFM을 통해 보건, 사회안전망, 복지 서비스 등의 사회 부문 정부 지출을

그림 2. 시에라리온의 지리적 위치
출처: https://en.wikipedia.org/wiki/Sierraleone

2003년과 2007년 사이에 증액했고, '2008-2012 변화를 위한 의제(*Agenda for Change 2008-2012*)'라는 정부의 국가 발전 전략을 추진하기 위해 PFM을 핵심 제도적 장치로 활용했다. 2002년부터 지속적으로 영국국제개발청, 세계은행, 아프리카개발은행(AfDB)과 유럽연합이 시에라리온 정부의 PFM을 재정적으로 원조한 결과, 2007년에 시에라리온은 취약국임에도 아프리카 지역의 정상국가들이 달성한 '공공 지출/재정 책무성(Public Expenditure and Financial Accountability, PEFA)' 지수와 유사한 수준까지 오르게 되었다. 시에라리온 사례가 성공적이라고 평가되는 주요 이유는 분쟁지역의 정부가 정전(cease-fire)이 선언된 직후부터 평화구축과 국가 재건을 위한 확고한 의지를 가진 점, PFM 개혁을 향한 국내 정치세력의 명확한 계획과 기획 능력이 있었다는 점, 시에라리온 정부 내 기술자문위원 및 공무원의 전문성과 동기부여 정도가 높았다는 점, 시에라리온 정부에 예산 지원(budget support)을 통해 해외 원조기관들이 PFM 재정 지원을 하기 위해 높은 수위의 정책 조율을 지속했다는 사실 등을 들 수 있다

(Tavakoli, 2012).

시에라리온의 PFM 성공 사례는 분쟁 이후 정부 주도형의 공공정책 개혁정책에 해외원조기관이 주요 재정파트너로 협력하는 유형으로 정리할 수 있다. 예멘 사례와 달리, 분쟁국가의 지역사회가 중심이 되어 CDD형 개발사업을 모색하는 것이 아니라, 개발의 오너십을 분쟁국가의 정부가 확고하게 장악해서 경제정책 개혁과 함께 사회영역개혁까지 공공정책으로 정부가 개입하는 동시에 내전 종식 이후 PFM 이행을 위한 재정적 지원이 주요 해외원조기관으로부터 시에라리온 정부에게 직접 전달되도록 채널의 일원화가 제도화되었다는 중요한 특징이 있다. 또한 시에라리온의 PFM 개혁을 지원하기 위해 원조기관이 채택한 지원 방식이 전통적인 양자원조 방식이 아니라 원조기관이 직접 시에라리온 정부 은행계좌로 원조를 이전하는 예산 지원 방식이라는 점이다. 직접 예산 지원 방식은 협력 대상국 정부가 보다 자율적으로 지원받은 원조를 자국의 정책과 사업에 투입할 수 있는 동시에, PFM 개혁 프로젝트가 실패할 경우 이에 대한 책무를 전적으로 협력 대상국 정부가 져야 한다.

마지막으로 평화구축 과정에 국제개발 요소가 접목되는 방식으로 예멘식의 CDD와 시에라리온식의 정부주도형이 아닌, 소말리아의 시민사회와 정부 간 협력적 파트너십에 의한 이른바 '시민사회의 배태성(embeddedness)'을 전략적으로 활용하는 유형이 있다(Lepistö, Gisselquist & Ojala, 2018). 흔히 원조기관과 국제기구는 취약국과 빈곤국에서 평화유지활동을 하거나 평화구축을 위한 국가역량 재건을 지원할 경우 분쟁지역에 대한 역사, 전통, 사회 통념 등 정보가 부족해 다양한 문제에 부딪힌다. 이러한 도전을 해결하기 위한 방법 중 하나가 분쟁지역에 배태된 정보와 관리 역량, 네트워킹 등에 능숙한 시민사회의 지원을 동원하는 것이

그림 3. 소말리아의 지리적 위치
출처: https://en.wikipedia.org/wiki/Somalia

다. 이러한 맥락에서 핀란드에서 가장 규모가 큰 개발협력 NGO '핀처치 에이드(Finn Church Aid, FCA)'는 장기간 소말리아에서 활동한 경험을 바탕으로 소말리아 내전 이후 국가 재건 프로세스에 초대되어 성공적인 파트너십을 구축한 유형이다.

오랜 내전이 끝나고 2012년 8월까지 소말리아의 '전환연합정부(Transitional Federal Government, TFG)'는 정치적 전환을 위한 로드맵 작성과 이행에 관한 책임을 전제로 내전 이후의 국가 재건과 평화구축의 임무를 갖게 되었다. 이를 위해 TFG의 '헌법·화해부(Ministry of Constitutional Affairs and Reconciliation)'의 압디 호쉬(Abdi Hosh) 장관이 FCA 전문관인 마디 압딜레(Mahdi Abdile)에게 국가 재건 프로세스에 함께해 주기를 요청했고 2012년 4월에 압딜레 전문관은 전환연합정부의 제2인자로 협력하기를 결정하게 된다. FCA의 주요 임무는 소말리아의 국가 재건 과정에서 고려해야 할 소말리아 사회·문화·전통에 배태되어 있는 요소들을 전달함으로써 시민사회의 오너십을 반영하고 이른바 '권리

기반접근(rights-based approach)'을 수행하는 것이었다(Kirkemann & Martin, 2007).

FCA는 2007년부터 취약국가인 소말리아에서 정치적 옹호 활동과 개발협력 지원을 해오면서 소말리아에 대한 전문성을 확보했다. 특히 북소말리아에서 발생한 지역 수준에서의 갈등 해결을 위해 현지 종교지도자들을 지원하는 프로그램을 추진해 오면서 자연스럽게 소말리아에서 활동하는 종교 및 씨족지도자 간에 복잡하게 혼합되어 있는 고유의 전통을 이해하게 되었다. FCA는 2012년 이후 전환연합정부와 화해 과정을 진행하는 데 이러한 배태된 지식과 경험을 활용해 성공적인 기여를 했다고 평가받는다.

소말리아에서 FCA가 전환연합정부의 국가 재건 프로세스에 참여한 정부-시민사회 파트너십에 관한 최종적인 판단은 아직 논쟁 중이다. 시민사회 고유의 역할인 정부정책의 감시 기능이 FCA의 경우 작동하기 어렵게 될 것이기 때문에 학자들에 따라 부정적인 견해를 보일 수도 있다(Lepistö, Gisselquist & Ojala, 2018). 그러나 소말리아 사례는 국가와 시민사회가 분쟁 종료 후에 국가 재건과 평화구축을 위해 시너지 효과를 창출할 수 있도록 각기 다른 전문성을 공유하고 상보적(complementary) 관계를 구축할 수 있다는 점에서 중요한 시사점을 제공한다.

6. 평화구축-국제개발 연계의 정책 프레임: 글로벌 수준, 한반도 로드맵

앞에서 살펴본 평화구축과 국가 재건을 위한 국제개발의 성공 경험을 토대로, 평화구축과 국제개발이 상호 연결되어 시너지 효과를 창출할 수 있도록 다양한 수준에서 연계정책 프레임워크를 모색할 필요가 있다. 현실정치에서는 단기성 인도적 지원과 중장기성 개발협력이 뚜렷하게 경계선을 가지고 구분되어 적용되기 어려우며, 국제개발의 2가지 전략이 상호 중첩되거나 경계선이 애매하게 책정되는 경우가 다반사다. 평화구축-국제개발 연계의 실제 사례는 크게 2016년 이후 글로벌 수준에서 빠른 속도로 확산되고 있는 HDP Nexus, 개별 국가 차원에서는 이미 위에서 비교한 예멘·시에라리온·소말리아 등의 다양한 연계적 접근, 한반도라는 특수한 상황에서의 인도적 지원과 개발협력 및 평화구축의 총체적 접근 등 3가지 유형으로 나눌 수 있다. 여기에서는 개별 국가 차원의 연계 보형을 제외하고 글로벌 수준과 한반도 조건에 관한 연계정책 프레임을 소개하고자 한다.

첫째, 2018년 4월 세계은행과 유엔은 인도주의-발전-평화의 삼각(triple) 연계를 국제사회에 선포하고 인도주의와 발전, 발전과 평화, 평화와 인도주의 등과 같이 각각의 이중 연결고리가 형성되고 최종적으로는 3가지 목표가 교차하는 교집합에서 삼각연계인 HDP Nexus가 구축된다. HDP Nexus는 아난이 강력하게 피력했던 발전과 평화, 인권 간의 긴밀한 연계성을 구체적인 패러다임으로 반영한 복합적인 결과라 평가할 수 있으며, 실제 국제사회에서는 2016년 5월 '세계인도주의정상회의(World Humanitarian Summit)'를 기점으로 HDP Nexus가 적극적으로 소환되었고, 2019년 2월 OECD 개발원조위원회(Development Assistance Committee, DAC)에서 '인도주의-개발-평화 연계에 관한 DAC 권고안(DAC Recommendation on the Humanitarian-Development-Peace Nexus)'이 채택됨으로써 더욱 구체화되었다(OECD, 2021).

지금까지 일반적으로 인도적 지원은 단기성, 개발협력은 중장기성 전략이라는 고정관념을 깨고 인도적 지원과 발전에 해당하는 개발협력 간의 관계가 반드시 전후 순서에 의해서 연계되는 것이 아니라는 새로운 패러다임을 HDP Nexus가 제시하고 있다(Howe, 2019). 발전과 평화가 연결되는 공간에서는 전형적인 평화구축을 위한 개발협력이 적용되는 사례가 되고, 인도주의와 평화가 만나는 공간에서는 평화구축을 위한 단기적인 인도적 지원이 적용되는 사례이며, 인도주의와 발전이 교차되는 공간은 긴급사태에 대응하는 인도적 지원과 개발협력이 동시에 적용 가능한 경우다. 이러한 3가지 목표가 모두 중첩되는 공간에서는 인도적 지원, 개발협력, 평화구축이 공존하는 프레임워크 구축이 가능한 것이다. 이러한 HDP Nexus는 글로벌 수준에서 만들어진 이론적 패러다임이기 때문에 지역 단위, 개별 국가 단위로 분석 수준을 낮출 경우 보다 구체적인 평화구축-국제개발 연계성이 확보될 수 있으며, 지역별 내지 국가별 환경과 맥락에 맞게 연계성이 재구성될 것이다.

글로벌 수준에서의 HDP Nexus과 달리, 한국과 북한이 대치하면서 공존하고 있는 한반도의 지역적(regional) 특수성(specificity)에 보편적인(universal) 평화구축과 국제개발의 연계성을 적용하면 어떤 공식의 로드맵이 구성될 수 있는지는 정치한 분석이 필요하다(서보혁, 2019). 이 글에서는 이를 본격적으로 다루기보다 기존 연구에서 밝힌 핵심 사항을 소개하는 수준에서 한반도 평화구축 프로세스에 관한 예견적 진단을 제시한다. 한반도 평화에 대한 기존 연구 결과는 방대하게 축적되어 있지만, 한반도라는 지역적 조건에서 국제개발과 평화구축을 연계하는 구체적인 로드맵을 제시하는 연구는 평화구축의 전략적 로드맵을 구상하는 연구(Kim, 2016)와 한반도에 HDP Nexus를 실제로 적용한 연구(문경연, 2019)

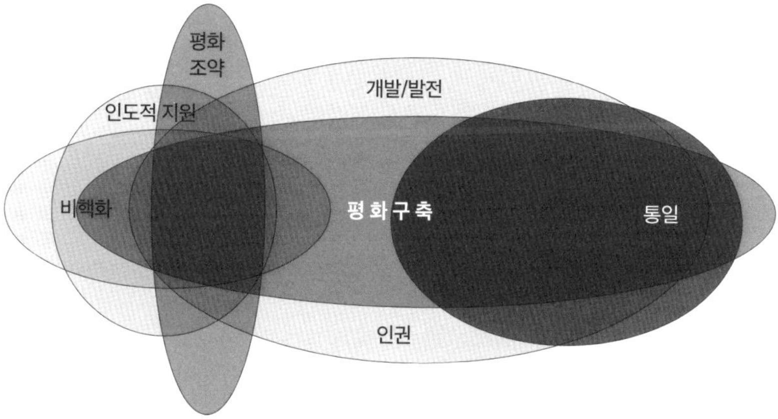

그림 4. 한반도 평화구축을 위한 전략적 로드맵
출처: Kim(2016: 493).

로 크게 정리할 수 있다.

첫째, 〈그림 4〉의 한반도 평화 프로세스를 위한 전략 로드맵은 평화구축과 국제개발을 연동시키는 전형적인 공식에 입각해서 한반도에 평화구축을 위한 전략을 제시한다고 평가할 수 있다. 평화협정(peace accord) 체결이 인도적 지원과 개발협력이 나누어지는 분수령이 되어 평화협정 이전을 1차 단계인 비핵화와 대북 제재로 정의하고 평화협정 이후를 2차 단계로 실질적인 평화구축 단계로 정의하고 있다(Kim, 2016). 1차 단계에서는 평화협정 이전에 한반도 비핵화 문제와 대북 제재가 진행되는 과정에서 북한에 지원할 수 있는 거의 유일한 방법이 인도적 지원이기 때문에 한국뿐만 아니라 국제사회가 인도적 지원을 통해 한반도 평화구축의 가능성을 어렵게 이어 가고 있는 양상을 예측할 수 있다. 이는 현재 한반도에서 진행되고 있는 제한된 범위의 인도적 지원 상황을 설명하고 있는데, 실제로 소수의 유엔기구, 유럽연합 중심의 비정부단체, 한국의 대북 지원단체, 소수의 국가원조기구(이탈리아, 스위스 등)에 의해 인도적 대북 지원이 유엔 대북제재위원회의 허가를 받아 진행되고 있다. 김동진에 따르면, 2차 단계의 핵심 목표는 평화구축이며 이를 위해 개발협력 프로젝트와 인권중심 접근법이 적극적으로 동원되어 최종적으로는 평화구축이 남북한 통일로 귀결되는 중장기적 전략 로드맵이 2차 단계의 결론으로 제시되고 있다(Kim, 2016).

한반도 평화구축 프로세스의 두 번째 모델은 문경연(2019)이 김동진(2016)의 모델을 토대로 HDP Nexus 적용을 위해 인도적 지원과 개발협력, 평화구축과 평화지속(sustaining peace)을 복합적으로 연계시킨 대단히 정교한 로드맵으로 발전시켰다고 평가할 수 있다(〈그림 5〉 참고). 첫 번째 김동진의 모형과 동일하게 문경연의 접근도 평화협정 시기(D)가 광의의 평화구축에 있어 가장 중요한 역사적 분수령으로 간주하고 있다. 평화협정 전 단계에서는 비핵화 조건에 준하는 인도적 지원이 대북 지원의 주류로 활용되는 한편, 평화협정 이후에는 개발과 평화가 적극적으로 연계되어 북한이 정상국가로 재건되고 남북한의 평화적 공존이 가능해지도록 평화구축과 국제개발의 연계가 주요 정책으로 자리매김할 것이다. 역시 이 모델도 최종 목표는 한반도 통일로 설정되어 있으며 국제사회에서 강조하는 인도주의-발전-평화 연계를 한반도에 투영해 글로벌 수준의 패러다임이 한반도에서 보다 구체적으로 단계별 결합과 그 결합이 어느 정도까지 참여 주체들을 포용적으로 흡수하는 원동력이 되는가에 대한 예견적 로드맵을 구상하는 데 도움을 주고 있다.

HDP Nexus의 핵심적인 요소인 평화구축 개념과 이를 한반도에 적용하는 데 있어 문경연의 모델은 기존의 전략 로드맵들과 구별되는 독특한 차별성을 가지고 있다. 차별성의 근거는 북한을 위한 삼각(triple) 넥

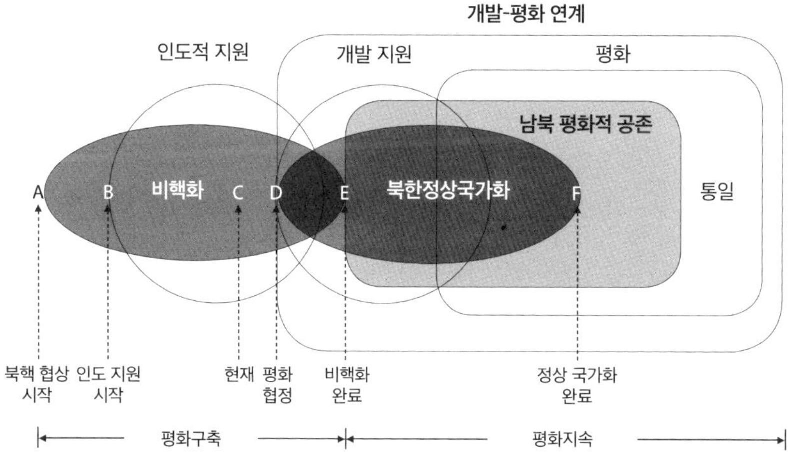

그림 5. 북한 인도 지원-개발-평화 트리플 넥서스
출처: 문경연(2019).

서스의 전체 과정을 광의의 평화구축 프로세스로 개념화하지 않고, '비핵화 완료(E)' 지점을 경계로 그 이전 단계는 평화구축으로, 이후 단계는 '평화지속(sustaining peace)'으로 정의하고 있다는 특징이다. 북한이 비핵화를 수용하고 한반도에서 비핵화 프로세스가 완료될 때까지를 평화구축으로 인식함으로써 문경연의 로드맵은 한반도에서의 평화구축을 비핵화 이슈로 집중시키는 노력의 일환으로 해석이 가능하다. 한편 비핵화 완료 이후에는 북한의 정상국가화 과정과 남북한의 평화적 공존 그리고 최종적으로는 통일까지 연결되는 평화지속 단계가 이어진다. 최근 유엔사무총장이 강조한 평화지속의 개념은 2015년 '평화구축 설계 검토 및 평화지속 도전에 관한 전문가 자문 그룹 보고서(Report of the Advisory Group of Experts on the Review of the Peacebuilding Architecture, Challenge of Sustaining Peace)'에서 구체화된 총체적인 평화 목표이자 과정으로 국가와 사회가 모든 시민이 평화로운 환경과 평화를 달성하기 위한 활동에 의해 평화로운 삶이 지속되도록 노력하는 대단히 거시적인 평화구축의 재설계다(Mahmoud, Connolly & Mechoulan, 2018). 이에 문경연(2019)은 적절하게 비핵화 완료 단계 이후 발생할 복합적인 이슈들을 평화지속의 개념으로 프레임워크에 포함하고 있으며, 이러한 평화지속의 목표는 한반도에서 남북한뿐만 아니라 한반도에 이해관계가 있는 다양한 국제 행위자와 포괄적 파트너십을 통해 현실화될 수 있다.

7. 마치며: 평화의 지속 가능한 발전을 위한 국제개발

평화학 분야에서 평화구축을 논할 때 상대적으로 소홀히 다뤄 왔던 평화구축을 지지하는 물질적·제도적 토대인 국제개발 요인을 이 글에서는 매우 중요한 평화구축의 필수 요건으로 재조명했고, 이를 바탕으로 평화구축 프로세스에 있어 국제개발의 역할에 천착했다. 평화구축과 국제개발이 상호 작용하고 적극적으로 소통하는 연계 전략은 먼저 평화구축의 개념적 확장을 필요로 하며, 광의의 평화구축이 룬드의 갈등곡선 스펙트럼에 등장하는 다양한 평화활동 유형을 포괄하는 평화집합체로서 재정의 되는 노력이 수반된다. 평화구축의 개념적 확장은 기존 평화학 이론의 주요 학파의 핵심 주장과 일치하는 경향을 보이고 있어 여기서는 갈퉁의 적극적 평화, 대니얼 필폿(Daniel Philpott)의 전략적 평화, 피터 월렌스틴(Peter Wallensteen)의 양질의 평화, 프랜시스 스튜어트(Frances Stewart)의 수평적 불평등까지 광의의 평화구축과 교차되는 이론적 공유 공간을 찾아내었다.

광의의 개념으로 확장된 형태의 평화구축은 국제개발에서 제공하는 단기성의 인도적 지원과 중장기형 개발협력과 단계별로 조우하면서 평화구축이 연속될 수 있는 물적 토대를 갖추게 된다. 평화구축-국제개발 연계 전략은 글로벌 수준의 HDP Nexus, 국가 수준의 로드맵, 한반도와 같은 특수한 맥락에서의 평화구축 로드맵 등으로 현실 정치에 차등적으로 적용이 가능하다. 그러나 차후 분석 수준별 연계 사례에 대한 보다 정치한 연구가 진행되어야 하는 숙제를 남기고 있다.

평화구축과 국제개발이 상호 연계되는 과정에서 간과해서는 안 될 사안은 단계별로 결합되는 과정에서 연계에 참여하는 주체들을 얼마나 포용적으로 통합하고 그들이 연계 과정에 참여할 수 있도록 어느 수준의 정당성을 제공할 수 있는가와 같은 결합의 포용성 문제다. 인권 없이 발전과 평화 모두 불가능하다는 아난의 강력한 주장은 발전과 평화가 긴밀하게 접속될 때 인권이라는 보편적 가치가 평화구축-국제개발 연계에 참여하는 모든 주체를 포용적으로 결합하도록 유도하는 제도적 또는 담론적 기초가 필요하다는 의미와 일맥상통한다. 아마티아 센(Sen, 1999)이 지속적으로 강조하는 자유로서의 발전(development as freedom)을 성취하기 위해서는 국제개발이 자유와 같은 포용적 가치와 항상 공조해야 하고, 민주적 시민의 집합 행위가 평화구축 프로세스에 적극적으로 반영될 수 있는 공론장이 모든 사람에게 열려 있어야 한다.

국제개발은 평화구축의 지속 가능한 발전을 위한 수단이자 목적이다. 국제개발과 평화구축이 특정 분쟁지역에서 실질적인 시너지 효과를 창출하기 위해서는 글로벌 규범으로서 국제개발-평화구축 연계의 '보편성'과 분쟁지역의 현실적인 '특수성' 간의 교집합을 찾아내고 이 교집합에서 공통적으로 방해 요소가 되는 주요 이슈에 천착해 전략적인 로드맵을 만들어야 한다(김태균 외, 2021). 분쟁지역의 특수한 이해관계를 보편화하고 보편적인 평화를 특수한 맥락과 조건에 맞게 전략화하는 과정은 수많은 비판과 현실적 난관에 봉착할 것이 당연한 수순이지만, 그럼에도 지속적으로 분리된 경계선을 넘나들고 허무는 노력이 동반되어야만 비로소 국제개발과 평화구축이 현실성을 갖추고 지역 주민에게 실질적인 도움이 되는 로드맵을 안착할 수 있다.

참고문헌

강욱·홍정민. 2014.「전환기 정의(Transitional Justice)의 개념과 적용: 보스니아(구 유고) 사례를 중심으로」.『한국범죄학』8(1): 3-33.

김태균. 2020.「분쟁 이후 평화구축의 성공요인에 관한 전략적 평화론: 평화조건과 양자승인의 이중주」.『문화와 정치』7(2): 213-254.

김태균. 2019a.『한국비판국제개발론: 국제開發의 發展적 성찰』. 서울: 박영사.

김태균. 2019b.「국제개발 조건으로서의 '평화': 대북원조의 이중적 딜레마와 북한개발협력의 평화-개발 연계」.『국제개발협력연구』11(3): 39-58.

김태균 외. 2021.『한반도 평화학: 보편성과 특수성의 전략적 연계』. 서울: 서울대학교 출판문화원.

문경연. 2019.「한반도 평화 경제공동체 구상의 이중성: 누구를 위한 평화경제인가?」.『다양성+ASIA』7호. http://diverseasia.snu.ac.kr/?p=3416. 2021년 1월 24일.

서보혁. 2019.『한국 평화학의 탐구』. 서울: 박영사.

Al-Iryani, Lamis, Alain de Janvry and Elisabeth Sadoulet. "The Yemen Social Fund for Development: An Effective Community-Based Approach amid Political Instability." in Rachel M. Gisselquist (ed.), *Development Assistance for Peacebuilding*. Abingdon: Routledge.

Boutros-Ghali, Boutros. 1992. *An Agenda for Peace: Preventive Diplomacy, Peacemaking and Peacekeeping*. New York: United Nations.

Boyce, James K. 2002. "Aid Conditionality as a Tool for Peacebuilding: Opportunities and Constraints." *Development and Change* 33(5): 1,025-1,048.

Boyce, James K. 2011. "Post-Conflict Recovery: Resource Mobilization and Reconstruction." in Richard Kozul-Wright and Piergiuseppe Fortunato (ed.). *Securing Peace: State-Building and Economic Development in Post-Coflict Countries*. London: Bloomsbury.

Brown, Graham K. 2011. "Development and Conflict: Theoretical and Empirical Linkages." in Richard Kozul-Wright and Piergiuseppe Fortunato (eds.). *Securing Peace: State-Building and Economic Development in Post-Coflict Countries*. London:

Bloomsbury.
Caplan, Richard. 2019. *Measuring Peace: Principles, Practices, and Politics*. Oxford: Oxford University Press.
Coning, Cedric de. 2013. "Understanding Peacebuilding as Essentially Local." *Stability: International Journal of Security and Development* 2(1): 1-6.
Cortright, David, Conor Seyle, and Kristen Wall. 2017. *Governance for Peace: How Inclusive, Participatory and Accountable Institutions Promote Peace and Prosperity*. New York: Cambridge University Press.
Cousens, Elizabeth M. 2001. "Introduction." in Elizabeth M. Cousens, Chetan Kumar, and Karin Wermester (eds.). *Peacebuilding as Politics: Cultivating Peace in Fragile States*. Boulder: Lynne Rienner.
Donais, Timothy. 2012. *Peacebuilding and Local Ownership: Post-Conflict Consensus-Building*. Abingdon: Routledge.
Duffield, Mark R. 1994. "The Political Economy of internal War: Asset Transfer, Complex Emergencies, and International Aid." in Joanne Macrae and Anthony Zwi (eds.). *War and Hunger: Rethinking International Responses to Complex Emergencies*. London: Zed Books.
Fearon, James D. and David D. Laitin. 2003. "Ethnicity, Insurgency and Civil War." *American Political Science Review* 97(1): 75-90.
Foley, Conor. 2017. *UN Peacekeeping Operations and the Protection of Civilians: Saving Succeeding Generations*. Cambridge: Cambridge University Press.
Galtung, Johan. 1996. *Peace by Peaceful Means: Peace and Conflict, Development and Civilization*. London: Sage.
Gisselquist, Rachel M. 2018. "Good Aid in Hard Places: Learning from 'Successful' Interventions in Fragile States." in Rachel M. Gisselquist (ed.). *Development Assistance for Peacebuilding*. Abingdon: Routledge.
Gledhill, John, Richard Caplan, and Maline Meiske. "Developing Peace: The Evolution of Development Goals and Activities in United Nations Peacekeeping." *Oxford Development Studies* 49(3): 201-229.
Hegre, Håvard and Nicholas Sambanis. 2006. "Sensitivity Analysis of Empirical Results on Civil War Onset." *Journal of Conflict Resolution* 50(4): 508-535.
Howe, Paul. 2019. "The Triple Nexus: A Potential Approach to Supporting the Achievement of the Sustainable Development Goals?" *World Development* 124: 1-13.
Jeong, Ho-Won. 2002. "Peacebuilding: Conceptual and Policy Issues." in Ho-Won Jeong (ed.), *Approaches To Peacebuilding*. Basingstoke: Palgrave Macmillan.

Jobbins, Mike. 2013. "Humanitarian Assistance and Peacebuilding." in Craig Zelizer (ed.). *Integrated Peacebuilding: Innovative Approaches to transforming Conflict*. Boulder: Westview Press.

Joshi, Madhav and Peter Wallensteen. 2018. "Understanding Quality Peace: Introducing the Five Dimensions." in Madhav Joshi and Peter Wallensteen (eds.). *Understanding Quality Peace: Peacebuilding After Civil War*. Abingdon: Routledge.

Kim, Dong Jin. 2016. "Aid to the Enemy: Linking Development and Peacebuilding on the Korean Peninsula." *The Pacific Review* 29(4): 473-498.

Kim, Sung Chull. 2019. "Transitions Without Transitional Justice in Asia." *Asian Journal of Peacebuilding* 7(2): 287-310.

Kirkemann, Boesen J., and T. Martin. 2007. *Applying a Rights-Based Approach: An Inspirational Guide for Civil Society*. Copenhagen: Danish Institute of Human Rights.

Langer, Arnim, Frances Stewart, and Rajesh Venugopal. 2012. "Horizontal Inequalities and Post-Conflict Development: Laying the Foundations for Durable Peace." in Frances Stewart, Rajesh Venugopal, and Arnim Langer (eds.). *Horizontal Inequalities and Post-Conflict Development*. Basingstoke: Palgrave Macmillan.

Lederach, John Paul and R. Scott Appleby. 2010. "Strategic Peacebuilding: An Overview." in Daniel Philpott and Gerard F. Powers (eds.). *Strategies of Peace: Transforming Conflict in a Violent World*. New York: Oxford University Press.

Lepistö, Rauli S., Rachel M. Gisselquist and Jussi Ojala. 2018. "'Embedded' Assistance: Finn Church Aid's Secondment in Somalia." in Rachel M. Gisselquist (ed.). *Development Assistance for Peacebuilding*. Abingdon: Routledge.

Lund, Michael S. 1996. *Preventing Violent Conflicts: A Strategy for Preventive Diplomacy*. Washington, D.C.: United States Institute for Peace Press.

Macdonald, Kate and May Miller-Dawkins. 2015. "Accountability in Public International Development Finance." *Global Policy* 6: 429-434.

Mahmoud, Youssef, Lesley Connolly, and Delphine Mechoulan (eds.). 2018. *Sustaining Peace in Practice: Building on What Works*. New York: International Peace Institute.

Mansuri, Ghazala and Vijayendra Rao. 2004. "Community-Based and Driven Development: A Critical Review." *The World Bank Research Observer* 19(1): 1-39.

Montinola, Gabriella R. 2010. "When Does Aid Conditionality Work?" *Studies in Comparative International Development* 45: 358-382.

Murshed, Syed Mansoob. 2011. "Peace-Building and the Social Contract." in Richard Kozul-Wright and Piergiuseppe Fortunato (eds.). *Securing Peace: State-Building and Economic Development in Post-Coflict Countries*. London: Bloomsbury.

OECD. 2021. *DAC Recommendation on the Humanitarian-Development-Peace Nexus* (OECD/LEGAL/5019). Paris: OECD.

Panić, Mića. 2011. "Post-Conflict Recovery: Aid Effectiveness and Permanent Peace." in Richard Kozul-Wright and Piergiuseppe Fortunato (eds.). *Securing Peace: State-Building and Economic Development in Post-Coflict Countries*. London: Bloomsbury.

Philpott, Daniel. 2010. "Introduction: Searching for Strategy in an Age of Peacebuilding." in Daniel Philpott and Gerard F. Powers (eds.). *Strategies of Peace: Transforming Conflict in a Violent World*. New York: Oxford University Press.

Rapoport, Anatol. 1992. *Peace: An Idea Whose Time Has Come*. Ann Arbor: University of Michigan Press.

Sen, Amartya. 1999. *Development as Freedom*. Oxford: Oxford University Press.

Stewart, Frances. 2008. "Horizontal Inequalities and Conflict: An Introduction and Some Hypotheses." in Frances Stewart (ed.), *Horizontal Inequalities and Conflict: Understanding Group Violence in Multiethnic Societies*. Basingstoke: Palgrave Macmillan.

Tavakoli, Heidi. 2012. *Public Financial Management Reforms in Fragile States: The Case of Sierra Leone*. London: Overseas Development Institute.

Tavakoli, Heidi, Ismaila B. Cessay and Winston Percy Onipede Cole. 2018. "Substantial but Uneven Achievement: Selected Success When Stars Align, Public Financial Management Reforms in Sierra Leone." in Rachel M. Gisselquist (ed.), *Development Assistance for Peacebuilding*, Abingdon: Routledge.

Tendler, Judith. 1997. *Good Government in the Tropics*. Baltimore: Johns Hopkins University Press.

United Nations and World Bank. 2018. *Pathways for Peace: Inclusive Approaches to Preventing Violent Conflict*, Washington. D.C.: World Bank.

Wallensteen, Peter. 2015. *Quality Peace: Peacebuilding, Victory, & World Order*. Oxford: Oxford University Press.

Wennmann, Achim. 2011. *The Political Economy of Peacemaking*. Abingdon: Routledge.

Wheeler, Nicholas J. 2000. *Saving Strangers: Humanitarian Intervention in International Society*. Oxford: Oxford University Press.

Wisler, Andria. 2013. "International Development and Peacebuilding." in Craig Zelizer (ed.). *Integrated Peacebuilding: Innovative Approaches to transforming Conflict*. Boulder: Westview Press.

Woodward, Susan L. 2011. "State-Building for Peace-Building: What Theory and Whose Role?" in Richard Kozul-Wright and Piergiuseppe Fortunato (eds.).

Securing Peace: State-Building and Economic Development in Post-Coflict Countries. London: Bloomsbury.

Zelizer, Craig and Valerie Oliphant. 2013. "Introduction to Integrated Peacebuilding." in Craig Zelizer (ed.), *Integrated Peacebuilding: Innovative Approaches to transforming Conflict*. Boulder: Westview Press.

찾아보기

ㅌ

ㅍ

ㅎ

발간사

서울대학교는 한반도 평화와 통일에 이바지하기 위하여 연구와 교육, 정책개발 등 다양한 분야에서 노력해 왔습니다. 2000년 통일포럼으로 출발한 통일평화연구원은 서울대학교의 이러한 의지와 노력의 구심점 역할을 하며 발전을 거듭하였습니다.

이 과정에서 통일평화연구원은 폭넓은 경험과 역량을 축적하고, 북한과 동북아 정세, 한반도 통일에 관한 연구뿐만 아니라 한반도 문제와 전 지구적 차원의 평화 사이의 연계성에 관한 다양한 융복합적 연구와 사업으로 그 시야와 활동 범위를 넓혀 왔습니다.

COVID-19 팬데믹이 전 세계에 확산되던 2020년, 통일평화연구원은 다시 한번 새로운 도약을 위해 중요한 변화를 시도하였습니다. 서울대학교 시흥캠퍼스에 새로운 웅지를 마련하고, '통일과 평화를 향한 대화, 연구, 실천(Pioneering Dialogue, Research and Action for Unification and Global Peace)'을 연구원의 새로운 모토로 설정하였습니다.

이러한 지향 속에서 통일평화연구원은 2020년 가을부터 기존의 통일학 포럼에 더하여 평화학 포럼(Peace Research Forum)을 출범시켜 주기적으로 개최하고 있고, 세계 평화 관련 주요 이슈를 심층 분석, 소개하는 『통일평화연구원 지평(*IPUS Horizon*)』을 발행하고 있습니다. 그리고 통일학, 북한학뿐만 아니라 세계적 수준의 평화학을 함께 발전시킬 학문적,

실천적 필요에 부응하기 위해 '평화학총서'를 기획하게 되었습니다.

통일평화연구원은 이 '평화학총서'가 세계의 지속적 평화(sustaining peace)를 향한 실천적 지혜의 매체로서 그 역할을 다하도록 키워나갈 것입니다. 이를 통해 통일평화연구원은 인문사회 분야와 이공계 분야를 모두 아우르는, 명실상부한 초학제적(transdisciplinary) 평화학 연구기관으로 성장하고자 합니다.

앞으로 '평화학총서'가 평화학 연구의 지평을 더욱 확장시키면서 학술적 담론과 정책개발 역량의 수준을 한층 더 높이는 데 기여할 수 있도록 여러분의 격려와 조언을 부탁드립니다. 감사합니다.

2021년 3월

서울대학교 통일평화연구원장

임경훈

저자 소개

구민교 | 서울대학교 행정대학원 교수

서울대학교 외교학과 및 행정대학원 졸업 후 미국 존스홉킨스대학교에서 국제정치경제 석사학위를, UC버클리에서 동아시아 영토분쟁을 주제로 정치학 박사학위를 취득했다. 남가주대학교(USC), 연세대학교를 거쳐 서울대학교 행정대학원 교수로 재직 중이다. 하버드-옌칭연구소 방문학자(2015-2016)를 역임했으며, 서울대학교 국제협력본부 부본부장과 본부장, 학생처 처장직을 수행했다. 학회 활동으로 한국행정학회와 한국정책학회 총무위원장과 연구위원장, 한국해로연구회의 연구위원장 등을 역임했고, 금융감독원 금융감독자문위원회 자문위원, 대한민국 해군발전자문위원회 위원, 외교부 정책자문위원회 경제외교분과 위원 등 정부 자문 활동도 활발히 했다.
연구 관심 분야는 동아시아 정치경제, 국제통상, 해양안보, 해양사, 해양법 등이다. 『국제무역의 정치경제와 법: 자유무역 이상과 중상주의 편향 사이에서』, 『일대일로와 인도-태평양 전략: 평가와 전망』(공저), "The Hegemonic Competition in the Indo-Pacific Region and the Making of South Korea as a Middle Sea Power", "Belling the Chinese Dragon at Sea: Western Theories and Asian Realities" 등을 썼다.

김범수 | 서울대학교 자유전공학부 교수

서울대학교 외교학과에서 학사와 석사를 마친 후 미국 시카고대학교에서 정치학 석사·박사학위를 받고 서울대학교 자유전공학부 교수로 재직 중이다. 서울대학교 통일평화연구원 부원장과 자유전공학부 캠퍼스아시아 사업단장을 맡고 있으며, 서울대학교 기초교육위원회 위원, 자유전공학부 부학부장 등을 역임했다. 또한 한국정치학회 부회장을 맡고 있으며 한국정치학회 총무이사, 한국국제정치학회 연구이사, 한국정치사상학회 총무이사, 거버넌스 연구회 회장 등을 역임했다. 주요 연구 주제는 정의론, 인권론, 평화론, 정체성의 정치, 민족주의, 다문화주의 등 현대정치이론 주요 분야를 포함한다. 주요 저서와 논문으로 『한국 사회에서 공정이란 무엇인가』, 『한일관계 갈등을 넘어 화해로』(공저), 『인권의 정치사상: 현대 인권 담론의 쟁점과 전망』(공저), 「칸트의 자유 개념과 평화론: 국가의 자유와 국제 공법의 양립가능성을 중심으로」 등이 있다.

김성철 | 前 서울대학교 통일평화연구원 교수

전(前) 서울대학교 통일평화연구원 교수로, 핵비확산, 동맹, 북한 등을 연구해 왔으며, 중국-주변국 관계를 정치경제학 관점에서 분석한 저서의 출판을 준비하고 있다.
근년의 저서로는 *Partnership within Hierarchy: The Evolving East Asian Security Triangle*, 『평화의 여러 가지 얼굴』(공편), *North Korea and Nuclear Weapons: Entering the New Era of Deterrence*(공편) 등이 있다. 아시아 최초의 평화연구저널 『*Asian Journal of Peacebuilding*』의 에디터를 맡고 있다.

김태균 | 서울대학교 국제대학원 교수

서울대학교 사회학과에서 학사, 서울대학교 국제대학원에서 석사를 마친 후 영국 옥스퍼드대학교에서 국제관계학 석사와 사회정책학 박사학위를 받고, 미국 존스홉킨스대학교 고등국제학대학원(SAIS)에서 국제관계학 박사학위를 받았다. 일본 와세다대학교와 이화여자대학교를 거쳐 서울대학교 국제대학원에서 교수로 재직 중이다.
서울대학교 기획처 협력부처장과 아시아-아프리카센터 디렉터를 맡고 있으며, 서울대학교 통일평화연구원 대외협력실장, 지속가능발전연구소 운영위원, 국제대학원 부원장 등을 역임한 바 있다. 또한 국제개발협력위원회 위원, 한국국제협력단 비상임이사, 국가지속가능발전위원회 위원 등을 맡고 있으며, UNESCO 컨설턴트, UNRISD 협력연구원, 국제개발협력학회 총무이사, 한국국제정치학회 총무이사 등을 역임했다.
주요 연구 주제는 국제개발, 국제정치사회학, 평화학, 글로벌 남반구 연구, 글로벌 거버넌스 등을 포함하며 주요 저서로는 『한국-아프리카 국제개발협력 톺아보기: 한국적 이드와 서구적 에고를 넘어』, 『한반도 평화학: 보편성과 특수성의 전략적 연계』(편저), 『한국비판국제개발론: 국제開發의 發展적 성찰』, 『대항적 공존: 글로벌 책무성의 아시아적 재생산』, *The Korean State and Social Policy: How South Korea Lifted Itself from Poverty and Dictatorship to Affluence and Democracy*(공저) 등이 있다.

박성우 | 서울대학교 정치외교학부 교수

서울대학교 외교학과를 졸업하고, 동 대학원에서 석사학위를 받았다. 미국 시카고대학교에서 플라톤 정치철학과 그 현대적 의의에 관한 연구로 박사학위를 받았으며, 중앙대학교를 거쳐 서울대학교 정치외교학부 교수로 재직 중이다.

전공 분야는 고전정치철학과 국제정치사상이며, 아울러 양 분야의 학제적 결합을 모색하는 연구 영역을 개척하고 있다. 저서로 『영혼 돌봄의 정치: 플라톤 정치철학의 기원과 전개』, 편저서로 『동굴 속의 철학자들: 20세기 정치철학자와 플라톤』, 『정치사상사 속 제국』 등이 있다. 대표 논문으로 「플라톤의 〈국가〉에 나타난 국제정치사상」, 「이라크 전쟁의 레오 스타라우스 책임론에 대한 정치철학적 비판」, 「국익추구의 도덕적 한계와 아리스토텔레스의 좋은 삶의 정치」, 「현실주의 국제정치이론에서 투키디데스 읽기의 한계와 대안의 모색」 등이 있다.

신성호 | 서울대학교 국제대학원 교수

서울대학교 외교학과에서 학사와 석사를 마친 후 미국 터프츠(Tufts)대학교 플레처 스쿨(Fletcher School of Law and Diplomacy)에서 국제정치학 석사와 박사학위를 받고, 미 국방부 아태안보연구소(APCSS) 연구교수, 미 브루킹스 연구소 객원연구원, 워싱턴 이스트웨스트센터 객원연구원 등을 역임했다. 서울대학교 국제대학원 국제안보센터 소장과 캠퍼스아시아 사업단장을 맡고 있으며, 서울대학교 국제협력부본부장, 국제협력본부장 등을 역임했다. 국방부 합참과 공군 정책자문위원, 외교부 정책평가위원 등을 맡고 있다.

연구 관심은 국제 안보와 동아시아 국가 전략, 미국 외교정책, 한미동맹과 한반도, 인구변화와 동북아 국제정치 등이다. 최근 저서와 논문으로는 『전략적 경쟁시대 한반도 안보정세 분석 전망』(편저), 「US Coercive Diplomacy toward Pyongyang: Obama vs Trump」, 「군사혁신, 그 성공과 실패: 한반도 '전쟁의 미래'와 '미래의 전쟁'」, 「자율무기에 대한 국제사회 논쟁과 동북아」, 「21세기 미중 핵 안보 딜레마의 심화: 저비스의 핵억제와 안보딜레마 이론을 중심으로」 등이 있다.

윤순진 | 서울대학교 환경대학원 교수

서울대학교 사회학과에서 학사를 마친 후 미국 델라웨어대학교에서 도시문제와 공공정책 석사와 환경·에너지정책 박사학위를 받았다. 서울시립대 행정학과 교수를 거쳐 서울대학교 환경대학원 교수로 재직 중이다. 주요 연구 주제는 에너지전환정책, 기후변화정책, 환경·에너지·기후정의 운동, 공동 자원 관리와 커먼스 정치, 거버넌스와 시민참여 등이다.

대통령 소속 2050 탄소중립위원회 위원장, 환경부 지속가능발전위원회 위원장, 서울시 에너지정책위원회 위원장, 한국에너지정보재단 이사장, 한국환경사회학회 회장, 한국공간환경학회 및 한국기후변화학회 부회장, 서울대학교 환경대학원 부원장, 지속가능발전연구소(ISD) 소장, 국가전략위원회 위원을 역임했다.
서울대학교 환경대학원 환경계획학과 BK 사업단인 '대전환기 지속가능도시 혁신인재양성단' 사업단장, 한국행정학회·한국환경교육학회·한국환경정책학회 부회장, 한국환경사회학회 고문을 맡고 있다.

전재성 | 서울대학교 정치외교학부 교수

서울대학교 외교학과에서 학사와 석사를 마친 후 미국 노스웨스턴대학교에서 정치학 박사 학위를 받았다. 서울대학교 정치외교학부 교수로 재직하며, 서울대학교 국제문제연구소 비교지역센터장을 맡고 있다. 한국국제정치학회 회장을 역임했다.
주요 연구 주제는 국제정치이론, 국제안보, 외교사 등이며 주요 저서로 『동북아 국제정치이론: 불완전주권국가들의 국제정치』, 『주권과 국제정치: 근대주권국가체제의 제국적 성격』, 『정치는 도덕적인가?: 라인홀드 니버의 초월적 현실주의』, 『동아시아 국제정치: 역사에서 이론으로』 등이 있다.

홍종호 | 서울대학교 환경대학원 교수

서울대학교 환경대학원에서 환경·에너지경제학과 지속가능정책을 가르치고 있다. 서울대학교 경제학과를 졸업하고 코넬대학교에서 박사학위를 취득한 후, 한국개발연구원(KDI)과 한양대학교 경제금융대학을 거쳤다. 경제적·환경적 타당성을 결여한 정부 국책사업을 비판해 왔으며, 미래지향적이고 지속 가능한 기후, 에너지, 환경, 재정·조세 정책을 연구하고 있다.
서울대학교 환경대학원 원장, 한국재정학회 회장, 한국환경경제학회 회장, 아시아환경자원경제학회(AAERE) 회장, 한국경제학회 부회장, 세계은행 및 아시아개발은행 컨설턴트, 서울대학교 환경계획연구소(EPI) 및 지속가능발전연구소(ISD) 소장, 환경운동연합 공동대표를 역임했다. 현재 (사)에너지전환포럼 상임공동대표와 (재)한국사회투자 고문으로 봉사하고 있다. 두 딸과의 토론을 즐기며, 미식축구 팬이어서 2018-2019 NFL 시즌 국내 실황중계 해설위원으로 활동했다.